DIEKE VAN DIEKEN

Dein schöner Garten

Die besten Praxistipps, Projekte und DIY-Ideen fürs ganze Jahr

DIEKE VAN DIEKEN

Dein schöner Garten

Die besten Praxistipps, Projekte und DIY-Ideen fürs ganze Jahr

Vorwort 8

Einleitung 10

Frühling **14**

Auf in die Gartensaison! 16

Bienen willkommen! 17

Tolle Knolle 20

Frischer Schwung für müde Stauden 23

So klappt's mit dem Rosenschnitt 24

Radieschen aussäen 26

Naturgarten: 5 Projekte zum Nachmachen 28

Süßes aus dem Gemüsebeet: Zuckererbsen 31

Ich bin ein Star – bau mir ein Haus! 32

Frühlingskur für den grünen Teppich 36

Frisches Gemüse dank Schneckenzaun 38

Neue Einfassung für den Kräutergarten 42

So farbenfroh blüht der Sommer 44

Ein Hochbeet aus Recycling-Material 46

Apfelwickler biologisch bekämpfen 48

Jetzt ist Stecklingszeit 50

Stabiles Himbeer-Spalier bauen 52

Gesunde Pflanzen durch natürliche Stärkungsmittel 56

Frischer Nachwuchs fürs Rosenbeet 59

Bunte Sommerblüher für Insekten 62

Interview: „Wildbienen sind die effektiveren Bestäuber" 64

Sommer

68

Der Garten blüht auf! 70

Vertikaler Garten aus kleinen Dachrinnen 71

Smarte Bewässerung für das frisch bepflanzte Hochbeet 74

Natürliche Hilfe gegen Blattläuse 78

Sommerveredlung eines Apfelbaums 80

Rispen-Hortensien vermehren 83

Buntes Staudenbeet für heiße Zeiten 84

Neue Komposter für den Garten 87

Eine alte Zinkwanne als Mini-Teich 90

Gründünger fürs Gemüsebeet 92

Gepflegtes Äußeres: Die Rasenkante 94

Sommerliche Rastplätze für Vögel 96

Alles eine Frage der Technik: Rosen selbst veredeln 99

Praktische Wasserspeicher: Ollas aus Tontöpfen bauen 102

Grüner Wandschmuck für die Terrasse 104

Mini-Beet in einer alten Obstkiste 106

Terrassenbelag ausbessern 108

Ein Sommerquartier für die Fledermaus 112

Biotop-Hecke für mehr Leben im Garten 115

Drei Arten, wie Sie erfolgreich einen Gummibaum vermehren 116

Eine Feuerstelle anlegen 119

Ein neuer Zaun für den Reihenhausgarten 120

Sommerschnitt bei der Süßkirsche 123

Interview: „Nehmen Sie sich Zeit für den Gehölzschnitt!“ 126

Herbst

130

Goldene Zeiten im Garten 132

Neuer Rasen – frisch von der Rolle 133

Herbstschmuck für die Fensterbank 135

Clematis pflanzen: Kletterstar am Sitzplatz 136

Ein Unterschlupf für Florfliegen 138

Rundum nützlich: Die Baumscheibe 141

Praktische Obststiegen 143

Herbstzeit ist Pflanzzeit 146

Einen Baumstumpf dauerhaft entfernen 149

Jetzt den Frühling pflanzen 150

Ein Unterschlupf für den Igel 152

Zwei Obstbäume – ein Spalier 155

Passender Rahmen für die Minis 158

Alter Kirschbaum im Rosenkleid 160

Ein Hausbaum mit Fruchtschmuck 162

Stimmungsvolles Schwedenfeuer 165

Bunte Blütenhecke für die Gartengrenze 166

Eine wintergrüne Hecke als künftiger Sichtschutz 168

Vier Versuche der Überwinterung: Das Geranien-Experiment 171

Einen Hausbaum erfolgreich unterpflanzen 174

Nun wird's Zeit für den Winterschutz 177

Interview: „Die richtige Staude für den richtigen Standort wählen" 180

Winter

184

Die Gartenruhe genießen! 186
Tischlein, deck dich für gefiederte Gäste 187
Blütenschmuck zu Weihnachten: Amaryllis vortreiben 190
Weideneinfassung für den Vorgarten 192
Meine kleine Futterstation 194
Ein modernes Adventsgesteck zur Weihnachtszeit 196
Süßkirschen aus eigener Anzucht 198
Die richtige Technik beim Gehölzschnitt 200
Schlankheitskur für große Hecken 202
Zimmerpflanzen vermehren 204
Moderne Hocker fürs Zimmergrün 207
Gezielter Schnitt für mehr Blühfreude 210
Neue Sträucher durch Steckhölzer 212
Frischekur für Orchideen 214
Ein Frühbeetkasten zum Saisonstart 216

Jetzt geht's an die Aussaat 220
Hortensien richtig schneiden 223
Optimaler Schnitt für Beerenobst 226
Gelungener Umzug für große Sträucher 228
Spaten neu einstielen 230
Interview: „Ein guter Spaten hält ein ganzes Gärtnerleben" 232

Register 236
Bezugsquellen 237
Über den Autor 239
Impressum 240

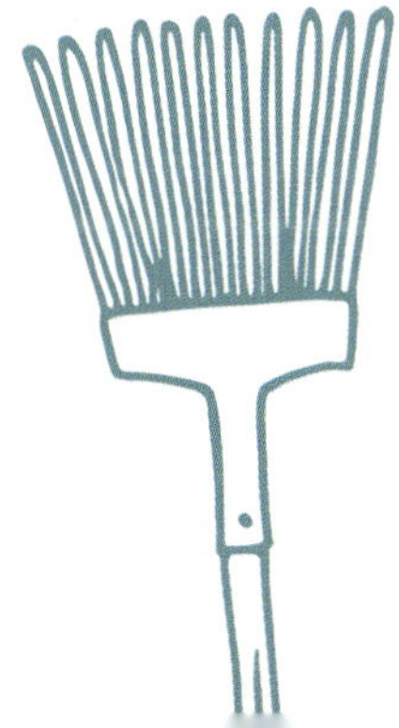

Moin!

80 Projekte, über 30 Videos! Wer soll das alles lesen und angucken? Sie hoffentlich! So viel Text ist es außerdem gar nicht, dafür viele schöne Bilder, die Ihnen im besten Fall Lust darauf machen, das eine oder andere Projekt in Angriff zu nehmen. Ich bin selbst erstaunt, was ich in den letzten Jahren alles so gebastelt, gepflanzt und gesät, geschnitten, vermehrt und geerntet habe. Nicht bei allen der nachfolgenden Geschichten hatte ich so ein entspanntes Lächeln im Gesicht wie auf dem Foto rechts. Manchmal ist es mir buchstäblich vergangen. Beispielsweise, wenn die Pflanzen gekauft und die Geräte gerichtet waren, die Foto- und Videografen Zeit und die Gartenbesitzer sich extra Urlaub genommen hatten und … dann hat es an dem Tag geschüttet wie aus Eimern oder geschneit oder gefroren. Wie es in der Natur und im Garten so ist.

Dafür ist in diesem Buch alles echt und frei von KI – bis auf den Sand für die Baumscheibe rund um den Apfelbaum (S. 142). Das Bettungsmaterial für die Steine hatten mein Kollege und ich schlicht vergessen mitzunehmen. Deshalb musste unsere Technik die Sandschicht nachträglich einbauen. Das Foto stammt noch aus der Zeit vor der Künstlichen Intelligenz, damals hieß so etwas noch Bildbearbeitung. Natürlich gab es einige solcher Fails, wie man neudeutsch sagt. Ein paar haben es in dieses Buch geschafft wie die Weidenruten in unserer Badewanne (S. 193), für andere hat leider der Platz gefehlt. Etwa für die Erdbeeren in der untersten meiner drei bepflanzten Dachrinnen, von denen ich genau eine Frucht ernten konnte. Es war die sauerste Erdbeere meines Lebens! Oder die Edelkastanien-Pfähle, die ich für das Obstspalier (S. 155) brauchte und deren Versandkosten unser Budget gesprengt hätten. Mein Auto war zu klein, deshalb haben wir die langen Pfosten kurzerhand mit dem Bulli meines Freundes Christoph abgeholt, als wir auf dem Weg zum Eishockey waren. Unvergessen auch mein ehemaliger Nachbar Leo – bereits über 80, noch jeden Tag in seinem Garten und deshalb topfit! Bei ihm durften wir des Öfteren fotografieren, u. a. die Aussaat der Gründüngung (S. 92). Als ich wie geplant im nächsten Frühjahr die erfrorene Phacelia in den Boden einarbeiten wollte, war nichts mehr da! Leo hatte es bereits für mich erledigt, mit der Begründung, die Pflanzen wären in einem so schlechten Zustand gewesen, die hätte man nicht mehr fotografieren können. Im zweiten Moment fand ich die Aktion so niedlich, dass mein Lächeln direkt zurückkehrte. Es gibt noch so viele Geschichten und Anekdoten, aber jetzt sind Sie dran. Ich wünsche Ihnen viel Spaß beim Lesen, beim Umsetzen der Projekte, und bleiben Sie bodenständig.

> *Es läuft nicht immer alles nach Plan, Hauptsache, am Ende wird's gut und man kann sich über das Ergebnis freuen.*

Wir sehen uns im Garten,
Dieke van Dieken

Das kleine 1 x 1 des Gärtnerns

Boden, Wasser, Licht, Nährstoffe, Pflanzenauswahl und noch mehr – das sind die Grundlagen. Wird alles gut bedacht und aufeinander abgestimmt, fühlen sich Pflanzen und Tiere in unserem Garten wohl und dann haben auch wir Gärtner Freude daran.

Keine Sorge, man muss kein Mathegenie sein, um diese Formel erfolgreich im eigenen Garten umzusetzen. Erstens ist es nicht das große, sondern nur das kleine Einmaleins, und zweitens hätte ich mir sonst längst einen neuen Job suchen müssen. Statt Arithmetik ist es wichtig, ein Gefühl dafür zu entwickeln, dass wie in der Natur auch im Garten alles miteinander zusammenhängt. Ich kann die schönste Rose kaufen, sollte sie aber tunlichst nicht in die dunkelste Beetecke pflanzen. Möglicherweise wird sie dort sogar überleben, als Sonnenkind aber garantiert niemals ihre volle Pracht entfalten. Dafür kommen Rosen als Tiefwurzler erstaunlich gut mit sommerlicher Trockenheit zurecht – im Gegensatz zu Bauern-Hortensien, die es gerne etwas schattiger, feuchter und vor allem humoser haben. Zahlreiche Wildblumen bevorzugen eher magere Böden, um sich versamen und dauerhaft etablieren zu können. Die meisten Obst- und Gemüsepflanzen benötigen dagegen einen nährstoffreichen

Bei der Beetanlage gilt es, den Boden optimal für die Pflanzen vorzubereiten

Ein vielfältiges, möglichst ganzjähriges Blütenangebot – links Lenzrose und Winterling im zeitigen Frühling, rechts Kornblume im Sommer – lockt zahlreiche Insekten als nützliche Bestäuber in den Garten

Untergrund, um ihre vielen Früchte gut versorgen zu können - reichlich Sonnenschein inklusive, damit diese gut ausreifen. Die natürlichen Voraussetzungen müssen also stimmen und von uns gegebenenfalls angepasst werden, um erfolgreich zu gärtnern.

Wichtiges Fundament: der Boden

Damit alles gut gedeihen kann, bildet der Boden im wahrsten Wortsinn die entscheidende Grundlage. Natürlich gibt es noch andere Faktoren, aber wenn der Untergrund nicht passt, kann man noch so viel düngen, gießen und schneiden, es wird sich kein erfolgreiches Pflanzenwachstum einstellen. Das bekannteste Beispiel ist sicherlich das neu gebaute Haus, bei dem zum Schluss noch schnell die Außenbereiche angelegt werden. Wenn vorher monatelang schweres Gerät über die Fläche gefahren ist und sie ordentlich verdichtet hat, reicht es nicht, darauf einen als Mutterboden deklarierten Aushub zu kippen, diesen grob zu verteilen und dann direkt die Pflanzen reinzusetzen. Zudem kommen Letztere in der Regel vom perfekt gepflegten Baumschul-Acker oder wurden in optimal abgemischtem Substrat gezogen. Wenn solche Bäume, Sträucher und Stauden dann in einen verdichteten Boden ohne intakten Luft- und Wasserhaushalt und damit ohne intaktes Bodenleben gepflanzt werden, haben sie kaum Chancen, gut einzuwurzeln und sich auf diesem Standort zu entwickeln. Deshalb, auch wenn's mühsam ist und man mit dem neuen Haus, den Kindern und dem Job schon genug um die Ohren hat, trotzdem den Garten im Blick haben, unbedingt vorab den Boden tiefgründig lockern oder lockern lassen und falls notwendig, erst dann einen guten (!), humusreichen Oberboden darauf verteilen, um im Anschluss die Bepflanzung anzugehen. Die Pflanzen werden es mit gutem Wachstum und jahrelanger Treue danken. Wurde all dies nicht berücksichtigt, hilft es nichts und der Untergrund muss nachträglich verbessert und pflanzentauglich gemacht werden. Schwere Böden kann man dann durch das Einarbeiten von grobem Sand oder feinem Splitt durchlässiger machen. Reifer Kompost und abgelagerter Mist sind gute Helfer, um das Bodenleben und damit den Humusaufbau wieder in Schwung zu bringen. Auf sandigen, leichten Böden wird durch Zugabe dieser beiden Hilfsstoffe die Wasser- und Nährstoffhaltekraft verbessert. Wird ein Gartengrundstück übernommen, ist es wichtig herauszufinden, mit welchem Boden man es zu tun hat. Wer es genau wissen möchte, kann eine Bodenprobe machen lassen. Solche Analysen sind mittlerweile gar nicht mehr so aufwendig und teuer wie noch vor einigen Jahren (Adresse Seite 237). Oft reicht jedoch schon die gute alte Fingerprobe, um die Bodenart zumindest grob zu bestimmen. Dazu etwas Gartenerde in die Hand nehmen und befeuchten. Fühlt sich der Boden grobkörnig an und lässt er sich nicht zu einer Rolle oder Kugel formen, handelt es um einen überwiegend sandigen Boden. Bei einer lehmigen Erde merkt man schnell, wie weich, kompakt und gut formbar diese ist. Tonige Böden sind sogar perfekt formbar, dazu noch sehr nährstoffreich, aber trotzdem nicht optimal für das Pflanzenwachstum. Denn sie sind sehr dicht und fest und neigen zu Staunässe, was die Wurzelbildung erschwert und die Pflanzen in ihrer Entwicklung hemmt. Was solch ein Untergrund zu viel an Wasser- und Nährstoffhaltekraft besitzt, haben Sandböden zu wenig, sodass dort öfter gewässert und gedüngt werden muss.

Was ist wann zu tun?

Damit wären zwar die Rahmenbedingungen geklärt, aber noch nicht, wann eigentlich welche Gartenarbeit ansteht. Auch nach vielen Jahren orientiere ich mich dabei an der

Gemüse und Obst aus dem eigenen Garten schmeckt immer noch am besten. Nicht nur, dass diese Früchte keine langen Transportwege hinter sich haben, die Ernte ist auch garantiert bio, wenn man ökologisch gärtnert

Wer unaufgeräumte Ecken in seinem Garten zulässt, schafft Lebensbereiche für Wildtiere wie Igel und diese kleine Blaumeise, die hier gerade als natürlicher Pflanzenschutzhelfer im Einsatz ist

Natur und weniger an einem bestimmten Datum. Wenn die Forsythien blühen, weiß ich, dass die stärksten Fröste vorüber sind und es jetzt an der Zeit ist, meine Rosen zu schneiden, den Rasen das erste Mal zu mähen und zu düngen. Im milden Weinbauklima ist dies oft schon Mitte März der Fall, in kälteren Regionen kann es dagegen noch vier Wochen dauern, bis der Strauch sein gelbes Blütenkleid zeigt und man zu Schere, Mäher und Dünger greifen sollte. Gleiches gilt für den Herbst, wenn in der ersten Septemberwoche die klassische Meldung lautet: Jetzt Blumenzwiebeln pflanzen! Es kann passen, kann aber auch sein, dass es draußen noch fast 30 Grad hat. Dann besser keine Narzissen- oder Tulpenzwiebeln setzen. Ich warte damit immer so lange, bis sich das Laub der Bäume färbt und ich merke, dass nun der Herbst da ist. An heißen Sommertagen sollte man weder seinen Rasen mähen noch seine Hecke scheren, weil dies weder den Pflanzen noch mir gut bekommt - auch wenn der Termin in meinem Gartenkalender eingetragen ist. Grundsätzlich sind die Zeiträume für solche Gartenarbeiten natürlich richtig. Entsprechend habe ich die To-dos in den Einleitungen und auch meine nachfolgenden Projekte den verschiedenen Jahreszeiten zugeordnet. Allerdings sollte man nicht stur nach Schema F vorgehen, sondern offenen Auges durch seinen Garten gehen. Oft zeigen es einem die Pflanzen sogar an, wann man reagieren muss, etwa wenn sie schlapp sind, gelbe Blätter haben oder sich von den Beetnachbarn bedrängt fühlen. Besser ist es selbstverständlich, wenn solche Probleme gar nicht erst auftreten, aber wer ist schon perfekt? Viel wichtiger ist, das eingangs bereits erwähnte Gefühl für seinen Garten und seine Pflanzen zu entwickeln. Manche nennen so etwas „den grünen Daumen", ich nenne es „Freude am Gärtnern"! Wenn man die hat, werden die Daumen von ganz alleine grün.

Frühling!

Auf in die Gartensaison!

Nach den stillen, grauen Wintermonaten kommt endlich wieder Leben und Farbe in den Garten. Bienen schwirren um die ersten Blüten, Vögel bauen ihre Nester und mit der Natur erwacht auch unsere Lust auf neue Projekte.

In den Beeten machen Schneeglöckchen, Winterlinge und Krokusse den Anfang und sorgen für hübsche Farbtupfer, dicht gefolgt von Narzissen und Tulpen. Im Staudengarten gehören Christ- und Lenzrosen genauso zu den Frühstartern wie Gämswurz, Küchenschelle und Duftveilchen. Der Blütenfülle von Magnolie, Felsenbirne und Zierkirsche kann sich ohnehin niemand entziehen. Spätestens sobald die Obstbäume blühen, wird klar, dass die neue Gartensaison bereits in vollem Gange ist.

Frühling heißt auch, dass es an der Zeit ist, selbst wieder im Garten aktiv zu werden. Wir schneiden letzte Stauden und Gräser zurück, teilen Sommerblüher, pflanzen Sträucher und kümmern uns um die Aussaat. Außerdem wollen die Gemüsebeete vorbereitet, der Rasen wieder auf Vordermann und die Kübelpflanzen ins Freie gebracht werden. Neue Gestaltungsideen können wir jetzt ebenfalls mit frischer Energie angehen.

Das ist jetzt zu tun

Ziergarten
- Öfterblühende Rosen zurückschneiden und düngen
- Rasen mähen und düngen, bei Bedarf vertikutieren und nachsäen
- Stauden, Ziergräser und Sträucher pflanzen
- Kübelpflanzen nach den letzten Frösten aus dem Winterquartier holen
- Balkonkästen nach den Eisheiligen mit Sommerblumen bepflanzen

Nutzgarten
- Gemüsebeete auf die kommende Saison vorbereiten
- Tomaten, Paprika u. a. Sommergemüse per Aussaat vorziehen
- Hochbeete auffüllen und neu bepflanzen
- Ab April robustes Gemüse wie Kartoffeln, Salate und Kohlrabi setzen
- Jungpflanzen frühzeitig vor Schneckenfraß schützen

Naturgarten
- Insektenhotels erneuern und an einem sonnigen Platz aufhängen
- Beete mit Frühblühern für Wildbienen bepflanzen
- Nistkästen für Vögel bauen und anbringen
- Torffreie Erde oder Kompost für Pflanzarbeiten verwenden
- Mehrjährige Blumenwiese anlegen

Bienen willkommen!

Der neue Wintergarten ist fertig, die Natursteinmauer steht, jetzt fehlt nur noch die Bepflanzung und damit der passende Rahmen für das Ensemble. Gemeinsam mit den Gartenbesitzern habe ich ein farbenfrohes Staudenbeet angelegt, in dem es vom Frühjahr bis weit in den Herbst summt und brummt.

Vielfalt lautet das Motto von Cathy und Tom bei den Blütenfarben, -formen und -zeiten. Nur höher als einen Meter sollen die Sonnenstauden, Ziergräser und Halbsträucher nicht werden, um freie Sicht aus dem Wintergarten zu haben. Dank guter Erde und Pflanzenqualität hat sich das Beet schon im ersten Jahr prächtig entwickelt

Auf geht's! Sobald es draußen grünt und blüht, zieht es mich raus in den Garten. Trotz aller Ungeduld lohnt es sich, bei der Beetplanung vorab eine kleine Skizze anzufertigen, um die Stückzahlen und genaue Anordnung festzulegen

Insektenfreundliches Staudenbeet für Cathy & Tom

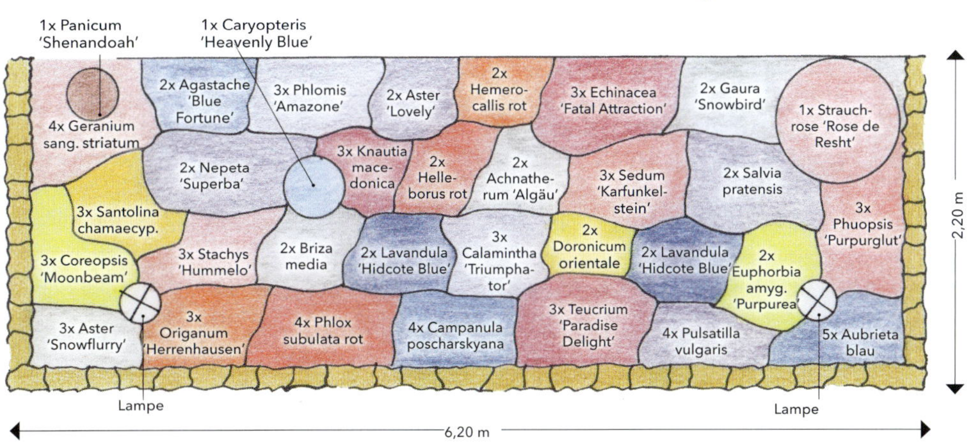

1 Beim Lockern des Bodens werden vorhandene Wurzelunkräuter penibel von mir entfernt. Sind diese erst mal in die Stauden gewachsen, wird man Giersch, Quecke oder Zaunwinde mit ihren fleischigen Rhizomen kaum wieder los. **2** Um das Bodenleben anzuregen, verteile ich gerne einen Bodenaktivator, bevor ich mit den Pflanzarbeiten beginne.

3 Der organische Hilfsstoff wird mit dem Grubber oberflächlich eingearbeitet. In diesem Fall wäre der Schritt nicht zwingend nötig gewesen, weil es sich bei der aufgeschütteten Erde nicht um klassischen Mutterboden, sondern um eine Mischung mit hohem Kompostanteil handelt, die bereits eine gute Struktur und einen hohen Nährstoffgehalt aufweist.

Pflanzliste (sortiert nach botanischen Namen)

2x Silberährengras (*Achnatherum* 'Algäu'), 2x Duftnessel (*Agastache* 'Blue Fortune'), 2x Ruten-Aster (*Aster* 'Lovely'), 3x Teppich-Aster (Aster 'Snowflurry'), 5x Blaukissen (*Aubrieta, blau),* 2x Zittergras *(Briza media), 3x Bergminze (Calamintha* 'Triumphator'), 4x Hängepolster-Glockenblume *(Campanula poscharskyana*, blau), 1x Bartblume (*Caryopteris* 'Heavenly Blue'), 3x Mädchenauge (*Coreopsis* 'Moonbeam'), 2x Gämswurz (*Doronicum orientale*), 3x Purpursonnenhut *(Echinacea* 'Fatal Attraction'), 2x Rotblättrige Wolfsmilch (*Euphorbia amygdaloides* 'Purpurea'), 2x Prachtkerze (*Gaura* 'Snowbird'), 4x Blut-Storchschnabel (*Geranium sanguineum* var. *striatum*), 2x Lenzrose (*Helleborus* x *orientalis*, rot), 2x Taglilie (*Hemerocallis*, rot), 3x Rote Witwenblume (*Knautia macedonica*), 4x Lavendel (*Lavandula* 'Hidcote Blue'), 2x Katzenminze (*Nepeta* 'Superba'), 3x Blumen-Dost (*Origanum* 'Herrenhausen'), 1x Rutenhirse (*Panicum* 'Shenandoah'), 3x Knollen-Brandkraut (*Phlomis* 'Amazone'), 4x Polster-Phlox (*Phlox subulata*, rot), 3x Rosenwaldmeister (*Phuopsis* 'Purpurglut'), 4x Küchenschelle (*Pulsatilla vulgaris*), 1x Strauchrose 'Rose de Resht' (*Rosa damascena*), 2x Wiesen-Salbei (*Salvia pratensis*), 3x Heiligenkraut (*Santolina chamaecyparissus*), 3x Fetthenne (*Sedum* 'Karfunkelstein'), 3x Dichtblütiger Ziest (*Stachys* 'Hummelo'), 3x Kaukasus-Gamander (*Teucrium* 'Paradise Delight'). Dazu kommen 6x Dachwurz (*Sempervivum*) für Mauerfugen, nicht im Plan.

4 Eine Rose darf natürlich nicht fehlen. Vor dem Einpflanzen wird der Topf kräftig getaucht. Unsere Wahl ist auf 'Rose de Resht' gefallen – eine historische Sorte, die öfterblühend und sehr robust ist. Ihre purpurroten Blüten sind zwar gefüllt, duften aber fantastisch und zukünftig direkt am Treppenaufgang. Für die Honig- und Wildbienen, Schwebfliegen und Falter halten die übrigen Pflanzen jede Menge Nektar und Pollen bereit.

5 + 6 Beim Auslegen der Stauden, Sträucher und Gräser hilft mir der Pflanzplan, in dem ich die Stückzahlen und Abstände festgelegt habe. **7** Ausgetopft werden die Pflanzen erst, bevor ich sie in die Erde setze. Stark durchwurzelte Ballen wie bei diesem Zittergras *(Briza media)* reiße ich etwas auf oder schneide sie mit dem Messer ein, um ihnen das Anwachsen zu erleichtern. Tipp: Die Pflanzen vor dem Verteilen kräftig gießen, dann lassen sich die Töpfe besser abziehen. **8** Zum Einpflanzen der Stauden, hier eine Lenzrose (*Helleborus* x *orientalis*), nehme ich gerne eine kleine Handschaufel, mit der ich gut in den gelockerten Boden komme. **9** Wegen der leichten Hanglage erhalten die Bartblume *(Caryopteris)* und die anderen Pflanzen zur abschüssigen Seite eine kleine Aufschüttung, damit das Wasser später nicht abfließt, sondern in Pflanzennähe einsickern kann. **10** Da die Natursteinmauer ohne Mörtel aufgesetzt wurde, sind unterschiedlich große Fugen entstanden, die sich hervorragend mit Sukkulenten bepflanzen lassen. Zunächst befülle ich einzelne Fugen mit etwas Erde. In diese Lücken setze ich diverse **11** Hauswurz-Sorten (*Sempervivum*, nicht im Pflanzplan), deren verkleinerte Wurzelballen ich darin festklemme. Übrigens, nicht nur die genügsamen Steingartenstauden, auch Eidechsen fühlen sich auf und in der Trockenmauer wohl. **12** Beim Angießen verwende ich einen sanften Wasserstrahl, damit die Erde nicht weggespült wird. Anfangs muss noch regelmäßig gewässert und Unkraut entfernt werden. Sind die Pflanzen einmal eingewachsen, ist kaum noch Pflege nötig.

Tolle Knolle

Ich pflanze gerne vorgekeimte Kartoffeln, weil dies gleich mehrere Vorteile bietet: Die Knollen sind früher erntereif und dadurch weniger anfällig für Krautfäule und Kartoffelkäfer. Zudem fällt der Ertrag etwas höher aus und es gibt im Frühjahr eine gute Auswahl an Sorten.

Schritt 1: Vorkeimen (März)

1 + **2** Die beiden Anzuchtschalen werden halbhoch mit Erde befüllt. Alternativ gehen auch Eierkartons oder flache Holzkisten. **3** Die Pflanzkartoffeln drücke ich dann zur Hälfte in die Anzuchterde. Die Seite mit den meisten erkennbaren Trieben zeigt nach oben. **4** Als Sorten habe ich je zehn Stück der frühen 'Belana' sowie der mittelfrühen 'Blauen St. Galler' gewählt. **5** Der ideale Platz zum Vortreiben ist hell und 10–15 °C warm. An dunklen, zu warmen Standorten bilden die Kartoffeln lange dünne Triebe, die später beim Einpflanzen leicht brechen. Mangels Gewächshaus platziere ich die Schalen direkt unter einem Dachfenster. Alle paar Tage besprühe ich die Kartoffeln mit Wasser, damit sie nicht austrocknen.

Schritt 2: Pflanzung (April)

1 Nach vier bis fünf Wochen zeigen die vorgekeimten Kartoffeln kurze kräftige Triebe und sind bereit für den Umzug ins Beet. Das Gemüse mag einen **2** nahrhaften, durchlässigen Boden, weshalb ich die Fläche vorher etwas aufbessere. Zunächst wird umgegraben, dann jeweils eine Schicht Sand sowie gesiebter Kompost verteilt und beides **3** mit dem Grubber eingearbeitet. So lockere ich den Untergrund und reichere ihn gleichzeitig mit Nährstoffen an. **4** Weil die Kartoffeln in der Anzuchterde ein dichtes Wurzelgeflecht gebildet haben, zerteile ich dieses wie einen Kuchen mit dem Messer in zehn Elemente, um die Pflanzen schonend aus der Schale entnehmen zu können. **5** Der Pflanzabstand zwischen den Kartoffeln sollte 30–35 cm betragen. Weil das Beet nur 1,20 m breit ist und ich gerne fünf Knollen pro Reihe legen möchte, bleibe ich mit 25 cm etwas darunter. **6** Als Pflanztiefe sind 10–15 cm optimal. Wurde vorab kein Kompost eingearbeitet, lässt sich dieser auch mit ins Pflanzloch geben. **7** Die nächste Reihe pflanze ich im Abstand von 50 cm. Wer ausreichend Platz hat, kann den Reihenabstand mit 60–70 cm etwas großzügiger wählen. **8** Die vorgekeimten Kartoffeln, hier fünf 'Blaue St. Galler', pflanze ich samt der durchwurzelten Erde ein. Die übrig gebliebenen Knollen kommen an eine andere Stelle im Garten.

Schritt 3: Anhäufeln (Mai)

Sobald die jungen Kartoffeln eine Höhe von 20 cm erreicht haben, werden sie seitlich etwa 10 cm hoch angehäufelt. Dafür gibt es spezielle Häufelpflüge. Eine Gartenhacke, die ich durch die Reihen ziehe, tut's auch. Vorteile der Methode: Im angehäufelten Bereich bilden die Kartoffeln sogenannte Adventivwurzeln mit zusätzlichen Knollen, was den Ertrag merklich steigert. Ferner erwärmen sich die kleinen Erddämme besser, sodass die Knollen schneller reifen. Ansonsten beschränkt sich die Pflege auf Wässern in Trockenphasen, Unkraut entfernen und das Absammeln von Kartoffelkäfern, die meine Pflanzen zum Glück in Ruhe gelassen haben.

Schritt 4: Ernte (Juni bis September)

1 Der Erntezeitpunkt hängt von der Sorte und Witterung ab. Weil das Frühjahr recht warm war und ich meine Kartoffeln vorgetrieben habe, kann ich die Mitte April gepflanzte 'Belana' schon Ende Juni ernten, also nach rund zehn Wochen. Reifemerkmale sind, dass sich die Knollen gut von der Mutterpflanze lösen und die Schale abriebfest ist. Um die Knollen nicht zu verletzen, steche ich die Grabegabel mit 30 cm Abstand zur Pflanze ein und heble sie dann komplett aus dem Boden. **2** Die 'Blaue St. Galler' mit dem violett gefärbten Fruchtfleisch braucht etwas länger und ist bei mir Anfang August erntereif. Da ich die Kartoffeln nach und nach aus dem Beet nehme, habe ich bis September ausreichend Nachschub.

Diekes Gartentipp

1 Ringelblumen sind gute Nachbarn für meine frisch gesetzten Kartoffeln. Ebenso wie Tagetes wirken sie der Ausbreitung von Nematoden entgegen. Die Fadenwürmer sind ein typischer Fruchtfolgeschädling. Deshalb ist eine Pause von vier Jahren ratsam, bevor ich an derselben Stelle wieder Kartoffeln anbaue. Da meine Sorten resistent gegen Nematoden sind, dienen die Ringelblumen eher der Optik – zumal ich den wenigen Platz rund um den Rosmarinstrauch nicht richtig nutzen kann. Nach dem Verteilen **2** decke ich die Samen ca. 1 cm hoch mit feiner Komposterde ab. **3** Zum Schluss wird die gesamte Fläche gut angegossen.

ZUM VIDEO

Für allgemeine Infos zum Kartoffelanbau sowie Praxisvideos zum Vorkeimen, Setzen und Ernten der Knollen einfach den QR-Code scannen.

Frischer Schwung für müde Stauden

Am einfachsten lassen sich Stauden durch Teilung vermehren. Meine Sommer- und Herbstblüher, hier eine Sonnenbraut (*Helenium*), teile ich am liebsten im Frühling. Dann stehen die Pflanzen bereits in den Startlöchern, können gut anwurzeln und gleich wieder durchtreiben. Dank der Verjüngungskur bleiben die Stauden vital und blühfreudig.

1 Mit dem Spaten steche ich einmal um die komplette Staude herum und durchtrenne sie in der Mitte. **2** Die Hälften hebe ich anschließend aus dem Boden und zerteile sie mit dem Spaten in mehrere Einzelpflanzen. Faustgroß sollten die Stücke bei der Staudenteilung mindestens sein, gerne auch etwas größer, um sich später im Beet gut zu entwickeln. **3** Die Teilstücke ziehen dann in andere Bereiche meines Gartens um. Beim Ausheben der Pflanzlöcher nehme ich die vorhandenen Beetnachbarn – hier Taglilien und Bart-Iris – großzügig zurück, damit die Jungpflanzen nicht zu sehr bedrängt werden. **4** Die Erde rund um die frisch gesetzte Staude drücke ich kräftig an und forme mit den Händen einen Gießrand. **5** Beim Angießen sorgt diese Mulde gemeinsam mit einer davor platzierten Natursteinplatte dafür, dass das Wasser direkt im Wurzelbereich versickern kann und nicht den Hang hinabfließt. Vor allem in der Anwachsphase achte ich auf die Wasserversorgung, damit die Sonnenbraut gute Startbedingungen hat.

So klappt's mit dem Rosenschnitt

Sobald die Forsythien ihre Blüten öffnen, wird es Zeit für den Rosenschnitt. In meinem Garten ist es meist Ende März so weit. Hier zeige ich Ihnen, wie ich meine verschiedenen Rosengruppen im Frühjahr zurückschneide.

Kletterrosen

Bevor hier die Schere angesetzt wird, muss klar sein, ob es um einmal- oder öfterblühende Sorten geht. **1** Meine Kletterrose 'Super Excelsa', der ein alter Birnbaum als Rankgerüst dient, zählt zu Letzteren. Das heißt, sie bildet an mehr- und diesjährigen Zweigen ihre Blüten. **2** Kurze Seitentriebe stutze ich jetzt auf drei bis fünf Knospen. Die langen Haupttriebe schneide ich nicht und lasse beim Hochleiten einige Äste bogenförmig überhängen. So fördere ich den Blütenansatz und sorge dafür, dass **3** im Sommer nicht nur oben, sondern auch rund um den Stamm Farbe zu sehen ist. Einmalblühende Kletterrosen, u.a. viele starkwüchsige Ramblersorten, hätten kaum Blüten, würde ich sie jedes Frühjahr beschneiden. Solche Rosen werden besser nach dem Flor ausgelichtet. Abgestorbene und beschädigte Triebe lassen sich natürlich vor dem Austrieb entfernen.

Kleinstrauchrosen

Als pflegeleichte, vielseitig einsetzbare Dauerblüher präsentieren sich die Kleinstrauchrosen. Neben ihrer Verwendung für Hochstammrosen lassen sich die Sorten einzeln, in kleinen Gruppen oder flächig setzen. Als Wegeinfassung haben die Vorbesitzer unseres Gartens die klassische Sorte 'The Fairy' gepflanzt. Um die robusten Sträucher blühfreudig zu halten, genügt es, dass ich sie alle zwei, drei Jahre im Frühjahr **1** mit einer Heckenschere auf 20–30 cm zurückschneide. Auf bereits vorhandene Austriebe muss ich dabei keine Rücksicht nehmen, weil die Pflanzen aus den darunterliegenden Knos-

pen gut wieder durchstarten. Sie entwickeln ähnlich wie Kletterrosen viele Seitentriebe, mit denen sie die Fläche ausfüllen. Deshalb ist diese Gruppe häufig als Bodendeckerrose im Handel. Die genannte **2** 'The Fairy' wird auch den Beetrosen zugeordnet, kann wie eine solche geschnitten und als niedrige Solitärpflanze gezogen werden. Stark wachsende Sorten vertragen wie ihre größeren Verwandten, die öfterblühenden Strauchrosen, einen luftigen Rückschnitt (unten auf dieser Seite). Dies ist für die Pflanzengesundheit vorteilhaft, weil die Blätter schneller abtrocknen können.

Edel- und Beetrosen

Bei diesen beiden Gruppen handelt es sich um öfterblühende Rosen, die ihren Flor an den neuen Trieben bilden. Ein regelmäßiger Frühjahrsschnitt sorgt für eine reiche Blüte im selben Jahr. **1** Die bekannteste Edelrose ist sicherlich die Sorte 'Gloria Dei'. In unserem Garten stand bereits ein Exemplar, das jahrelang nicht gepflegt und dadurch recht „langbeinig" wurde. Ein Verjüngungsschnitt soll helfen, den Neuaustrieb und die Vitalität zu fördern. Dazu entferne ich mit der Astschere einen Teil der mehrjährigen Triebe an der Basis und oberhalb der Verzweigungen. **2** Am Ende bleiben fünf bis sechs etwa 30 cm lange Äste stehen. Weil noch keine jungen Triebe von unten nachgewachsen sind, nutze ich für den Kronenaufbau günstig stehende Seitenzweige, die ich auf wenige Augen einkürze. **3** Beetrosen werden ähnlich geschnitten. Nach dem Entfernen der abgestorbenen und schwächeren Äste nehme ich die Triebe auf vier bis fünf Knospen zurück. Diese sollten nach außen zeigen,damit es im Inneren der Pflanze nicht zu dicht wird. **4** Das Gerüst bilden auch hier fünf, maximal sechs gesunde Triebe. Schwachwüchsige Beetrosen schneidet man stärker zurück. Solche Sorten werden auf drei Grundtriebe mit je drei Knospen gestutzt.

Strauchrosen

Neben modernen Strauchrosen gibt es auch viele historische Sorten und Wildarten. Grundsätzlich ist beim Schnitt der Blührhythmus zu beachten. **1** Bei öfterblühenden Sorten kürze ich im Frühjahr kräftige Triebe um ein Drittel, schwächere um zwei Drittel ein. Einzelne überalterte Äste werden komplett entfernt. Englische Rosen, hier ein junges Exemplar der Sorte **2** 'Queen of Sweden', schneide ich nach dem gleichen Prinzip. Anders verhält es sich mit einmalblühenden Strauchrosen. Sie bilden ihren Flor am mehrjährigen Holz und bleiben im Frühjahr deshalb ungeschnitten. Bei Bedarf lassen sich alte Pflanzen im Sommer nach der Blüte auslichten, allerdings auf Kosten der Hagebutten.

Weitere Infos sowie Praxisvideos zum Rückschnitt der verschiedenen Rosengruppen gibt es über den QR-Code.

ZUM VIDEO

Ist die Nässe des Winters verschwunden, kann der Boden bearbeitet und für die kommende Aussaat oder Bepflanzung vorbereitet werden

Radieschen aussäen

Im Frühling gehe ich gerne in den Gemüsegarten. Am Beispiel von Radieschen zeige ich hier, worauf bei der Anzucht erster Freilandkulturen zu achten ist.

1 Mit einem Sauzahn lässt sich der Boden auf schonende Weise gut 20 cm tief lockern. Dabei ziehe ich den Haken in Längs- und Querrichtung durch das Beet, sodass am Ende eine Art Rautenmuster entsteht. **2** Um den Boden zu verbessern, bringe ich anschließend reifen Kompost aus. Etwa 2–3 Liter pro Quadratmeter werden mit der Schaufel auf der Beetfläche verteilt. Bei nährstoffarmen Böden lohnt es sich, zusätzlich etwas Hornmehl in den Kompost zu mischen. **3** Mit einer Harke arbeite ich den Kompost flach in den Boden ein. Hierbei gehe ich gründlich vor, damit das Saatbeet feinkrümelig wird. Grobes Material und Steine entferne ich. **4** Die Pflanzleine sorgt für eine gerade Saatreihe. Das ist gut für die Optik und wichtig, wenn man mehrere Reihen nebeneinander aussäen möchte. Die Schnur spanne ich so stramm, dass sie ein knappes Stück über dem Boden schwebt. Sie sollte die Erde nicht berühren, weil sonst Richtungsabweichungen entstehen.

1

2

3

5 Die Rückseite der breiten Holzharke ist eine gute Hilfe, um die Aussaatrille zu ziehen. Diese hat bei Radieschen lediglich eine Tiefe von 1–2 cm. Damit ich den gelockerten Boden nicht unnötig verdichte, habe ich ein langes Holzbrett quer übers Beet gelegt. **6** Die Samenkörner lege ich nun einzeln in die vorbereitete Rille. Beim Saatgutkauf unbedingt auf die richtige Sortenwahl achten: Für frühe Aussaaten gibt es spezielle Radieschenzüchtungen, die an kurze Tage und kühle Nächte angepasst sind. **7** Beim Abstand zwischen den Körnern halte ich mich an die Packungsangabe, hier sind es 4–5 cm. Hat man älteres Saatgut und ist unsicher bezüglich der Keimung, kann man enger säen und überzählige Sämlinge später wieder entfernen. Praktisch sind Saatbänder, bei denen die Abstände automatisch vorgegeben sind. Zwischen den einzelnen Saatreihen etwa 15 cm Platz lassen. **8** Das Schließen der Aussaatrille erledige ich wieder mit der Harkenrückseite, ebenso das leichte Andrücken der Erde. Hierbei achte ich darauf, dass die Radieschensamen nur dünn bedeckt sind. **9** Mit feinem Strahl gieße ich das Beet gründlich an. Bis zur Keimung darf die Erde nicht austrocknen. Auch danach die Pflanzen gleichmäßig feucht halten, damit die Knollen weder zu scharf noch holzig werden.

Diekes Gartentipp

Die Radieschen nicht zu lange in der Erde lassen, sonst können sie pelzig werden. Je nach Witterungsverlauf sind die Knollen schon nach vier bis sechs Wochen erntereif. Am besten das Aussaatdatum im Kalender oder auf dem Etikett notieren.

Naturgarten: 5 Projekte zum Nachmachen

Jeder freut sich, wenn es in seinem Garten zwitschert, summt und brummt. Ich zeige Ihnen verschiedene Ideen, die sich bereits im zeitigen Frühling einfach umsetzen lassen. Machen Sie mit und schaffen Sie wertvolle Nisthilfen und kleine Rückzugsorte für unsere Tierwelt.

Neuer Lebensraum im toten Apfelbaum

Schmackhaftes Obst hat der abgestorbene Apfelbaum zwar keines mehr zu bieten, dafür aber einen hohen ökologischen Wert. So dient der noch ausreichend stabile Stamm als Rankgerüst für immergrünen Efeu, in dem Zaunkönige und Amseln gerne ihre Nester bauen. **1** In den unteren Ästen lege ich künstliche Brutröhren für Wildbienen an. Reste der alten Borke entferne ich vor dem Bohren. Weil das tote Holz schon etwas mürbe ist, kann ich die Arbeit mit einem Akkuschrauber und gängigen Holzbohrern erledigen. Wichtig ist eine saubere Bohrung. Damit sich künftige Bewohner nicht an möglichen Splittern verletzen, glätte ich

die Ränder zusätzlich mit eng aufgerolltem Schmirgelpapier. **2** Die Bohrlöcher haben einen Durchmesser von 2–9 mm, eine Tiefe von 5–10 cm sowie mehrere Zentimeter Abstand zueinander, um Risse zwischen ihnen zu vermeiden. Dass sich diese bei dem Naturmaterial trotzdem nicht ganz vermeiden lassen, ist bei dem Bohrloch zu sehen, das hier gerade von **3** einer Wildbiene inspiziert wird.

Beliebte Sonnenbank: die Steinburg

In einer sonnigen Gartenecke hat sich über die Jahre eine bunte Mischung aus Natursteinen, alten Dachziegeln und kaputten Tontöpfen angesammelt. **1** Bevor der Haufen völlig überwuchert, lege ich ihn etwas frei. **2** Dann schichte ich das Material locker auf, sodass unterschiedlich große Spalten entstehen, die Konstruktion aber noch stabil ist. **3** Die fertige Steinburg bietet verschiedenen Tieren Platz. Während sich Eidechsen gerne auf den erwärmten Steinen sonnen, verstecken sich Blindschleichen tagsüber darunter, um in der Dämmerung auf Schnecken- und Raupenjagd zu gehen. Käfer, Frösche und Kröten nutzen die Hohlräume ebenso als Unterschlupf wie Spitzmäuse. Selbst ein Hummelvolk kann sich im Inneren ansiedeln.

Ein Sandhügel für Bodenbewohner

Längst nicht alle Insekten müssen für die Eiablage hoch hinaus. Rund zwei Drittel der Wildbienen bevorzugen einen Platz am Boden, um ihre Brutröhren anzulegen (Interview Seite 64). **1** Zunächst hebe ich eine etwa spatentiefe Grube aus. Der Standort ist eine sonnige, trockene Stelle im Regenschatten des Gartenhauses. **2** Beim Füllmaterial habe ich mich aus einem alten Sandkasten bedient. Wichtig ist, keinen frischen gewaschenen Sand zu verwenden. Dieser ist zu locker, sodass die Gänge der kleinen Baumeister in sich zusammenfallen würden. Wenn sich der Sand zum „Kuchenbacken" eignet, hat er die richtige Konsistenz. Als Begrenzung für den Hügel verwende ich ein paar alte Ziegelsteine. **3** Diese Wegwespe hat hier ihr Nest angelegt. Bodennistende Wildbienen und Grabwespen besiedeln das Areal ebenso wie Ameisenlöwen und Sandlaufkäfer. Eidechsen liegen gerne auf den Steinen und nutzen den warmen Sand, um ihre Eier von der Sonne ausbrüten zu lassen.

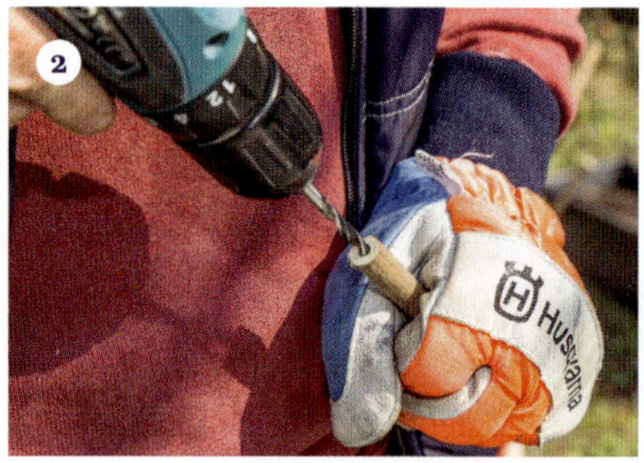

Hotel „Zur fröhlichen Wildbiene" – Gäste herzlich willkommen

Bei milder Witterung schwirren bereits Ende Februar die ersten Wildbienen durch den Garten. Die hier gezeigte Nisthilfe haben meine Tochter und ich vor einigen Jahren unter Anleitung der örtlichen BUND-Gruppe gebastelt. Insbesondere die alten Stauden- und Schilfhalme sind mittlerweile abgängig, sodass größere Lücken entstanden sind, die ich mit frischem Material auffülle. **1** Mit einer Gartenschere schneide ich die Triebe, u.a. Weide, Hartriegel, Wasserdost und Pfeifenstrauch, auf die richtige Länge zurecht. **2** Das Mark bohre ich glattrandig gut 8 cm tief aus und **3** schiebe die Äste mit der Öffnung nach vorne in den Holzkasten. So viele Stängel verwenden, dass sie sich gegenseitig festklemmen und stabil in den Fächern sitzen. **4** Als Schutz vor pickenden Vögeln dient ein Stück Maschendraht, das ich per Tacker befestige. **5** An einer sonnigen Hauswand bekommt die Nisthilfe ihren Platz. **6** Für Wildbienen, die markhaltige Stängel bevorzugen, habe ich an mehreren Stellen im Garten einzelne senkrecht stehende Brombeer- und Himbeerstängel angebunden.

Ein Quartier für die Ohrwürmer

Wenn es Nacht wird, gehen die kleinen Räuber auf die Jagd nach Blattläusen, Wicklerraupen und anderen Schädlingen. Tagsüber bleiben Ohrwürmer lieber im Dunkeln. Dies mache ich mir zunutze: **1** Als Aufhängung für den Tontopf dient ein Seil. An dem einen Ende befestige ich ein kurzes Aststück, das andere Ende fädle ich durch das Loch. **2** Dann befülle ich das Gefäß mit trockenem Heu – alternativ Stroh oder Holzwolle – und **3** klemme das Material mit einem weiteren Stöckchen fest. **4** Den gefüllten Topf hänge ich kopfüber an den Stamm eines Obstbaums. Vorsicht: Ohrwürmer sind Allesfresser! Damit sie weder die Eier und Larven noch den Pollenvorrat von Wildbienen verspeisen, werden sie nicht in der Nähe solcher Nisthilfen platziert.

ZUM VIDEO

Im Video nutze ich Stroh und Maschendraht für das Ohrwurmquartier und gebe zusätzliche Tipps zu den Nützlingen.

Süßes aus dem Gemüsebeet: Zuckererbsen

Ob frisch von der Pflanze oder gedünstet verzehrt, Zuckerschoten sind bei Groß und Klein beliebt. Im April beginne ich mit der Aussaat. Dann kann ich das leckere Gemüse bereits im Juni ernten.

1 Mit einem Pflanzholz ziehe ich eine ca. 3 cm tiefe Aussaatrille in die zuvor gelockerte Erde. Ein langes, über das Gemüsebeet gelegtes Brett sorgt dafür, dass die Reihe schön gerade und der Boden nicht zu stark verdichtet wird. **2** Die Erbsen lege ich einzeln im Abstand von 3–5 cm in die Rille – entsprechend der Empfehlung auf der Samentüte. **3** Die Aussaatrille wird anschließend per Hand oder Pflanzschaufel wieder geschlossen und die Erde leicht angedrückt. Auf der anderen Seite des Brettes wiederhole ich die Aussaat, sodass ich zwei Reihen mit Zuckererbsen habe. Nachdem ich beide Reihen mit Holzpflöcken markiert und das Brett seitlich davon platziert habe, wird **4** gründlich angegossen, und zwar mit feiner Brause, damit der Boden nicht verschlämmt. **5** Zum Schluss stecke ich ungefähr einen Meter lange Zweige als Kletterhilfe zwischen die beiden Aussaatreihen. Alternativ eignet sich eine Konstruktion aus Maschendraht oder Gittermatten. Sobald die jungen Zuckererbsen 15 cm hoch sind, häufle ich sie leicht mit Erde an, was ihnen zusätzlichen Halt gibt.

Ich bin ein Star – bau mir ein Haus!

Wie Meisen und Spatzen gehören Stare zu den Höhlenbrütern – mit dem Unterschied, dass Letztere dafür hoch hinauswollen. Weil mit vielen großen alten Bäumen auch die natürlichen Brutmöglichkeiten schwinden, bekommt der Meistersänger von mir einen selbst gebauten Nistkasten.

Gespannter Blick nach oben! Starenkästen sollten mindestens vier Meter hoch hängen.
Der Bauplan stammt aus der NABU-Broschüre „Wohnen nach Maß". Erhältlich als gedruckte oder digitale Version: www.nabu-shop.de

Los geht's mit dem **1** Abmessen, Anzeichnen und **2** Zurechtsägen der einzelnen Bauteile, hier die Rückwand des Starenkastens. Diese wird unten gerade und oben leicht schräg gesägt, damit das nach vorne geneigte Dach später glatt aufliegt. Ich verwende ein sägeraues Vollholzbrett (2 cm dick, 20 cm breit), das ich mir in einer örtlichen Sägerei besorgt habe. Bei gehobelten Brettern aus dem Baumarkt am besten die Innenseiten mit einer Raspel oder grobem Schleifpapier anrauen, dann haben die Vögel besseren Halt.

Das benötigen Sie

1x Brett (2 x 20 x 200 cm, sägerau)
1x Aufhängeleiste (2 x 5 x 60 cm, optional)
25x Holzschrauben (3,5 x 40 mm)
2x Schraubhaken (3 x 40 mm)
2x Nägel (2,2 x 50 mm)
1x Holzpfahl (9 x 9 x 400 cm)
1x Bodenhülse (650 x 91 x 91 mm)
2x Sechskantschrauben (M10 x 110 mm), inkl. Unterlegscheiben und Muttern
1x ökologische Holzlasur

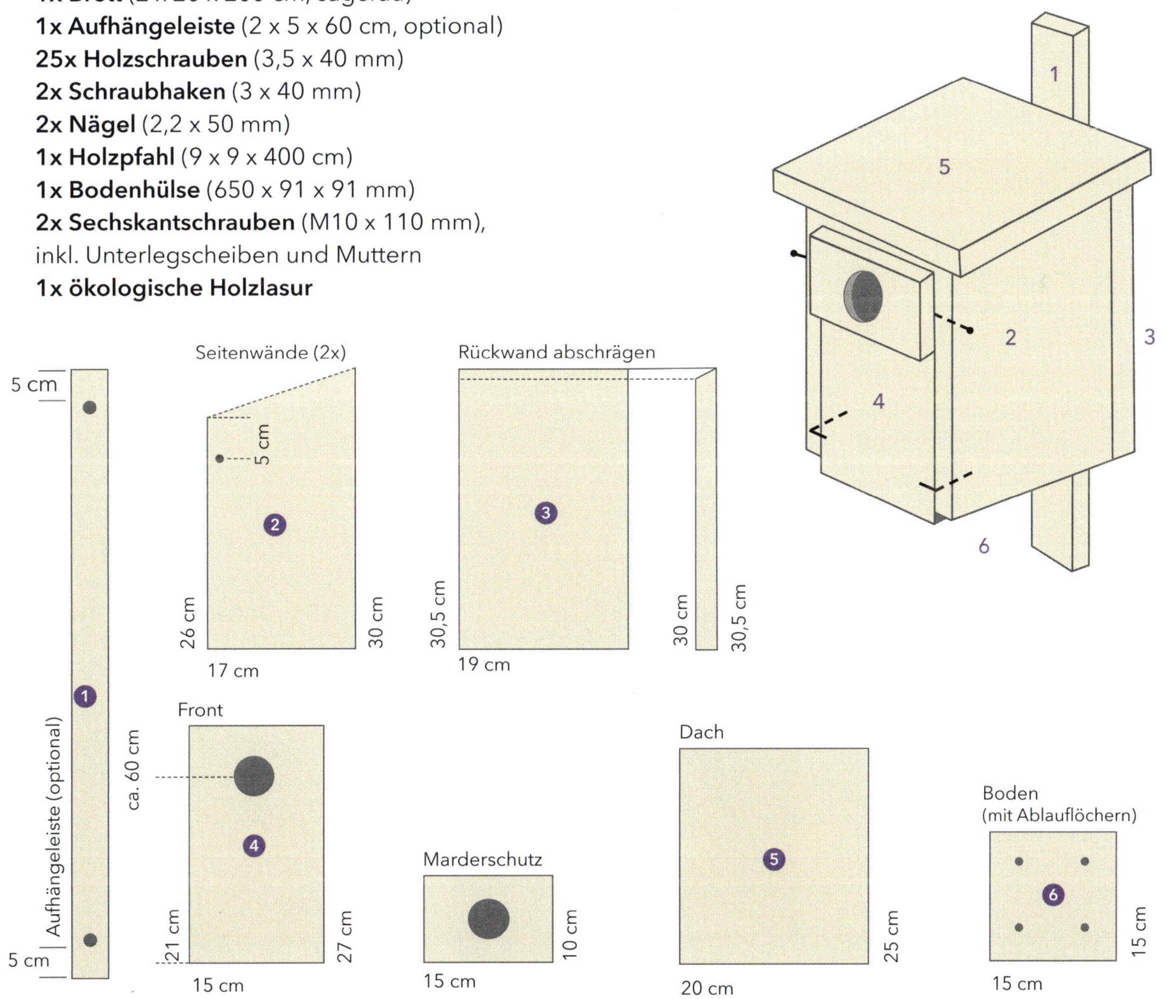

3 Das Einflugloch für Stare ist mit 45 mm Durchmesser deutlich größer als das für Meisen und Spatzen. Eine kleine Blumenvase aus meinem Fundus hat genau dieses Maß. Alternativ lässt sich dafür ein Zirkel verwenden. In die Mitte des angezeichneten Kreises bohre ich mit einem Holzbohrer (Ø 10 mm) ein Loch. **4** Dort setze ich mit der Stichsäge an, um das Loch auszuschneiden. **5** Ein Marderschutz verhindert, dass die Räuber mit ihren Pfoten den Starennachwuchs erreichen können. Die 15 x 10 cm große Holzplatte hat ebenfalls einen 45 mm großen Durchlass, der direkt über dem Einflugloch platziert wird. **6** Ich befestige den Schutz mit vier Senkkopfschrauben von der Innenseite, sodass die Schraubenköpfe von außen nicht zu sehen sind. **7** Die Bodenplatte versehe ich mit vier Ablauflöchern (5-mm-Bohrer) – zur Belüftung und damit sich im Kasten keine Feuchtigkeit sammelt. **8** Alle Bauteile sind nun fertig und werden von mir zusammengesetzt. **9** Die Front muss sich zum Reinigen öffnen lassen und wird deshalb auf Höhe des Einfluglochs mit je einem Nagel befestigt. **10** Zwei kleine Schraubhaken, die ich unten anbringe, sorgen dafür, dass sich die Klappe nicht versehentlich öffnen kann.

ÜBRIGENS …

… hilft der extra angebrachte Marderschutz zwar gegen vierbeinige, aber nicht gegen zweibeinige Nesträuber! Ein Buntspecht hat im ersten Jahr Gefallen an dem Nistkasten gefunden und kurzerhand das Schutzbrett samt Einflugloch so weit aufgehämmert, dass er selbst hineinpasste – zum Glück, bevor Familie Star eingezogen war. Der bunte Vogel hat die Konstruktion nicht zum Brüten, aber als Sommerdomizil genutzt. Inzwischen hat Gartenbesitzer, Kollege und Vogelliebhaber Christian das Einflugloch wieder verkleinert und neu verstärkt, sodass mehrere Starenpaare ihre Jungen darin großziehen konnten.

Zum Schluss die Dachplatte noch anbringen, und **11** fertig ist mein Starenkasten! Weil das vordere Brett nach unten 1 cm übersteht, lässt es sich gut auf- und zuklappen. **12** Ein Anstrich mit einer ökologischen Holzlasur schützt das Material vor Witterungseinflüssen. **13** Aufgehängt wird der Kasten an einem Pfahl (Durchmesser 9 cm), den ich noch von einem vergangenen Projekt habe. Dafür drehe ich mit einer Eisenstange eine Bodenhülse (65 x 9,1 x 9,1 cm) in die Erde, stelle **14** den Holzpfosten hinein und befestige ihn mit zwei durchgehenden Sechskantschrauben (M10 x 110 mm). Die beiden Schraubenlöcher habe ich entsprechend vorgebohrt.

15 Bei der Aufhängeleiste muss ich ein wenig tricksen und von den vorgegebenen Maßen (Seite 33) abweichen. Weil der Pfahl etwas zu kurz ist, schraube ich den Kasten an eine 1,50 m lange, stabile Latte aus Lärchenholz (Querschnitt 2,5 x 5 cm), um auf eine Endhöhe von 4 m kommen. **16** Zum Schluss wird die Leiste mit drei Schrauben am Pfahl befestigt. Der Starenkasten ist mit dem Einflugloch nach Osten ausgerichtet und jetzt bezugsfertig. Wer keinen Pfahl im Garten aufstellen möchte, kann den Kasten auch am Hausgiebel aufhängen.

Frühlingskur für den grünen Teppich

Nach dem Winter zeigen sich Rasenschäden meist besonders deutlich. Sofern der Boden nicht verdichtet und staunass ist, lassen sich lückige Flächen auch ohne Neuanlage wieder auf Vordermann bringen. Dank der richtigen Maßnahmen erholen sich die Gräser erstaunlich schnell. Folgen Sie mir durch das erfolgreiche Pflegeprogramm.

1 In solchen Kahlstellen siedeln sich schnell unerwünschte Beikräuter an, falls nichts unternommen wird. Diese wachsen oft schon bei geringen Temperaturen und werden zur Konkurrenz für die Rasengräser. Zunächst bringe ich Ende März, Anfang April **2** einen Rasenstartdünger mit Langzeitwirkung aus. Dadurch haben die Gräser sofort sowie in den nächsten Wochen ausreichend Nährstoffe zur Verfügung und können nach der Bearbeitung direkt wieder durchtreiben. Ein Streuwagen sorgt für eine gleichmäßige Verteilung. **3** Lediglich zwischen den Trittplatten und in verwinkelten Bereichen wird per Hand gestreut. Mitte April, also gut zwei Wochen nach der Frühjahrsdüngung, **4** mähe ich den Rasen, und zwar auf niedrigster Schnitthöhe. So können die senkrecht rotierenden Messer beim anschließenden **5** Vertikutieren gut in den Boden eindringen. Um den Rasenfilz zu entfernen und wieder Luft an die Grasnarbe zu bringen, genügt es, wenn die Erde 2–3 mm tief eingeschnitten wird. Ich schiebe den Vertikutierer einmal in Längs- und einmal in Querrichtung über die Fläche, sodass eine Art Kreuzmuster entsteht.

ZUM VIDEO

Per QR-Code geht es zum Video, das in einem anderen Garten, aber mit den gleichen Arbeitsschritten gedreht wurde.

6 Das Vertikutiergut, das überwiegend aus Moos, Unkräutern und Rasenfilz besteht, entferne ich anschließend mit einer breiten Harke. Wie schon beim Dünger greife ich auch bei **7** den Rasensamen für die Nachsaat auf ein Markenprodukt zurück. Eine gute Qualität und Keimfähigkeit garantiert der RSM-Hinweis (Regel-Saatgut-Mischung) auf der Verpackung. Für die sonnige Fläche eignet sich eine robuste Trockenrasen- oder Gebrauchsrasen-Mischung. Ich wähle Letztere, die auch als Spiel- und Sportrasen im Handel ist. Dieses Gemenge ist typisch für den Hausgarten und später nicht so pflegeintensiv wie reiner Zierrasen. Für eine gleichmäßige Ausbringung der Grassamen dient wieder **8** der Streuwagen, bei dem ich die Dosierung entsprechend anpasse.

9 Rasenerde, die ich in einer Schichtstärke von 0,5–1 cm gleichmäßig auf der Fläche verteile, gibt dem Saatgut den nötigen Bodenschluss. Bei der Feinarbeit mit **10** dem Fächerbesen gehe ich sehr behutsam vor, damit die frisch ausgebrachten Samen an Ort und Stelle bleiben und sich später keine Lücken zeigen. Zum Schluss wird das komplette Rasenstück ausgiebig **11** per Schwenkregner gewässert. Vor allem in der Keimphase, die je nach Witterung ein bis drei Wochen dauert, dürfen die jungen Gräser nicht austrocknen. Die Fläche während dieser Zeit unbedingt feucht halten! Sobald die Halme etwa 8–10 cm hoch sind, mähe ich sie auf eine Schnitthöhe von 5–6 cm. Mitte Juni folgt dann eine zweite Gabe Langzeitdünger. **12** Im Sommer nach der Sanierung hat sich der Rasen sichtlich erholt. Damit das Gras saftig grün bleibt, ist eine nachhaltige Pflege wichtig: regelmäßiges Mähen, seltenes, aber ausgiebiges Wässern in Trockenzeiten sowie konsequentes Unkrautausstechen und eine abschließende kalibetonte Düngung im Herbst. Kleinere Schadstellen lassen sich in den Folgejahren mit Rasenreparaturmischungen ausbessern, die neben dem Saatgut einen Rasendünger und oft ein spezielles Substrat enthalten.

Frisches Gemüse dank Schneckenzaun

Wo Gemüse angebaut wird, sind Schnecken meist nicht weit. Ganz oben auf deren Speiseplan stehen neben Sommerblumen und Stauden zahlreiche Nutzpflanzen. Zuverlässigen Schutz – ganz ohne Chemie – bietet ein Schneckenzaun. Der ist schnell aufgestellt und sorgt dafür, dass die gefräßigen Schädlinge gar nicht erst ins Beet kommen.

Erntezeit! Salat, Bohnen, Kohlrabi und die anderen Gemüsearten haben sich gut entwickelt. Die bunten Löwenmäulchen dienen als Zierde und Schnittblumen

1 Die einzelnen Zaunelemente werden zunächst entlang der Fläche ausgelegt, die eingefasst werden soll. Durch den vorhandenen Plattenweg und die angrenzende Pflasterung ergeben sich in meinem Fall etwas krumme Maße mit einer Beetlänge und -breite von 4,80 m x 1,20 m. Hinzu kommt eine kleine Aussparung im Bereich der Kompostboxen. **2** Mit dem Spaten steche ich die Kanten 10 cm tief vor, was der Einbautiefe der Einfassung entspricht, damit die Schnecken nicht unter der Barriere hindurchschlüpfen. Weil die Metallteile 25 cm hoch sind, hat mein Zaun am Ende eine Höhe von 15 cm. Die Außenseite ist so abgewinkelt, dass die Schnecken das Hindernis nicht überwinden können. Die 0,5, 1 und 2 m langen Elemente lassen sich per Stoßverbinder oder Überlappung montieren. Ich habe mich für Letzteres entschieden, weil ich die Teile dann ineinanderschieben kann und so mehr Spielraum bei den Seitenlängen habe. **3** Überlappende Bereiche fixiere ich zusätzlich mit doppelseitigem Klebeband, damit die Bleche beim Stecken in die Erde eng aneinanderliegen und keine Spalten entstehen. **4** Spezielle Eckteile sorgen dafür, dass die Längs- und Querseiten „schneckendicht" miteinander verbunden sind. Um den Versatz in der Pflasterung einzufassen, muss ich **5** zur Metallsäge greifen. Alternativ lassen sich die Teile mittels Blechschere oder Winkelschleifer kürzen. Nach dem Abmessen, Anzeichnen und Sägen wird die scharfe Kante **6** mit feinem Schleifpapier geglättet. Bei einfachen rechtwinkligen Beetformen mit frei wählbaren Maßen ist die Bearbeitung der Zaunelemente nicht notwendig.

7 An der Innenecke habe ich das eingekürzte Element mit einem Gehrungsschnitt von 45 Grad versehen. Dies ist nicht zwingend notwendig, aber so gefällt es mir optisch besser. Gut zu erkennen ist hier der Eckverbinder für innen liegende Ecken. **8** Per Kantholz und Fäustel schlage ich die kurzen Teilstücke vorsichtig (!) auf die Endhöhe von 15 cm. Auch hier habe ich mit dem Spaten einen kleinen Spalt vorgestochen. Wichtig: Es dürfen sich keine größeren Steine unter den Metallelementen befinden. Sonst lassen sich diese nicht gerade absenken und können beim Einbau verbiegen. **9** Zum Schluss die Erde seitlich antreten und fertig ist der Schneckenzaun.

10 Erdarbeiten stehen als Nächstes auf dem Programm. Praktischerweise befinden sich die Kompostboxen direkt neben dem Gemüsebeet. Das bedeutet nicht nur kurze Wege, wenn es um die Entsorgung von Pflanzenresten geht, ich kann auch die reife Komposterde direkt mit der Schaufel entnehmen und auf der Fläche verteilen. Weil das Beet die letzten Jahre brachlag und etwas verdichtet ist, grabe ich die Fläche anschließend spatentief um. **11** Mit dem Grubber zerkleinere ich die groben Erdschollen, damit der Boden feinkrümelig wird und bereit für die nachfolgende Bepflanzung ist.

12 Nun geht's an die Pflanzarbeiten: In die hintere Beetecke setze ich Petersilie, weil dieser Bereich recht spät von der Sonne beschienen wird und dieses Küchenkraut auch mit etwas weniger Licht zurechtkommt. Kopfsalat ist offiziell nicht der beste Beetnachbar für Petersilie, hat sich an der Stelle dennoch prächtig entwickelt. **13** Zwei Reihen mit Buschbohnen, hier die Sorte 'Saxa', säe ich direkt ins Beet. Dafür habe ich mit der Pflanzschaufel 2–3 cm tiefe Rillen gezogen, in die ich die Samen im Abstand von 7–8 cm lege. Zwischen den beiden Reihen lasse ich rund 40 cm Platz. Um besser im Beet arbeiten und später auch ernten zu können, habe ich zwei Bretter aus haltbarem Douglasien-Holz ausgelegt.

14 Einige Löwenmäulchen, die ich rund um den vorhandenen Rosmarin pflanze, sollen ein bisschen Farbe ins grüne Gemüse-Einerlei bringen, ebenso der buntstielige Mangold sowie eine Reihe ausgesäter Zinnien. **15** Der vordere Beetteil bietet Platz für vier Kartoffeln der Sorte 'Annabelle'. Die setze ich 10–15 cm tief, im Abstand von etwa 30 cm. **16** Alles angießen und die nächsten Wochen gut feucht halten. Tipp: Die Bretter gelegentlich anheben und kontrollieren. Sollte sich doch eine Nacktschnecke ins Beet verirrt haben, ist sie mit hoher Wahrscheinlichkeit darunter zu finden.

Das Ergebnis: Wie man sieht, hat der Schneckenzaun funktioniert. Dank der mechanischen Sperre bleibt das Gemüse unversehrt. Der frisch geerntete, makellose Kohlrabi sieht doch zum Anbeißen aus! Die abgebildete Einfassung aus Stahlblech gibt es übrigens auch in Anthrazit (Bezugsquelle Seite 237).

Neue Einfassung für den Kräutergarten

Über Jahrhunderte galt Buchsbaum als alternativlos, wenn es um kleine Formschnitthecken ging. Mittlerweile setzen Zünsler und Triebsterben dem Strauch arg zu. Als Alternative bekommt dieses Kräuterbeet einen Rahmen aus immergrünem Zwerg-Rhododendron 'Bloombux', den ich gemeinsam mit meiner Kollegin Karina Dinser-Nennstiel pflanze.

Zartrosa Blüten zieren von Mai bis Juni den klein bleibenden 'Bloombux', eine Kreuzung aus zwei Rhododendron-Wildarten

1 Wir heben zunächst einen gut 30 cm breiten und tiefen Pflanzgraben aus. Das geht schneller, als einzelne Löcher zu graben. Außerdem lassen sich die kleinen Sträucher dann besser verteilen, sodass man eine dichte Hecke und eine einheitliche Pflanzhöhe bekommt. Überschüssige Erde fahren wir ab und verwenden sie an anderer Stelle im Garten. Die Sohle des Grabens wird mit dem Spaten gründlich gelockert. Der 'Bloombux' (*Rhododendron micranthum*) kommt wie moderne kalktolerante Easy- und Happydendron-Sorten auch an Standorten mit etwas höherem pH-Wert zurecht. **2** Wichtig ist ein humoser Boden mit einer lockeren, durchlässigen Struktur. Deshalb mischen wir den Aushub zusätzlich mit torffreier Rhododendron-Erde.

3 Das Einpflanzen geht am besten zu zweit. Eine Person topft die Sträucher aus, die andere verteilt diese in der ausgehobenen Rinne. Wir können uns an der vorhandenen Steinkante orientieren und müssen daher keine Schnur spannen, um eine gerade Hecke zu bekommen. **4** Die Abstände zwischen den Pflanzen richten sich nach deren Größe. Damit die Einfassung von Beginn an schön dicht ist, setzen wir etwa alle 30 cm einen der immergrünen Zwergsträucher. Ein Bambusstab, den wir mit roten Markierungen im Abstand von jeweils 30 cm versehen haben, erleichtert uns die Arbeit. **5** Der vermischte Aushub wird anschließend in den Graben gefüllt und rund um die Pflanzen gut angedrückt.

Buchsbaum-Alternativen	
Buchsbaumblättrige Berberitze	*Berberis buxifolia* 'Nana'
Currykraut	*Helichrysum italicum*
Blauer Ysop	*Hyssopus officinalis*
Berg-Ilex 'Robustico'	*Ilex crenata* 'Robustico'
Lavendel	*Lavandula angustifolia*
Zwerg-Liguster 'Lodense'	*Ligustrum vulgare* 'Lodense'
Echter Salbei	*Salvia officinalis*
Heiligenkraut	*Santolina chamaecyparissus*
Eibe	*Taxus baccata*
Immergrüner Gamander	*Teucrium × lucidrys*

6 Gründliches Angießen ist wichtig, damit sich mögliche Hohlräume zwischen den Pflanzen schließen können und die Wurzelballen einen guten Erdkontakt haben. Karina nimmt dafür aufgefangenes Regenwasser, weil dieses besonders weich ist und von den Sträuchern optimal vertragen wird. Anschließend werden **7** Hornspäne von uns verteilt. Mit seinen Nährstoffen sorgt der langsam wirkende organische Dünger dafür, dass dem Boden durch den nachfolgend ausgebrachten Rindenmulch nicht zu viel Stickstoff entzogen wird. **8** Die Mulchschicht aus Nadelholzrinde bildet den Abschluss der Pflanzarbeiten. Sie hält die Feuchtigkeit im Boden, unerwünschten Aufwuchs fern und reichert die Erde langfristig mit Humus an.

Einfach den QR-Code scannen und das Video von Karina und mir beim Setzen der 'Bloombux'-Einfassung angucken.

ZUM VIDEO

Kunterbunt präsentiert sich die Blumenwiese dort, wo vor Kurzem noch eine ungepflegte Rasenfläche war

So farbenfroh blüht der Sommer

Sie verschönern Vorgärten, Parks und sogar Verkehrsinseln: bunte Blumenwiesen. Das Frühjahr ist optimal für die Anlage. In meinem Garten habe ich ein altes, vernachlässigtes Rasenstück in eine blühende Fläche umgewandelt. Diese ist nicht nur pflegeleicht und hübsch anzusehen, auch die Insekten freuen sich über das zusätzliche Blütenangebot.

1 Die Arbeitsschritte zum Erstellen meiner Blumenwiese gleichen denen einer Rasenneuanlage. Die alten Grassoden habe ich abgetragen und den Boden mit einer Motorhacke etwa 10–20 cm tief gelockert. Mit einer breiten Holzharke ebne ich anschließend die krümelige Erde ein, entferne gleichzeitig größere Steine und vor allem Wurzelunkräuter. Letztere dürfen sich nicht ausbreiten, weil sie sonst die Wildblumen überwachsen würden. **2** Eine Walze dient zum Verdichten der Fläche. Alternativ kann man den Boden auch einige Tage ruhen und sich setzen lassen. Kleine Unebenheiten gleiche ich anschließend mit der Harke wieder aus und raue dabei die Oberfläche etwas auf.

1

2

ZUM VIDEO

Im Video lege ich eine etwas kleinere Blumenwiese an, und zwar ohne Motorhacke und Walze, dafür mit passender Insekten-Nisthilfe in der Nähe.

3 In der Mitte meiner zukünftigen Blumenwiese plane ich einen geschwungenen Rasenweg ein. Das ist zwar nicht notwendig, aber es macht Spaß, im Sommer durch die Wiese zu spazieren. Dafür markiere ich Anfang und Ende des Weges mit vier Stangen und steche mit dem Spaten eine kleine Kante ab. **4** Das Saatgut für meine gut 20 m² große Fläche fülle ich in eine Säwanne und füge als Hilfsstoff sogenanntes Vermiculit hinzu. Das natürliche Mineral hilft, die Keimlinge vor Austrocknung zu schützen und die feinen Blumensamen etwas zu „strecken". **5** Mit breitwürfigem Schwung bringe ich das Saatgut aus. Wichtig: Nicht zu dicht streuen! Sonst ist die Säwanne leer, bevor man am Ende der Wiese ist. Für den Rasenweg verwende ich hochwertige Grassamen. **6** Mit dem Rechen harke ich die Aussaat leicht ein, und zwar mit steil stehenden Zinken, damit die Samen an Ort und Stelle liegen bleiben. Nochmaliges Anwalzen kann ich mir sparen, weil der Untergrund bereits sehr fest ist. **7** Per Schwenkregner wird die angesäte Fläche gut durchfeuchtet. In der Folgezeit achte ich darauf, dass die jungen Keimlinge nicht austrocknen. Später ist keine zusätzliche Bewässerung mehr nötig. **8** In den fünf Wochen seit der Aussaat hat sich die Fläche gut entwickelt. Vom Sommer bis weit in den Herbst werden sich immer neue Wildblumen in den schönsten Farben zeigen.

Diekes Gartentipp

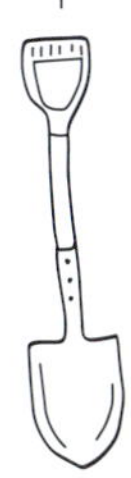

Als die ersten Blumenwiesen angelegt wurden, kamen oftmals einjährige Saatgutmischungen zum Einsatz, bei denen die Optik im Vordergrund stand. Mittlerweile wird verstärkt auf mehrjährige Mischungen aus regionalem Saatgut gesetzt. Solche Wiesen erhalten sich selbst und haben jede Menge Pollen und Nektar für heimische Insekten im Angebot. Weitere Vorteile sowie Tipps zur richtigen Pflege von Blumenwiesen verrät meine Kollegin Antje Sommerkamp im Interview ab Seite 64.

Ein Hochbeet aus Recycling-Material

Was schenkt man seiner Mutter, die natürlich keine Wünsche hat und nichts haben möchte? Mein Bruder und ich haben ihr im Frühjahr ein Hochbeet gebaut, das sie anfangs ebenfalls nicht wollte, inzwischen aber mit großer Begeisterung nutzt.

Das fertige Hochbeet im Sommer mit verschiedenen Nutzpflanzen im XXL-Format. Dank nährstoffreicher Kompostfüllung sind Kohlrabi, Kopfsalat, Erdbeeren und Kartoffeln sehr üppig gewachsen

1 Los geht's! Als Standort für das Hochbeet wählen mein Bruder Hajo und ich einen sonnigen Platz. Um es später gut bearbeiten zu können, sollte es von allen Seiten zugänglich sein. **2** Mit dem Spaten trage ich die Grassoden auf einer Fläche von 1 x 2 m flach ab, was der Beetgröße entspricht. Die Soden werden seitlich gelagert, damit wir sie noch als Füllmaterial nutzen können.

3 Für die 90 cm hohe Konstruktion verwenden wir gebrauchte Bretter aus robuster Sibirischer Lärche, die von Hajos alter Holzterrasse stammen und in einem sehr guten Zustand sind. Ebenso die 6 x 8 cm starken Kanthölzer aus dem gleichen Material, die bei der Terrasse als Unterkonstruktion dienten und die wir als Pfosten nutzen: vier Stück für die Ecken und jeweils einer in der Mitte der Längsseiten. Die eingeschlagenen Pfosten haben wir bündig zum obersten waagerechten Brett abgesägt. Jede Beetseite besteht aus sechs Dielenbrettern (2 x 15 cm), die an den kurzen Seiten 96 cm sowie an den langen 2 m messen und mit vier Schrauben pro Brett befestigt sind. **4** Innen wird zunächst ein Drahtgitter (Maschenweite 13 x 13 mm) als Wühlmausschutz ausgelegt, an den Seiten hochgebogen und per Tacker an die unteren Bretter geheftet. Stabile Silofolie schützt das innenliegende Holz vor Fäulnis. Alternativ lässt sich dafür Teich- oder spezielle Noppenfolie verwenden. Die Folienbahnen schneiden wir so zu, dass sie genau bis zum Boden reichen. So bleibt das Beet nach unten offen. Befestigt wird die Folie mit Tackerklammern, etwa alle 5 cm oben an der Innenkante. Die erste Schicht der Füllung besteht aus Strauchschnitt, die bei uns am Ende ca. 50 cm hoch sein wird. **5** Als zweite Schicht werden die seitlich gelagerten Grassoden umgekehrt auf dem Reisig platziert. Direkt darüber folgt die dritte, hier etwa 25 cm starke Schicht aus grobem Kompost, den uns ein befreundeter Gärtner netterweise zur Verfügung stellt – eine äußerst nährstoffreiche organische Mischung, wie sich später zeigen wird. Ich habe die Schubkarrenladungen nicht gezählt, aber es waren sehr viele, sodass man zwischenzeitlich schon mal den Kopf hängen lassen konnte! **6** Mein Bruder hat sich die gute Laune bewahrt und freut sich, dass nach dem Einfüllen der vierten und letzten Schicht aus ca. 15 cm torffreier Pflanzerde unser Hochbeet fertig ist. Die überstehende Folie haben wir entlang der Kante abgeschnitten. **7** Zum Schluss kommt der angenehme Teil: die Bepflanzung. Theoretisch sollte man damit wegen möglicher Sackungen noch etwas warten, praktisch kann man an den Stellen einfach etwas Erde nachfüllen. Wir pflanzen Kopfsalat und Kohlrabi und säen dazwischen eine Reihe Radieschen aus. Später kommen Rukola, Erdbeeren und Kartoffeln hinzu. **8** Unsere Mutter freut sich nach ein paar Wochen über die reiche Ernte.

Das benötigen Sie

Terrassendielen,
z. B. Lärche oder Douglasie
engmaschiger Draht
Silo-, Teich- oder Noppenfolie
Reisig | Rasensoden (optional)
grober Kompost | Pflanzerde
Astschere | Säge | Vorschlaghammer
Akkubohrschrauber | Holzbohrer
Schrauben | Tacker | Wasserwaage
Zollstock | Spaten | Schaufel
Teppichmesser | Seitenschneider
Schubkarre | Pflanzen nach Saison

Im Video zeige ich die einzelnen Arbeitsschritte und die genaue Schichtung am Beispiel eines kleinen Hochbeets.

ZUM VIDEO

Apfelwickler biologisch bekämpfen

Beim bekannten Wurm im Apfel handelt es sich in Wahrheit um den Apfelwickler. Genauer gesagt um die Larve dieses kleinen Nachtfalters. Es ist zwar nicht leicht, den Obstmaden ihren Appetit zu verderben, aber möglich, wenn man den Entwicklungszyklus genau im Blick hat. Weil ich in meinem Garten auf chemischen Pflanzenschutz verzichte, kombiniere ich mehrere natürliche Maßnahmen – mit Erfolg!

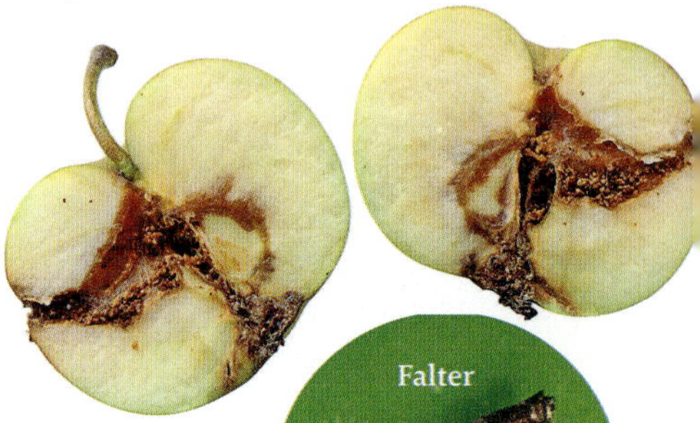

Die Larven bohren sich von außen in die Frucht. Auf dem linken Foto gut zu erkennen an den Kotkrümeln auf der Schale. Der alte Blütenkelch wird ebenfalls gerne als Eintrittsstelle genutzt. Im Inneren fressen sich die Obstmaden bis zum Kerngehäuse und machen den Apfel durch ihre Hinterlassenschaften anschließend ungenießbar.

Den exakten Spritztermin ermitteln

Sogenannte Pheromonfallen sind mit Kapseln versehen, die einen Sexuallockstoff verströmen. Darauf fliegen die männlichen Apfelwicklerfalter buchstäblich, um dann am Leimboden festzukleben. So lässt sich der Befall zwar reduzieren, aber keineswegs verhindern! Vielmehr dienen die Obstmadenfallen dazu, den richtigen Zeitpunkt für die Ausbringung eines biologischen Spritzmittels zu bestimmen. Ich hänge die Falle Anfang Mai in den Baum. Befinden sich darin mehr als fünf Falter pro Woche, starte ich mit der ersten Spritzung (siehe rechte Seite). Das örtliche Pflanzenschutzamt gibt ebenfalls Auskunft, wann die Apfelwickler aktiv sind und mit der Eiablage beginnen.

Vorbeugende Maßnahmen

Ab Mitte Juni befestige ich Wellpappegürtel an den Apfelbäumen. Dann wandern die Raupen der ersten Faltergeneration an den Stamm, um sich zu verpuppen. Mit den Gürteln, die ich etwa alle zwei Wochen kontrolliere und erneuere, lässt sich ein Teil der Schädlinge fangen (kleines Foto). Die oft empfohlenen Leimringe wehren zwar Frostspanner ab, helfen aber nicht gegen die Apfelwickler. Um den Raupen Unterschlupfmöglichkeiten zu nehmen, entferne ich im Spätherbst mit einer Bürste lose Borkenschuppen. Kleine Bäume lassen sich mit feinmaschigen Schutznetzen abdecken. Diese werden nach der Blüte, aber rechtzeitig vor dem Falterflug angebracht.

Lohn der Mühe sind viele leckere Äpfel im Herbst, hier 'Pinova'und 'Melrose'. Die wenigen Früchte, die trotz Behandlung angebohrt sind, fallen meist vor der Reife vom Baum und werden gleich von mir entsorgt.

Den Schädlingen auf natürliche Weise zu Leibe rücken

Habe ich per Pheromonfalle den Flughöhepunkt der Falter ermittelt – in meinem Garten Mitte/Ende Mai –, kommt ein biologisches Spritzmittel (Madex Apfelwicklerfrei) zum Einsatz, das ich genau nach Dosierungsanleitung mit Wasser anmische. Das Mittel wirkt speziell gegen Apfelwickler, ist für Bienen, Nützlinge und andere Lebewesen ungefährlich und wird auch im ökologischen Landbau verwendet. Mithilfe einer herkömmlichen (sauberen!) Gartenspritze bringe ich das Gemisch aus, indem ich den kompletten Baum einsprühe. Weil die Larven den Wirkstoff (Granulosevirus) direkt aufnehmen müssen, bevor sie sich in die Früchte bohren, und weil regelmäßig neue Tiere schlüpfen, muss ich die Anwendung drei- bis viermal im Abstand von ca. acht Tagen durchführen. In warmen Sommern und Regionen entwickelt sich oft eine zweite Generation. Deshalb wiederhole ich diese Prozedur ab Ende Juli.

Jetzt ist Stecklingszeit

Die kräftigen Lavendel-Jungpflanzen können im Sommer direkt ins Beet gesetzt werden. Damit die Halbsträucher kompakt und buschig bleiben, werden die langen Triebe vorher gestutzt

Von Anfang Mai bis Mitte Juni ist der optimale Termin, um Stauden und Halbsträucher durch Stecklinge zu vermehren. Es lassen sich neue Bodendecker gewinnen, ebenso vitale Jungpflanzen von vergreistem Lavendel. Ich habe es für Sie ausprobiert.

1 Mit einem scharfen Stecklingsmesser schneide ich 8–10 cm lange Triebe von der Mutterpflanze, hier ein in die Jahre gekommener Lavendelbusch. Da ich nur die Triebspitzen verwende, spricht man von Kopfstecklingen. **2** Die Schnittstelle sollte idealerweise genau im Übergangsbereich vom harten zum weichen Holz liegen. Stark verholztes Gewebe bewurzelt schlecht, zu weiche Triebe faulen leicht. Es braucht etwas Erfahrung, um ein Gefühl für den optimalen Reifegrad der Stecklinge zu bekommen. Lassen Sie sich also nicht entmutigen, falls die Vermehrung nicht auf Anhieb klappt. **3** Die unteren Blätter zupfe ich anschließend auf einer Länge von 4–5 cm ab.

4 Vor dem Stecken setze ich an der Triebbasis nochmals einen frischen, leicht schrägen Schnitt an. **5** Die Spitze kürze ich mit dem Messer ein. Das hat zwei Vorteile: Zum einen steckt die Jungpflanze ihre Energie in die Wurzelbildung und nicht ins Längenwachstum, zum anderen werden bereits angesetzte Blütenknospen gleich mitentfernt. Letzteres würde den Steckling anfangs zu viel Kraft kosten. Entwickelt die bewurzelte Pflanze später aus den Seitentrieben vereinzelt Blüten – wie im Bild links oben zu sehen –, ist es weniger tragisch. **6** Gesteckt wird bis zum unteren Blattpaar in kleine mit Anzuchterde gefüllte Töpfe, die sich nach dem Auspflanzen ins Beet selbstständig zersetzen. Es genügt ein Steckling pro Topf, aber da ich reichlich Material habe, stecke ich jeweils zwei Triebe. **7** Zum Schluss gieße ich das Ganze an und **8** decke das Mini-Gewächshaus ab. In den nächsten Wochen wird der Nachwuchs regelmäßig gelüftet und befeuchtet.

ZUM VIDEO

Worauf beim Schneiden von Lavendelstecklingen im Sommer zu achten ist, erkläre ich in diesem Praxisvideo.

1 Bei Triebstecklingen, auch Stängelstecklinge genannt, werden nicht nur die Spitzen, sondern auch Teilstücke für die Vermehrung verwendet. Kletterpflanzen und Bodendecker mit langen Trieben sind klassische Kandidaten, in meinem Beispiel Efeu (*Hedera helix)* und Kleines Immergrün (*Vinca minor*). Selbst einige Stauden wie Hohe Flammenblume lassen sich neben Kopf- auch aus Triebstecklingen ziehen. Nachdem ich mehrere Ranken von den Mutterpflanzen geschnitten habe, **2** fülle ich eine Anzuchtschale mit nährstoffarmem Substrat.

3 Jedes Teilstück, hier vom Efeu, wird knapp ober- und unterhalb eines Blattansatzes abgeschnitten. **4** Der fertige Triebsteckling besitzt mindestens zwei Knoten, sogenannte Nodien. Sind die Internodien – also die Bereiche zwischen den Knoten – sehr kurz, können die Stecklinge auch drei Blattansätze aufweisen. Das untere Laub entferne ich, das obere Blatt lasse ich dran. Auch hier dürfen die Triebe weder zu verholzt noch zu weich sein. **5** Beim Stecken achte ich darauf, dass sich die Laubblätter möglichst nicht berühren. Zudem drücke ich die Stecklinge seitlich an, damit sie fest in der Anzuchterde sitzen. Mit einem Bewurzelungspulver lässt sich die Wurzelbildung sogar noch etwas beschleunigen. Ebenso gehe ich beim Kleinen Immergrün vor. **6** Die Anzuchtschale verschließe ich nach dem Angießen mit einem transparenten Deckel. So ist für hohe Luftfeuchtigkeit und ein gutes Wuchsklima gesorgt. **7** Die bewurzelten Stecklinge (links Efeu, rechts *Vinca*) werden nach acht bis zehn Wochen gestutzt und in Töpfen weiterkultiviert oder direkt ins absonnige Gartenbeet gepflanzt.

Stabiles Himbeer-Spalier bauen

Kommen Sie mit in den Obstgarten. Dank getopfter Sträucher verlängern wir die Pflanzsaison. Den nötigen Halt gibt unseren Himbeeren ein solides Gerüst, das sich am besten zu zweit aufbauen lässt. Deshalb bekomme ich bei diesem Projekt wieder Unterstützung von meiner Kollegin Karina Dinser-Nennstiel.

Ein sonniger, windgeschützter Platz ist optimal für Himbeeren. Die frisch gesetzte Herbstsorte 'Autumn Bliss' – auch 'Blissy' genannt – präsentiert von Anfang August bis spät ins Jahr aromatische Früchte

1

2

3

4

5

6

Für unser Spalier haben wir einen 3 m langen und ½ m breiten Beetstreifen zur Verfügung. Der lehmige Boden wurde vorab mit etwas Pflanzerde aufgelockert. **1** Die drei Bodeneinschlaghülsen platziere ich im Abstand von 1,50 m jeweils mittig im Beet. Mit dem Vorschlaghammer und einem alten Holzklotz schlage ich die Hülsen auf Erdniveau. **2** Zum Markieren der Schraubenlöcher stelle ich die 1,80 m langen Vierkanthölzer in die Einschlaghülsen. **3** Beim Bohren der Löcher mit einem 10-mm-Holzbohrer die Maschine unbedingt gerade halten. **4** Per Holzhammer schlage ich die Sechskantschrauben durch die vorgebohrten Löcher. **5** Das Aufstellen der Pfosten geht am besten zu zweit. Während ich die Schrauben festziehe, achtet meine Kollegin Karina mit der Wasserwaage darauf, dass die Kanthölzer senkrecht stehen. Nach dem Montieren der Vierkanthölzer **6** zeichnen Karina und ich die Höhen für die Querstreben an. Wir haben uns für 70 und 130 cm entschieden, weil unsere Herbsthimbeere 'Autumn Bliss' bis 1,60 m hoch wird. Die acht Querstreben mit einer Länge von jeweils 40 cm säge ich aus druckimprägnierten Zaunriegeln zurecht. Wer hat, kann dafür auch Holzreste mit anderen Höhen- und Dickenmaßen verwenden.

7 An den Außenseiten bohre ich mit 2 cm Abstand zur Kante jeweils ein Loch. Dort führen wir später die Bambusstäbe hindurch, nach deren Dicke sich der Lochdurchmesser richtet. In unserem Fall kommt ein 20-mm-Forstnerbohrer zum Einsatz. **8** Beim Befestigen der Querstreben an den Vierkanthölzern ist wieder Teamwork gefragt. Jedes Brett fixieren wir unterhalb der eingezeichneten Markierung mit zwei Senkkopfschrauben – bei den äußeren Pfosten an den Innenseiten, beim mittleren beidseitig (Foto). **9** Verzinkte Pfostenkappen, die sich mit kurzen Schrauben befestigen lassen, schützen die oberen Pfahlenden vor Fäulnis. Bei einem Pflanzabstand von 30–40 cm finden acht Himbeeren an unserem Spalier Platz. Nach dem Verteilen der Sträucher **10** heben wir die Löcher aus und lockern den Boden nochmals. **11** Die ausgetopften Pflanzen setzen wir so tief, dass die Ballenoberseite nach dem Andrücken auf gleicher Höhe mit der Beeterde liegt. Stark durchwurzelte Topfballen werden vor dem Pflanzen aufgeraut. Sind alle Pflanzen gesetzt, wird **12** ein Beerendünger ausgebracht, den Karina hier mit einem Handgrubber in den Boden einarbeitet. Im Anschluss **13** wässern wir kräftig, damit keine Hohlräume im Boden bleiben und sich die Erde gut um die Wurzelballen legt. **14** Eine Abdeckung aus Grasschnitt sorgt dafür, dass der Boden nicht austrocknet. Die Mulchschicht unterdrückt außerdem den Unkrautwuchs.

Letzteres ist wichtig, weil Himbeeren sehr flache Wurzeln bilden und diese bei der Bodenbearbeitung mit einer Hacke leicht verletzt werden. **15** Zum Schluss stecken wir die Bambusstäbe in die Querstreben. Das Gerüst verhindert ein Auseinanderfallen der Himbeerruten. Die überstehenden Enden der Stangen umwickeln wir mit **16** gummiertem Gartendraht. Das genügt, damit die Stäbe nicht herausrutschen und sich andererseits schnell entfernen lassen, sollten sie bei Pflegearbeiten stören.

Geschafft! Nun steht dem Erntevergnügen nichts mehr im Weg

Das benötigen Sie

Material für 3 m Pflanzstreifen:
8 Herbsthimbeeren 'Autumn Bliss'
3 Vierkanthölzer (7 x 7 x 180 cm)
2 Zaunriegel (3 x 7,5 x 200 cm)
für 8 Querstreben à 40 cm
8 Bambusstäbe (150 cm)
3 Einschlaghülsen (75 x 7,1 x 7,1 cm)
3 Pfostenkappen (2,7 x 7,1 x 7,1 cm)
6 Sechskantschrauben (M10 x 90 mm)
6 Sechskantmuttern (M10)
12 Unterlegscheiben (10,5 x 20 mm)
16 Senkkopfschrauben (5 x 70 mm)
6 Senkkopfschrauben (3 x 30 mm)
gummierter Gartendraht
Pflanzerde, Beerendünger, Rasenschnitt

Werkzeug: Stichsäge, Akkuschrauber, Bohrmaschine, Holz- und Forstnerbohrer, Vorschlag- und Holzhammer, Wasserwaage, Ratsche, Schraubenschlüssel, Seitenschneider, Zollstock, Bleistift, Schubkarre, Spaten, Schaufel, Handgrubber, Gartenschlauch

Wer möchte, kann sich das Video mit Karina und mir beim Bau dieses Himbeer-Spaliers angucken.

ZUM VIDEO

Gesunde Pflanzen durch natürliche Stärkungsmittel

Vorbeugung heißt das Zauberwort bei der Pflanzenstärkung. Deshalb behandle ich anfällige Kulturen mit meiner selbst hergestellten Schachtelhalmbrühe, bevor erste Anzeichen einer Pilzkrankheit auftreten. So bleiben meine Pflanzen gesund und ich komme ohne Chemie aus.

Schachtelhalm kann im Garten durchaus lästig sein. Das Wildkraut enthält jedoch viel Kieselsäure und lässt sich als Stärkungsmittel verwenden, hier vorbeugend gegen Pilzbefall an Gurken

Zunächst wird der **1** frische Acker-Schachtelhalm verarbeitet. Der wächst zum Glück nicht in meinem Garten, aber in einer benachbarten Anlage, aus der ich bei Bedarf regelmäßig Nachschub holen kann. Nachdem ich die Triebe klein geschnitten und 200 Gramm abgewogen habe, **2** fülle ich das Kraut in einen Kochtopf und gieße es mit **3** zwei Liter Wasser auf, sodass alles gut bedeckt ist. **4** Den Topf lasse ich dann 24 Stunden stehen. Die Pflanzenteile können in der Zeit einweichen und schon einen Teil ihrer Inhaltsstoffe ins Wasser abgeben. Wer keinen frischen Schachtelhalm zur Verfügung hat, kann ihn auch in getrockneter Form kaufen. Davon genügen bereits 20 Gramm für diesen Sud.

Am nächsten Tag zerkleinere ich **5** eine Knoblauch-Knolle sowie eine Zwiebel und **6** gebe beides mit in den Topf. Das Ganze wird dann gut durchmischt und auf der Herdplatte bei schwacher Hitze für 15 Minuten geköchelt. Nach dem Abkühlen lasse ich meinen Kräutersud durch ein **7** feinmaschiges Küchensieb laufen. Alternativ lässt sich dafür ein altes Geschirrtuch verwenden. Am Ende habe ich rund **8** zwei Liter Konzentrat gewonnen, das ich im nächsten Schritt verdünnen und ausbringen kann. Während Acker-Schachtelhalm, reich an Kieselsäure ist, haben Knoblauch und Zwiebeln einen hohen Schwefelanteil. Zusammen stärken die Inhaltsstoffe die Blattzellen der Pflanzen, folglich können Pilze nicht so leicht eindringen. Ich habe festgestellt, dass mit der Brühe behandelte Kulturen auch weniger anfällig für Blattläuse sind – eine gute Doppelwirkung.

Diekes Gartentipp

Das einfachste und **1** bekannteste Hausmittel, um den Echten Mehltau zu bekämpfen, ist ein Gemisch aus Milch und Wasser. Dieser sogenannte Schönwetterpilz ist am abwischbaren weißen Belag auf den Oberseiten der Blätter zu erkennen. Zum Mischungsverhältnis finden sich unterschiedliche Angaben. Ich habe gute Erfahrungen mit 1:8 gemacht, also **2** ein Teil Milch auf acht Teile Wasser. Das heißt, auf 800 ml Wasser kommen 100 ml Roh- oder Vollmilch (keine H-Milch!). Die Mischung fülle ich in ein Handsprühgerät und bringe es auf gefährdete Pflanzen aus, beispielsweise **3** Zucchini (Foto), Kürbisse und Gurken, aber auch Rosen und Stauden, etwa Phloxe und Astern. Die Milchsäurebakterien auf den Blättern sorgen dafür, dass sich die Mehltaupilze dort nicht so leicht ansiedeln können. Das Mittel wird wöchentlich angewandt, am besten vorbeugend oder sofort bei Befallsbeginn.

9 Meine Schachtelhalmbrühe wird im Verhältnis 1:5 angemischt. Für drei Liter Brühe gebe ich einen halben Liter Konzentrat in mein Drucksprühgerät und fülle es **10** mit 2,5 Liter Wasser auf. **11** Durch Pumpen bringe ich Druck auf die Spritze, bei diesem Modell maximal 3 Bar. Neben klassischen Pilzkrankheiten wie Echtem und Falschem Mehltau verwende ich das Stärkungsmittel gerne, um **12** meine Rosen vor Sternrußtau und Rosenrost zu schützen. Dafür muss ich die Pflanzen in der Saison alle 10 bis 14 Tage tropfnass einsprühen. Wichtig: Das Biomittel nicht in der prallen Sonne, sondern in den Morgen- oder Abendstunden ausbringen. So lassen sich Verbrennungen an den Blättern vermeiden.

Frischer Nachwuchs fürs Rosenbeet

Während klassische Beet- und Edelrosen veredelt werden, lassen sich die meisten Wild-, Kletter- und Kleinstrauchrosen einfach durch Stecklinge vermehren. Im Juni ist dafür die beste Zeit. Hier zeige ich Ihnen, wie die Anzucht gelingt.

Das Material liegt bereit: Anzuchterde, Wassersprüher, Messer, Rosenschere, Wurzelaktivator, Anzuchthaus und mehrere Zweige der Kleinstrauchrose 'The Fairy', die von der Mutterpflanze geschnitten wurden

1 Zunächst fülle ich die Schale des Mini-Gewächshauses mit spezieller Anzuchterde. Das Substrat hat sich für die Stecklingsvermehrung bewährt, weil es eine feine Struktur hat und weniger stark aufgedüngt ist als herkömmliche Blumenerde. Dies regt die Stecklinge zur Wurzelbildung an. **2** Mit der flachen Hand drücke ich das eingefüllte Substrat etwas an. Dadurch erleichtere ich mir das Stecken und die Triebstücke stehen später stabiler in der Erde. **3** Wenn die Knospen Farbe zeigen, aber noch nicht ganz geöffnet sind, ist der richtige Zeitpunkt für die Stecklingsvermehrung gekommen – je nach Region und Rosensorte ist dies etwa zwischen Ende Mai und Mitte Juni der Fall.

4 Mit der Rosenschere schneide ich die Zweige in kleine Teilstücke. Dabei setze ich die Schere immer oberhalb eines Blattes an. Das beste Stecklingsmaterial befindet sich im mittleren Bereich eines diesjährigen Triebes. Die Zweigspitze ist meist zu weich und fault nach dem Stecken leicht, bereits verholzte Partien sind zu hart und bewurzeln nur langsam. **5** Der fertige Steckling hat eine Länge von 3–4 cm und behält ein Laubblatt, bei dem ich mit der Schere oder dem Messer das vordere Fiederblättchen entferne, um die Verdunstungsfläche etwas zu reduzieren. **6** Das untere Ende des Stecklings tauche ich in einen Wurzelaktivator. Das Pulver aus Algenextrakt fördert auf natürliche Weise die Wurzelbildung.

7 Gesteckt wird so tief, dass die Blätter über der Erde stehen und sich möglichst kaum berühren. Dadurch lässt sich das Risiko von Pilzinfektionen minimieren. Pflanzenhygiene ist oberstes Gebot bei der Vermehrung! Deshalb nur gesunde Zweige von der Mutterpflanze auswählen und nicht mit den Fingern auf die Schnittstellen fassen. **8** Per Wassersprüher befeuchte ich die Stecklinge anschließend kräftig, **9** decke die Schale mit einer transparenten Haube ab und stelle das Anzuchthaus an einen hellen Platz ohne direkte Sonneneinstrahlung. Sonst könnte es sich zu stark aufheizen. Über den integrierten Schieber im Deckel reguliere ich die Luftfeuchtigkeit und schaffe ein optimales Wuchsklima für die Stecklinge. **10** Die bewurzelte Jungpflanze etwa acht Wochen nach dem Stecken. Gut zu erkennen ist der neue Trieb, der sich aus der Blattachsel entwickelt hat. Nun kann ich die kleinen Rosen in Töpfe pikieren oder direkt ins Beet pflanzen. Dabei muss ich den empfindlichen Nachwuchs weiterhin vor starker Sonne und Wind schützen.

Diekes Gartentipp

Es gibt eine weitere einfache Möglichkeit, wie Sie Kleinstrauch-, Kletter- und vor allem Wildrosen vermehren können, und zwar durch Steckhölzer. Ausprobiert habe ich diese Variante wieder mit der Sorte 'The Fairy'. Im Unterschied zu den Stecklingen werden die Steckhölzer im Herbst, etwa Ende September bis Ende Oktober geschnitten. Als Vermehrungsmaterial dienen einjährige, ausgereifte Zweige. Diese sollten möglichst gerade sein, weil die Steckhölzer eine Länge von ca. 20 cm haben. Nach dem Entfernen aller Blätter werden die Triebstücke direkt ins umgegrabene, lockere Beet gesteckt, sodass nur das obere Auge ca. 2 cm aus der Erde ragt. Im späten Frühjahr die neuen Austriebe um die Hälfte einkürzen (Foto) und ab Herbst die jungen Rosen an den gewünschten Platz pflanzen.

Ob Stecklinge oder Steckhölzer – einfach QR-Code scannen und die Videos zu beiden Vermehrungsmethoden angucken.

ZUM VIDEO

Schwebfliege im Anflug!
Der Mehl-Salbei hat schon vor dem Einpflanzen erste Interessenten angelockt. Auch die Blüten von gelber Goldmarie, orangefarbener Kokardenblume und hellrosa Zitronen-Thymian sind sehr beliebte Landeplätze

Bunte Sommerblüher für Insekten

Für den Garten gibt es zahlreiche Wildblumen, Stauden und Gehölze, um Insekten zu unterstützen. Aber was ist eigentlich mit Balkonblumen? Auch hier finden sich einige, die gerne von Bienen und Hummeln, Schmetterlingen und Schwebfliegen angeflogen werden. Ich war erstaunt, wie viele der kleinen Flugkünstler meinen Blumenkasten auf der Terrasse besucht haben.

1 Mein Blumenkasten verfügt über einen Wasserspeicher, damit ich im Sommer nicht täglich gießen muss. Das Prinzip ist recht simpel: Zunächst stecke ich das Bewässerungsvlies durch die vorgesehenen Öffnungen in der Drainageplatte. Mithilfe der Vliesstreifen können sich die eingewurzelten Pflanzen später das Wasser aus dem Vorratstank ziehen. Dann lege ich die Platte in den Kasten und montiere **2** den Wasserstandsanzeiger. Der rote Schwimmer zeigt mir, wann ich das 2,5 Liter fassende Reservoir wieder auffüllen muss. **3** Die Blumenerde wird direkt per Handschaufel eingefüllt, weil ich dank des doppelten Bodens auf die übliche Drainageschicht aus Blähton verzichten kann.

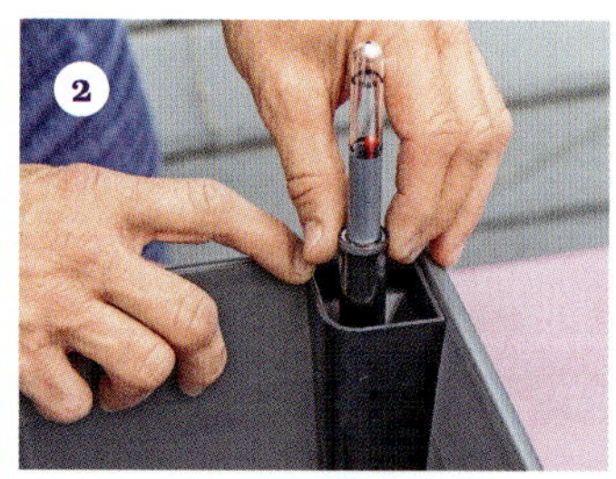

4 Dank ausgiebigem Tauchbad können sich die Blumen vor dem Einpflanzen mit Wasser vollsaugen. **5** Stark durchwurzelte Ballen schneide ich mit dem Messer ein, um die Bildung neuer Feinwurzeln anzuregen. Nachdem alles im Kasten verteilt ist, fülle ich **6** die Zwischenräume mit Erde auf und drücke diese rund um die Pflanzen an. Für die Kokardenblume – eigentlich eine kurzlebige Staude – habe ich mich spontan entschieden, weil auf dieser im Gartencenter die meisten Bienen und Hummeln saßen. Solche sichtbaren Zeichen beim Pflanzenkauf gerne beachten! Neben den abgebildeten Sommerblühern werden auch Männertreu, Schneeflockenblume und Mädchenauge sowie Zinnie, Fächer- und Vanilleblume von zahlreichen Insekten angenommen.

7 Durch kräftiges Angießen füllt sich auch gleich der Vorratstank unterhalb des Einsatzes. Fehlendes Wasser ergänze ich **8** über den Füllschacht. Bis die Blumen eingewurzelt sind und sich aus dem Reservoir bedienen können, muss ich regelmäßig das komplette Gefäß gießen. Vier Pflanzen sind ausreichend, damit es in dem 50 cm langen Kasten nicht zu eng wird. Das farbenfrohe Arrangement bekommt einen Platz auf meiner sonnigen, überdachten Terrasse.

„Wildbienen sind die effektiveren Bestäuber“

Antje Sommerkamp ist nicht nur meine liebe Kollegin, sie ist auch studierte Biologin, leidenschaftliche Naturgärtnerin und erste Ansprechpartnerin in der Mein-schöner-Garten-Redaktion, wenn es um das Thema „Wildbienen“ geht. In der von Antje geplanten Blumenwiese hinter unserem Verlagsgebäude blühen neben dem hier abgebildeten Rainfarn viele weitere insektenfreundliche Wildpflanzen.

Warum sind gerade Wildbienen so wichtig für unser Ökosystem?

Viele denken, dass alle Bienen vom Aussterben bedroht sind. Das stimmt nicht! Hier muss man ganz klar zwischen Honig- und Wildbienen unterscheiden. Honigbienen haben zwar auch mit Widrigkeiten wie Krankheiten, weniger Nahrungsquellen und schwindendem Lebensraum zu kämpfen. Allerdings sind sie gezüchtete Nutztiere – sozusagen die Hochleistungsrasse – und sie haben einen Imker im Hintergrund, der eingreifen kann. Diese Hilfe fehlt den Wildbienen. Dabei sind genau die unersetzlich für die Bestäubung. Durch ihre Vielfalt, durch ihre Verbreitung und durch die Art und Weise ihrer Bestäubung sorgen sie für einen viel höheren Fruchtansatz

und eine reichere Ernte. Weiterer Vorteil: Während Honigbienen erst ab Temperaturen von ca. 10 °C ausfliegen, sind Wildbienenarten auch bei kühlerem und schlechterem Wetter unterwegs. Das macht sie für die Bestäubung von Obstbäumen und anderen Frühblühern so wertvoll.

Es macht also für die Blüten einen Unterschied, ob sie von einer Wildbiene oder einer klassischen Honigbiene angeflogen werden?
Ja, genau. Die Wildbiene arbeitet in der Regel effektiver als die klassische Honigbiene. Eine aktuelle Studie gibt an, dass bei gleicher Anzahl an Honig- und Wildbienen die Bestäubungsleistung und der Fruchtansatz durch die wild lebenden Insekten doppelt so hoch ist! Ausschlaggebend ist demnach nicht nur die Menge der besuchten Blüten, sondern auch die bessere Qualität des transportierten Pollens durch die Wildbienen. Die Technik spielt dabei ebenfalls eine wichtige Rolle. So haben Hummeln – sicherlich die bekannteste Wildbienenart – mit ihrem langen Rüssel echte Vorteile bei tief liegendem Nektar, etwa bei Schmetterlingsblütlern. Hinzu kommt ihre spezielle Vibrationstechnik, mit der Hummeln beispielsweise bei Tomaten und Erdbeeren für besonders große und formschöne Früchte sorgen.

Alle Welt redet von Bienen, aber wie steht's um Schmetterlinge, Käfer, Fliegen, Libellen und andere Insekten?
Da sieht's leider auch nicht besser aus. Der Insektenschwund ist alarmierend. Mehr als ein Viertel von knapp 6750 bewerteten Insektenarten sind gefährdet (Stand 2022). Darunter sind Libellen, Stein-und Eintagsfliegen sowie viele Käferarten. Bei Letzteren zählen z. B. der Blattkäfer, Rüsselkäfer und Blatthornkäfer wie der Hirschkäfer zu den bestandsgefährdeten Arten. Von Schmetterlingen spricht ebenfalls kaum jemand, aber deren Situation ist auch echt bedenklich. Mindestens zwei Drittel der Tagfalter und mindestens die Hälfte aller Nachtfalter in Deutschland sind gefährdet. Selbst gängige Arten gehen inzwischen stark zurück und sind selten geworden, etwa der Schwalbenschwanz.

Wie ist dieser starke Rückgang deiner Meinung nach zu erklären?
Dafür gibt es viele Gründe: Bebauung und Flächenversiegelung, genauso Monokulturen, Trockenlegungen und „Hochleistungsäcker" zerstören den Lebensraum zahlreicher Insekten. Insbesondere Pestizide machen ihnen zu schaffen. Laut einer neuen Langzeitstudie, die kürzlich im Fachjournal „Ecological Entomology" erschienen ist, nimmt die Vielfalt der Tagfalter in Mitteleuropa vor allem in niedrigen Lagen bis 800 Meter Höhe stark ab. Diese Lagen sind besonders betroffen, weil sie intensiv landwirtschaftlich genutzt werden und dadurch natürliche Lebensräume immer weiter verschwinden. Obwohl die Gesamtzahl der Schmetterlinge in diesen Gebieten stabil erscheint, hat die Artenvielfalt dort stark gelitten. Zahlreiche spezialisierte Arten, die auf nährstoffarme Wiesen angewiesen sind, können unter diesen Bedingungen nicht überleben. Solche Magerwiesen dürfen nicht gedüngt, müssen aber regelmäßig gemäht werden, damit sie nicht verbuschen. Verschwinden diese Ökosysteme, verschwindet auch die Vielfalt. Deshalb sind hier Schutzmaßnahmen dringend vonnöten.

Zurück zu den Bienen. Welche Wildarten kommen in Deutschland besonders häufig vor? Und welche nur noch selten?
Relativ häufig kann man im Garten die Rostrote und die Gehörnte Mauerbiene beobachten, die übrigens gar nicht so leicht voneinander zu unterscheiden sind. Die Garten-Blattschneiderbiene ist auch noch recht oft zu sehen, ebenso die Gewöhnliche Maskenbiene

und die bekannte Dunkle Erdhummel. Seltener als die hohlraumnistenden Arten sind dagegen die bodennistenden Wildbienen, die rund 70 Prozent ausmachen. Was viele Leute gar nicht wissen: Die stark gefährdeten Arten gehören in den allermeisten Fällen zur Gruppe der Bodennister. Aufgrund fehlender oder zerstörter Nistplätze sind diese teilweise sogar vom Aussterben bedroht. Ebenfalls immer schwerer haben es die sogenannten oligolektischen Wildbienen, die auf eine bestimmte Pflanzenart angewiesen sind. Einige der Spezialisten sind sogar nach diesen Pflanzen benannt, etwa die Knautien- und Geißklee-Sandbienen oder die Efeu-Seidenbienen. Und für die Glockenblumen-Scherenbienen sind Glockenblumen überlebenswichtig, denn sie sammeln nur deren Pollen für ihren Nachwuchs.

Das klingt sehr speziell. Kann ich bedrohte Wildbienenarten mit meinem Garten unterstützen?
Auf jeden Fall! Wenn du die richtigen Pflanzen und die passenden Nisthilfen anbietest, dann kannst du sogar in einem kleinen Stadtgarten spezialisierte Wildbienen fördern. Da zählt jede Fläche! Für die vorhin erwähnte Knautien-Sandbiene müsstest du die notwendigen Kardengewächse pflanzen, z. B. Knautien und Skabiosen, und zusätzlich ein Sandarium anlegen – sprich eine wenig bewachsene, sandige Fläche, die nicht bearbeitet wird. Darin können die bodennistenden Tiere dann ihre Brutkammern anlegen. So lassen sich selbst hoch spezialisierte Arten ansiedeln, die dann über Jahre in deinem Garten bleiben. Dafür muss man sich natürlich mit dem Thema beschäftigen und das nötige Hintergrundwissen aneignen.

Bei Nisthilfen denke ich zuerst an die klassischen Insektenhotels, die man im Garten aufhängen kann. Wie sinnvoll findest du die?
Mich stört schon die Bezeichnung „Insektenhotel"! Die Nisthilfen sind ja keine Hotels, in denen die Wildbienen einen schönen Urlaub verbringen, sondern es sind reine Kinderstuben, in denen sich der Nachwuchs entwickelt. Solche Nisthilfen sind ideal, um einen Bezug zu Wildbienen zu bekommen oder um diese gemeinsam mit den Kindern zu beobachten. Zum Artenschutz tragen die Konstruktionen jedoch nicht wirklich bei. Viel wichtiger sind die bereits erwähnten unbewachsenen, sandigen Gartenecken für bedrohte bodennistende Arten. Dringend abraten möchte ich dagegen von Wildbienen-Kokons, die man bestellen und im eigenen Garten aussetzen kann. So werden Arten ausgebracht, die dort oft gar nicht hingehören. Außerdem finden sie häufig nicht genügend Nahrung, da ihr Flugradius sehr begrenzt ist. Auf einer Streuobst- oder einer Blumenwiese stellen sich die Wildbienen von alleine ein, dort muss man die Population nicht noch künstlich puschen.

Apropos Blumenwiesen: Da gibt es mittlerweile so viele Saatgutmischungen, dass man schnell den Überblick verliert. Welche Mischung würdest du empfehlen?
Häufig werden einjährige Mischungen angeboten, die hübsch aussehen und mit denen sich schnelle Effekte erzielen lassen. Allerdings gibt es in der Natur selten einjährige Blumenwiesen. Deshalb ist ein hoher Anteil an zwei- und mehrjährigen Pflanzenarten umso wichtiger, die explizit für Wildbienen geeignet sind und möglichst aus Regiosaatgut stammen. Dabei handelt es sich um Samen, die von heimischen Wildpflanzen aus der Region gesammelt wurden. Solche Mischungen sind bestens an die Gegebenheiten vor Ort angepasst und bieten den dort lebenden Insekten die meiste Nahrung. Natürlich muss das ausgewählte Saatgut zum Standort passen, also für sonnige oder halbschattige, für trockene oder feuchte Flächen geeignet sein. Einjährige Blumenwiesen kann ich schon deshalb nicht empfehlen, weil sie sich

nicht selbst erhalten und immer wieder neu angelegt werden müssen. Bei den Erdarbeiten zerstörst du dann jedes Jahr aufs Neue die Brutkammern der bodennistenden Wildbienenarten, von denen viele wie erwähnt stark gefährdet sind.

Was muss ich bei der Anlage und Pflege einer Blumenwiese beachten?
Der Boden ist das A & O, damit sich eine Blumenwiese dauerhaft etablieren kann. Die meisten unserer Gartenböden sind zu nährstoffreich. Das heißt, sie müssen abgemagert werden, indem man vorab eine 5–10 cm dicke Schicht Sand in die Erde einarbeitet. Außerdem muss der Boden frei von unerwünschten Beikräutern, insbesondere Wurzelunkräutern sein, die konkurrenzstärker als die meisten Wildblumen sind und diese sonst überwachsen. Als Zeitpunkt für die Anlage mehrjähriger Blumenwiesen eignet sich sowohl das Frühjahr (März bis Mai) als auch der Herbst (September). Wichtig ist außerdem, die Wiese zweimal im Jahr zu mähen. Einmal nach dem Winter, etwa im März, sowie nach der Hauptblüte, etwa Mitte Juni. Bei starkem Aufwuchs darf im Sommer, etwa Anfang August, ein drittes Mal gemäht werden. Kleiner Tipp: Am besten in Etappen und nicht alles auf einmal abmähen. Dann sieht die Fläche nicht so kahl aus und für die Insekten fällt nicht gleich das komplette Blütenangebot weg. Das Mähgut sollte übrigens nicht auf der Wiese liegen bleiben, sondern abgetragen werden, um den Boden nicht zusätzlich mit Nährstoffen anzureichern.

Blüht eine solche Blumenwiese eigentlich rund ums Jahr?
Nein, leider nicht. Insektenfreundliche Mischungen aus heimischen Wildblumen zeigen ihre farbenfrohe Seite ungefähr von April bis September. Die restlichen Monate dominieren eher Brauntöne, was ganz natürlich ist. Allerdings stören sich daran immer noch viele Leute. Deshalb sind einige Städte und Kommunen dazu übergegangen, sogenannte Akzeptanzstreifen anzulegen. Dabei werden vordere Bereiche mit bunten, lange blühenden, oftmals einjährigen Wildblumen aufgehübscht, um von der eigentlichen, dahinterliegenden Blumenwiese abzulenken, sobald diese nicht mehr vorzeigbar ist. Ein Kompromiss, aber immer noch besser als die üblichen Rasenflächen und öffentlichen Beete mit Eisbegonien! Zumal solche Grünanlagen wesentlich pflege- und kostenintensiver als Wildblumenflächen sind. Haben diese sich erst einmal etabliert, muss man sich bis auf das Mähen kaum noch um sie kümmern – ganz abgesehen vom ökologischen Mehrwert.

Zum Schluss noch eine persönliche Frage: Über welche Pflanzen freuen sich die Wildbienen in deinem Garten am meisten?
Ich bin ein großer Fan der Purpurroten Taubnessel – wie übrigens auch viele Wildbienen, insbesondere Hummeln. Die dunkelroten Blüten dieser kleinen Wildblume erscheinen sehr früh im Jahr, an sonnigen Plätzen oft schon Ende Februar. Natternkopf im Beet ist auch klasse, ebenso der Rainfarn, auf den über 70 Wildbienenarten fliegen. Dann noch die Wiesen-Schafgarbe und der Blut-Weiderich, der jede Menge Schmetterlinge in den Garten lockt. Der heimische Wiesen-Salbei zählt ebenfalls zu meinen absoluten Lieblingen. Tolle Bäume für Wildbienen sind alle Obstgehölze, selbst Zieräpfel. Auch andere früh blühende Gehölze wie Sal-Weiden und Kornelkirschen, die im Vergleich zu Wiesen auf geringer Fläche ein sehr großes Nektar- und Pollenangebot bieten. Die vielen Wildrosen mit ihren ungefüllten Blüten nicht zu vergessen! Weil die Auswahl an heimischen Herbstblühern recht überschaubar ist, spielen die klassische Besenheide, Purpur-Fetthenne und Efeu im Garten eine wichtige Rolle als späte Nahrungsquelle für Wildbienen.

Sommer

Der Garten blüht auf!

Jetzt zeigt sich der Garten von seiner üppigen Seite. Überall summt und blüht es um die Wette. Was im Frühjahr mit Geduld und Pflege gesät und gepflanzt wurde, entfaltet nun seine ganze Schönheit.

Sommer heißt: Den Garten genießen. Rosen und Lavendel verströmen einen betörenden Duft, während Sonnenhut, Mädchenauge und Rittersporn in kräftigen Farben leuchten. Im Naturgarten werden Beete, Wiesen und Hecken zu einem Paradies für Schmetterlinge, Wildbienen und andere Gartenbewohner. Spätestens wenn dann die ersten Kirschen, Himbeeren und Johannisbeeren reif werden, hat der Sommer endgültig Einzug gehalten.

Ganz ohne Arbeit kommt aber auch der Gartensommer nicht aus. Wer aufmerksam durch seinen Garten geht, entdeckt ständig Neues – reifende Früchte, sich öffnende Blüten, aber auch Pflanzen, die Wasser und Pflege benötigen. Im Garten steht jetzt das sanfte Lenken im Vordergrund: Bewässern, Mulchen, Ausputzen verblühter Stauden und Ernten.

Das ist jetzt zu tun

Ziergarten

- Verblühtes bei öfterblühenden Rosen regelmäßig ausschneiden
- Rasen länger wachsen lassen (5–6 cm) und ein zweites Mal düngen
- Frühlingssträucher nach der Blüte auslichten, um sie vital zu halten
- Bei Kübelpflanzen die Düngung und Bewässerung im Blick haben
- Blumensträuße aus dem Garten am besten morgens schneiden

Nutzgarten

- Bei Gemüse auf eine gleichmäßige Wasserversorgung achten
- Kirschen, Pflaumen, Pfirsiche und Beerenobst ernten
- Bei Tomaten regelmäßig die Seitentriebe ausgeizen
- Kohlrabi, Brokkoli und Blumenkohl für die Herbsternte pflanzen
- Junge Erdbeerpflanzen an eine neue Beetstelle im Garten setzen

Naturgarten

- Wasserstellen für Insekten und Vögel bereitstellen
- Hecken erst nach der Brutzeit mit der Schere in Form bringen
- Milch-Wasser-Gemisch (1:8) statt Chemie gegen Echten Mehltau
- Hacken und Mulchen hält die Feuchtigkeit im Boden
- Blühstreifen im Garten stehen lassen

Vertikaler Garten aus kleinen Dachrinnen

Unser Fahrradschuppen grenzt direkt an einen öffentlichen Fußweg. Während eine Kletterrose die Seite schmückt, gestaltet sich die Begrünung der Frontpartie aufgrund der vorhandenen Pflasterung schwierig. Die Lösung: drei kurze hübsch bepflanzte Regenrinnen, um sowohl die eintönige Holzwand aufzuwerten als auch den beengten Raum optimal zu nutzen.

Polsterstauden zieren die obere Regenrinne, Rosmarin, Lavendel, Thymian und Federgras die mittlere. Bei den Erdbeeren in der unteren Etage wird die Ernte sicher nicht für einen Kuchen reichen, aber Insekten freuen sich im Frühling über die Blüten und ich mich später über etwas Naschobst

Das benötigen Sie

1x Regenrinne à 2 m,
hier für 3 Teilstücke à ca. 66 cm
6x Regenrinnenhalter
3x Verschlussstücke links
3x Verschlussstücke rechts
12x Sechskantschrauben (M6 x 40)
+ Unterlegscheiben + Muttern
Montagekleber
Metallsäge + Schleifpapier
Maßband + Bleistift
Akkubohrschrauber mit Metall- und Holzbohrern
Knarre + Schraubenschlüssel
Wasserwaage
Werkbank
Blumenerde und ca. 15 Pflanzen

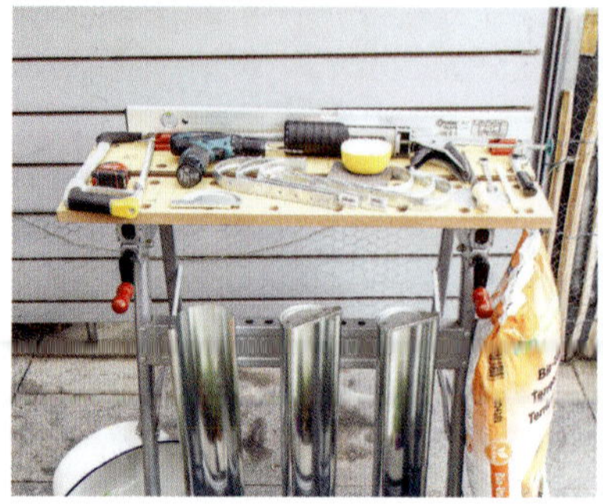

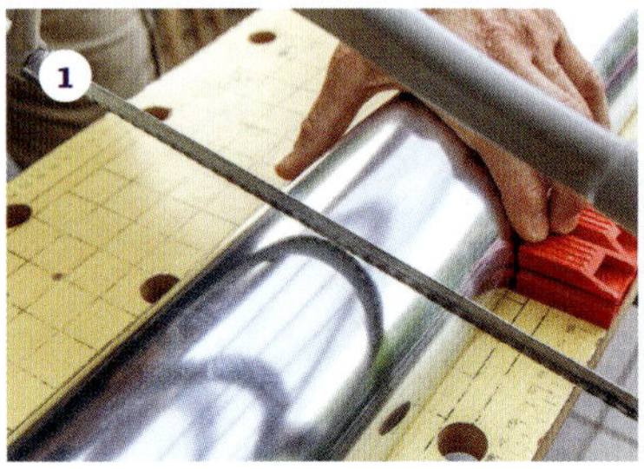

1 Eine herkömmliche Regenrinne aus dem Baumarkt wird zunächst mit der Eisensäge in gleich lange Stücke geteilt. In meinem Fall sind es drei Elemente mit einer Länge von je etwa 66 cm. Weil die Sägeränder recht scharfkantig sind, glätte ich diese mit etwas Schleifpapier. **2** Per Metallbohrer werden jeweils drei Abzugslöcher à 5 mm in jedes Teilstück gebohrt, um später Staunässe zu vermeiden. **3** Mit Endkappen, die sich einfach aufstecken lassen, verschließe ich die Seiten. Beim Einkauf unbedingt beachten, dass es sowohl linke als auch rechte Verschlussstücke gibt! **4** Ein spezieller Montagekleber, den ich mithilfe einer Kartuschenpresse an der Innenseite auftrage, sorgt dafür, dass die Kappen fest mit der Rinne verbunden bleiben. Weil der Kleber einige Stunden zum Trocknen benötigt, sollten diese Arbeitsschritte bereits am Vortag erledigt werden.

5 Im Tauchbad dürfen sich die Stauden vor dem Einpflanzen noch einmal mit Wasser vollsaugen. **6** Die Blumenerde wird direkt eingefüllt. Auf eine Drainageschicht kann ich dank der Abzugslöcher verzichten. **7** Die meisten Topfballen sind etwas zu hoch für die Dachrinne. Deshalb wird beim Aufreißen der Ballen gleich ein Teil entfernt. Für die ausgewählten Steingartenstauden stellt dies kein Problem dar, weil sie ohnehin Flachwurzler sind. Nach dem Verteilen der Pflanzen fülle ich die verbliebenen Lücken mit Erde auf, drücke das Ganze an und lasse einen ca. 2 cm hohen Gießrand. **8** Das bepflanzte Rinnenstück, bestehend aus Polster-Schleierkraut (links), drei flachen *Sedum*-Arten sowie Bitterwurz (*Lewisia*) in der Mitte, wird angegossen und später den oberen Abschluss meiner Dreierkombination bilden.

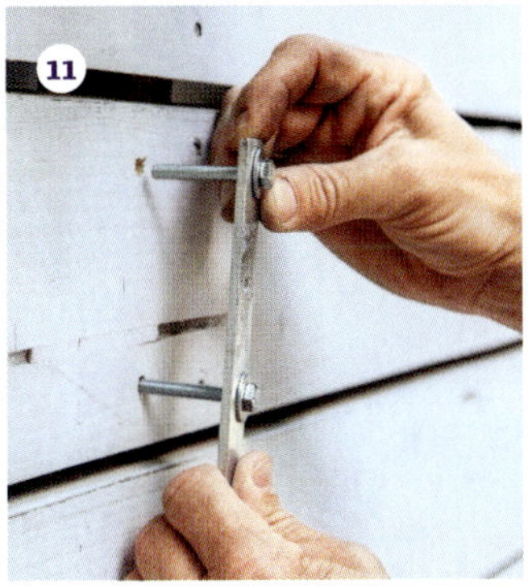

9 Über die Höhe und Ausrichtung der bepflanzten Dachrinnen entscheidet der persönliche Geschmack. Statt die Teilstücke parallel übereinander zu montieren, setze ich sie leicht versetzt an unsere Schuppenwand. Die obere Rinne habe ich auf einer Höhe von 180 cm angebracht, sodass ich sie noch mit der Gießkanne erreichen kann. Die mittlere Etage soll einen Abstand von 40 cm zur darüberliegenden haben. Ich messe entsprechend ab und zeichne die Bohrungen für den nächsten Regenrinnenhalter an. **10** Nachdem ich zwei Löcher in die Holzwand gebohrt habe, wird **11** die Halterung mithilfe von Sechskantschrauben (M6 x 40) befestigt. Die Schraubenmuttern befinden sich auf der Innenseite des Schuppens. **12** Eine Wasserwaage hilft mir, den zweiten Regenrinnenhalter auf der richtigen Höhe anzubringen, damit die Etagen gerade an der Wand hängen. Gefälle wie bei einer „echten" Dachrinne muss ich hier natürlich nicht beachten. Die Halter habe ich mit einem Abstand von jeweils 7,5 cm zu den Außenkanten der Rinnen montiert. Auch dieses Maß ist frei wählbar. Wichtig ist nur, dass die Abzugslöcher nicht verdeckt sind! **13** Beim Einhängen halte ich das Rinnenstück leicht schräg, um die vordere Kante in die Bügel einzuhaken. Metalllaschen, die sich an den Halterungen befinden und umbiegen lassen, sichern die Regenrinne zusätzlich. Ein Gießrand sorgt dafür, dass die Erde beim Wässern nicht an die Schuppenwand gespült wird. **14** Gelegentliches Gießen ist trotz der trockenheitsverträglichen Pflanzenauswahl Pflicht, weil das Erdvolumen deutlich geringer als bei einem klassischen Balkonkasten ausfällt. Überschüssiges Gieß- oder Regenwasser kann durch die Abzugslöcher abfließen.

Smarte Bewässerung für das frisch bepflanzte Hochbeet

Gemüse aus dem eigenen Garten ist lecker, allerdings bis zur Ernte recht durstig. Um mir künftig das Schleppen der Gießkannen zu sparen und die Nutzpflanzen effizienter zu versorgen, habe ich im Hochbeet ein automatisches Bewässerungssystem installiert, das sich einfach per Smartphone steuern lässt.

Das Tropfbewässerungs-Set von Gardena gibt es für verschiedene Beetgrößen, hier für 35 Pflanzen. Ich kombiniere es mit dem smart Water Control Set und smart Sensor. Dank Reihentropfer gelangt das Wasser direkt an die Pflanzenbasis

1 Los geht's mit dem Eckverbinder, den ich an das 13 mm starke Verlegerohr (½ Zoll) anschließe. Dieses führt außen am Hochbeet entlang und wird später mit der Hauptleitung und dem Wasserhahn verbunden (siehe Schritt 15). Vorne an der kurzen Beetseite lege ich **2** die fünf Verteilerstücke für die Micro-Drip-Schläuche aus, jeweils einen Verteiler pro Reihe. Hier macht es sich bezahlt, wenn man das Hochbeet nicht kreuz und quer, sondern in geraden Reihen bepflanzt hat. Zwischen den Verteilern platziere ich **3** ein T-Stück, das per 13-mm-Rohr an den Eckverbinder angeschlossen wird. **4** Die Kunststoffleitungen lassen sich mit einer Haushaltsschere zurechtschneiden. **5** Die Montage erfolgt per Hand, also ohne Werkzeug. Die Schläuche werden einfach aufgesteckt, drehbare Clickverschlüsse sorgen für einen festen Halt (kleines Foto).

ÜBRIGENS ...

... hätte meine Frau den Karton direkt wieder zugeklappt und stattdessen zur Gießkanne gegriffen, wenn sie die vielen Schläuche und Anschlüsse gesehen hätte! Ich muss aber sagen, dass die automatische Bewässerung eine feine Sache ist. IT-Kenntnisse sind jedenfalls nicht erforderlich – immerhin habe ich als mäßig begabter Techniknutzer die Installation selbst hinbekommen. Ein praktisches System, wenn man mal unterwegs und in der Nachbarschaft gerade kein Gießdienst greifbar ist.

6 Die kurzen Leitungen, um das T-Stück und die fünf Verteiler miteinander zu verbinden, werden von mir per Augenmaß und Schere auf die richtige Länge geschnitten. **7** An den beiden Enden wird die Verteilerleitung jeweils mit einem Blindstopfen verschlossen. **8** Spezielle Halterungen, die ich einfach an das Kunststoffrohr klicken und in die Erde stecken kann, sorgen dafür, dass die Leitung gerade und flach aufliegt und sich auch unter Wasserdruck nicht vom Boden abhebt. **9** Beim Abzweig zur Hauptleitung muss ich darauf achten, das Rohr behutsam über die Hochbeetkante zu führen und nicht abzuknicken, damit das Wasser später gleichmäßig durch das Leitungssystem fließt.

Dann platziere ich **10** die Reihentropfer, in meinem Fall 35 Stück, direkt an den einzelnen Pflanzen. Die Tropfer lassen sich ebenfalls per Hand auf die 4,6 mm dünnen Schläuche (3/16 Zoll) stecken und mit dem zuvor verlegten dickeren Verteilerrohr verbinden. **11** Beim Zuschneiden der Leitungen ist wieder Augenmaß gefragt.

12 + 13 Mit einem Regulier- und Absperrventil, das ich hier zwischen zwei Tropfer setze, lässt sich die Durchflussmenge verringern. So bekommt die junge Rotkohlpflanze (rechts im Bild) die volle Wassermenge, der genügsame Zitronen-Thymian (links) mit den nachfolgenden Kräutern am Ende der Reihe etwas weniger Feuchtigkeit.

14 Als Verschluss erhält jede Schlauchreihe am Ende einen Blindstopfen. Dafür verwende ich ein mitgeliefertes Spezialwerkzeug. Wie die großen werden auch die dünnen Verteilerrohre **15** mit kleinen Erdspießen fixiert. Nachdem alle Schläuche und Tropfer im Hochbeet verteilt sind, kümmere ich mich um die anfangs verlegte Hauptleitung, die ich **16** mit einem Adapterstück versehe. Mithilfe dieses sogenannten Basisgeräts wird der Wasserdruck auf etwa 1,5 Bar reduziert und das Micro-Drip-System an die Wasserleitung angeschlossen. **17** Der kabellose smart Sensor, der einfach in die Erde gesteckt wird, misst die Bodenfeuchtigkeit und fordert selbstständig Wassernachschub an.

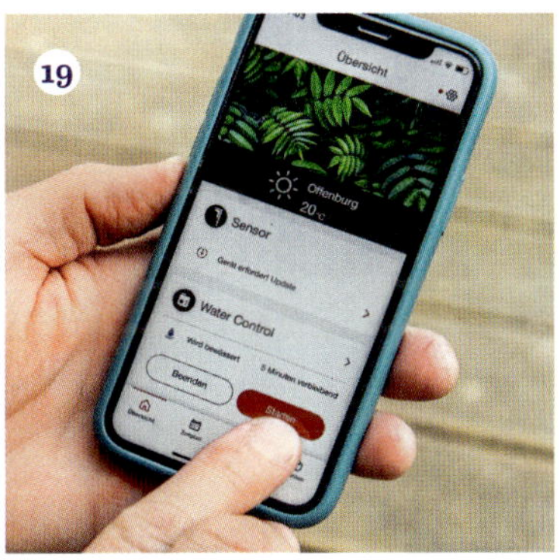

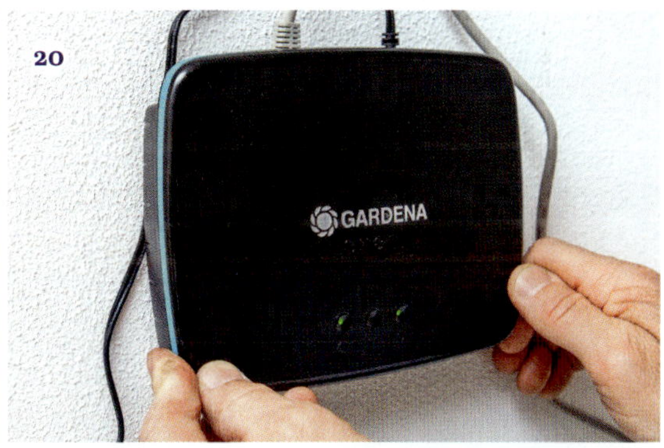

Herzstück der automatischen Bewässerung ist der **18** smart Water Control. Dieser wird an den Wasserhahn und dann per Gartenschlauch an das Hochbeet angeschlossen. Steuern kann ich den Bewässerungscomputer über **19** die Gardena smart APP auf meinem Handy oder Tablet. Darin lassen sich z. B. die Gießintervalle festlegen und ich habe sogar Zugriff, wenn ich nicht zu Hause bin. Über das **20** smart Gateway sind die Geräte mit der App und dem Internet verbunden, sodass selbst aktuelle Wetterdaten Berücksichtigung finden. Einmal eingerichtet, lässt sich mit diesem System nicht nur Arbeit, sondern auch **21** kostbares Gießwasser sparen, das bedarfsgerecht und punktgenau bei den Pflanzen landet. Infos und Preise unter: www.gardena.com

Chemische Keule war gestern! Hausmittel auf der Basis von Wildkräutern halten Schädlinge an Rosen und anderen Pflanzen in Schach. Benötigt werden dazu lediglich Oregano, Wasser, eine Sprühflasche und diverses Küchenzubehör

Natürliche Hilfe gegen Blattläuse

Auf einmal sind sie da! Heerscharen von Blattläusen, die an Blättern, Knospen und jungen Trieben saugen. Meistens warte ich einfach ab, bis sich das Problem von selbst erledigt hat. Wenn ich jedoch merke, dass die Pflanzen ernsthaft gefährdet sind, greife ich ein. Ein Oregano-Sud ist schnell hergestellt und gilt als wirksames Biomittel gegen die Plagegeister.

1 Oregano (*Origanum vulgare*), auch Echter Dost oder Wilder Majoran genannt, ist nicht nur ein beliebtes Pizzagewürz, als Sud lässt er sich auch prima gegen Blattläuse einsetzen. Die mehrjährige Staude ist recht anspruchslos und daher sowohl im Gartenbeet als auch an Wegrändern zu finden. Statt der gesamten Pflanze schneide ich nur einzelne Triebe ab, damit ich später keine kahle Stelle im Beet habe. **2** Für den Sud verwende ich neben den Blättern auch die Blüten. Beides wird einfach mit den Fingern von den Stängeln abgezupft. Der Anteil an ätherischen Ölen ist in den aromatischen Blättern deutlich höher, deshalb sind diese der wichtigere Bestandteil. **3** Die Waage zeigt 100 Gramm, damit habe ich ausreichend Material für mein Vorhaben.

4 In meinem Kochtopf erhitze ich einen Liter Wasser, bis es kocht. Nun gebe ich 100 Gramm frischen Oregano in den Topf. **5** Dann wird umgerührt, bis alle Pflanzenteile gut von dem heißen Wasser bedeckt sind. Den Topf decke ich anschließend ab und stelle ihn auf die kalte Herdplatte, damit der Sud gut durchziehen und abkühlen kann. Im Gegensatz zu anderen nützlichen Wildpflanzen, etwa Wermut, Schachtelhalm oder Rainfarn, die sich ebenfalls zu nützlichen Brühen und Tees verarbeiten lassen, riecht Oregano beim Aufkochen allenfalls würzig. Deshalb muss dieser Sud nicht zwingend im Freien, sondern kann auch in der Küche hergestellt werden. **6** Nach 30 Minuten hat der Oregano-Sud ausreichend lange gezogen und ich kann das Ganze durch **7** ein Küchensieb geben. Als Ergebnis erhalte ich eine braune Essenz, die ich vor dem Ausbringen noch mit Wasser verdünnen muss, und zwar im Verhältnis 1:3. Das heißt, auf einen Teil Oregano-Sud kommen drei Teile Wasser. Da meine Sprühflasche 700 ml fasst, mische ich also 175 ml Sud mit 525 ml Wasser und **8** fülle diese Mischung dann ab. **9** Mein Biopräparat ist nun anwendungsfertig. Ein selbst hergestellter Sud bzw. Tee auf natürlicher Basis ist nicht so wirksam wie ein klassisches chemisches Pflanzenschutzmittel, aber mir genügt es, den Schädlingsbefall auf ein erträgliches Maß zu reduzieren.

10 Bohnen sind häufig von der Schwarzen Bohnenlaus befallen. Um die Schädlinge effektiv zu bekämpfen, werden die Pflanzenteile von allen Seiten tropfnass eingesprüht. Je nach Befallsstärke kann ich die Behandlung mit dem Oregano-Sud ein zweites und ein drittes Mal im Abstand von fünf bis sieben Tagen wiederholen.

Diekes Gartentipp

Wer keinen frischen Oregano zur Verfügung hat, kann auf die getrocknete Variante aus dem Gewürzregal zurückgreifen. Davon genügen bereits 10 Gramm auf 1 Liter kochendes Wasser. Verdünnt wird dann ebenfalls im Verhältnis 1:3.

Unser Praxisvideo zur Herstellung von Oregano-Sud sowie weitere Hausmittel zur Bekämpfung von Blattläusen finden Sie über den QR-Code.

ZUM VIDEO

Sommerveredlung eines Apfelbaums

Neben der Winterveredlung, die ich Ihnen auf Seite 198 am Beispiel von Kirschbäumen vorstellen möchte, lassen sich Obstbäume auch gut im Sommer vermehren. Hier habe ich mich erfolgreich an der sogenannten Okulation einer Apfelbaumsorte versucht und erkläre Ihnen, wie Sie bei dieser Methode vorgehen müssen.

1 Als Edelreis schneide ich einen diesjährigen ausgereiften, etwa bleistiftdicken Trieb vom ausgewählten Mutterbaum. Der beste Zeitpunkt für die Okulation liegt zwischen Juli und August. Damit das Veredlungsmaterial schön frisch ist, lege ich die Arbeit in die Morgenstunden. **2** Mit der Schere entferne ich anschließend die Blätter vom Reis, sodass ca. 1 cm lange Blattstummel stehen bleiben. Diese kurzen Stiele erleichtern später das Einsetzen der Augen. Im Gegensatz zur Kopulation – der klassischen Wintervermehrungsmethode – wird bei der Okulation nicht pro Unterlage ein Edelreis benötigt, sondern ich kann mehrere Knospen von einem Trieb schneiden und somit mehr Material gewinnen. **3** Veredelt wird meine Wunschsorte auf eine schwach wachsende Apfelunterlage 'M9', die ich bereits im Frühjahr gepflanzt habe. **4** Sauberkeit ist oberstes Gebot! Deshalb reinige ich die Unterlage an der

Veredlungsstelle vorab gründlich mit einem Tuch. **5** Das Okuliermesser setze ich beim Edelreis etwa 1 cm unterhalb der Knospe an und ziehe die scharfe Klinge mit einem flachen, geraden Schnitt nach oben. Das hintere Ende darf etwas länger sein, weil ich es später ohnehin abschneiden werde. **6** Anschließend drehe ich das Rindenstück um und ziehe den Holzspan vorsichtig an der Innenseite ab. **7** Das Auge ist im unteren Bereich als Punkt erkennbar und sollte nicht mit den Fingern berührt werden. Die gabelförmige Öffnung am ausgelösten Holzteil zeigt mir zusätzlich, dass sich das Auge wie gewünscht am Rindenstück befindet.

8 An der Unterlage setze ich nun einen T-Schnitt an. Dafür schneide ich die Rinde zuerst 2–3 cm in Querrichtung ein. **9** Darauf folgt ein senkrechter, etwa 3–4 cm langer Schnitt. **10** Mit dem Rindenlöser an der Rückseite der Klinge biege ich den T-förmigen Einschnitt vorsichtig auf. Die Rinde lässt sich leichter vom Holz lösen, wenn die Un-

terlage tags zuvor gut gewässert wurde. **11** In die Öffnung zwischen den Rindenflügeln schiebe ich jetzt das vorbereitete Auge. Damit es möglichst fest in der Tasche sitzt, drücke ich es mit dem Rindenlöser behutsam nach unten. **12** Die überstehende Rindenzunge schneide ich anschließend auf Höhe des quer verlaufenden Schnittes ab. **13** Zum Schluss wird die Veredlungsstelle verbunden, um sie vor Austrocknung und Nässe zu schützen. Ich verwende dafür einen Okulations-Schnellverschluss, auch OSV oder Okulette genannt. Diese dehnbare Gummimanschette lässt sich stramm um den dünnen Stamm spannen und auf der Rückseite mit einer Klammer verschließen. So sieht die **14** fertige Veredlung aus. Der Verschluss wird mit der Zeit porös und von selbst abfallen.

15 Im nächsten Frühjahr zeigt das frisch ausgetriebene Auge, dass die Okulation geklappt hat. Damit die Pflanze ihre ganze Kraft in den neuen Trieb stecken kann, schneide ich die Unterlage oberhalb der Veredlungsstelle ab. Außerdem entferne ich regelmäßig die Wildtriebe, die gelegentlich an der Stammbasis entstehen. **16** Im Sommer, also ein Jahr nach der Vermehrung, ist bereits ein stattliches Bäumchen herangewachsen. Seitenäste, die sich im unteren Bereich gebildet haben, schneide ich direkt am Stamm ab. **17** Den Haupttrieb befestige ich mittels elastischer Kunststoffschnur an einem Bambusstab, um einen geraden Stamm zu bekommen. Weil ich meinen jungen Apfelbaum zu einem Halbstamm erziehen möchte, werde ich ihn später auf einer Stammhöhe von 1–1,20 m zuzüglich fünf Knospen einkürzen. Auf diese Weise können vier Austriebe die seitliche Verzweigung der Krone bilden, während der oberste senkrecht hochgeleitet wird und die Funktion als neuer Leittrieb übernimmt.

Rispen-Hortensien vermehren

Wer von den Blütensträuchern nicht genug bekommt, kann sie von Mai bis August durch Stecklinge ganz leicht selbst vermehren. Ich mag Rispen-Hortensien, die mit heißen Sommern besser klarkommen und weniger durstig sind als die klassischen Bauern-Hortensien. Vermehrt werden beide Arten übrigens gleich. Auf geht's!

Die Sorte 'Limelight' zeigt zunächst grünliche, dann weiße und am Ende rosafarbene Blüten

1

2

3

4

5

6

1 Für die Vermehrung der Rispen-Hortensie – in meinem Fall die Sorte 'Limelight' – wähle ich junge blütenlose Triebe aus, die ich von der Mutterpflanze abtrenne. Aus einem Trieb lassen sich mehrere Stecklinge schneiden. Dazu setze ich die scharfe (!) Gartenschere jeweils direkt unter und über einem Blattpaar an. Alle Stecklinge müssen mindestens zwei Knotenpaare aufweisen. **2** Die Triebspitzen entferne ich, ebenso die untersten Blätter. Das verbliebene Laub wird halbiert, um die Verdunstungsfläche zu reduzieren. **3** Die fertigen Stecklinge sammle ich im Wasserglas, damit sie frisch bleiben. **4** Um das Wurzelwachstum zu beschleunigen, tauche ich die Stecklinge mit dem unteren Ende in einen Wurzelaktivator (z. B. von Neudorff). Gesteckt wird bis zum unteren Blattpaar in kleine Töpfe mit nährstoffarmer Anzuchterde. Ein Steckling pro Topf genügt. **5** Per Wassersprüher befeuchte ich die Pflanzen und decke sie anschließend mit einer **6** transparenten Haube ab. Das Anzuchthaus stelle ich an einen leicht beschatteten Platz, lüfte und befeuchte die Stecklinge regelmäßig.

In dem dazugehörigen Praxisvideo zeige und erkläre ich die Stecklingsvermehrung der Rispen-Hortensie noch etwas ausführlicher.

ZUM VIDEO

Buntes Staudenbeet für heiße Zeiten

Die Winter werden milder, die Sommer langfristig wärmer und trockener – Zeit, sich über die Gartenbepflanzung Gedanken zu machen. Deshalb lege ich mein neues farbenfrohes Beet aus robusten Sonnenstauden an, die nicht gleich schlappmachen, wenn der Regen mal ausbleibt.

Im Sommer locken u. a. Duftnessel und Zwerg-Mannstreu in Blau sowie Schafgarbe in Gelb viele Insekten an. Der Klatschmohn stammt aus der Blumenwiese im Hintergrund und war nicht eingeplant, sorgt aber für schöne rote Farbtupfer

1 Im ersten Schritt lege ich die Beetkanten fest und steche mit dem Spaten entlang des ausgelegten Zollstocks: in meinem Beispiel 3,50 m in der Länge und 2,50 m in der Breite. **2** Wie bei jeder Neuanlage wird anschließend die alte Grasnarbe flach abgetragen. Das ist zwar mühsam, lohnt sich jedoch im Hinblick auf die spätere Pflege. **3** Damit der Untergrund schön locker wird und die Stauden gut anwachsen können, grabe ich die Fläche spatentief um. Tief gehende Wurzelunkräuter wie Giersch und Quecke unbedingt komplett roden! Ihre Rhizome lassen sich nachträglich nur schwer wieder entfernen, wenn sie erst einmal in die Stauden hineingewachsen sind.

4 Trockene Böden sind meistens recht humusarm. Deshalb verteile ich nach dem Umgraben gute Pflanzerde auf der Fläche, und zwar 30–40 l/m². Das Substrat macht den Boden durchlässiger und verbessert die Wasser- und Nährstoffhaltekraft. Damit dies gewährleistet ist, nicht am falschen Ende sparen, sondern eine Qualitätserde verwenden, bei der die Inhaltsstoffe optimal aufeinander abgestimmt sind. **5** Per Grubber arbeite ich die 4–5 cm starke Auflage dann grob in die obere Bodenschicht ein. **6** Das Einebnen der Fläche geht mit einer breiten Holzharke besonders gut von der Hand. Damit ist die Beetvorbereitung abgeschlossen und es folgt der Teil, der wesentlich mehr Spaß macht: das Einpflanzen der verschiedenen Stauden!

7 Anders als beim Staudenbeet für Cathy und Tom (Seite 17 ff.) probiere ich hier eine neue Methode aus und habe den Pflanzplan mit einem 50-x-50-cm-Raster unterlegt. **8** Das Raster übertrage ich mit Zollstock und trockenem Quarzsand auf die Fläche, um eine bessere Orientierung zu haben, wo welche Staude hinkommt. Dazu mache ich mit dem hellen Sand einzelne Markierungen an den Kreuzungspunkten und ziehe dazwischen mehr oder weniger gerade Verbindungslinien. **9** Die Stauden verteile ich so in den Quadraten, wie es im Plan vorgesehen ist. Auf einen Zentimeter weiter links oder rechts kommt es dabei nicht an. Bei der Pflanzenauswahl habe ich darauf geachtet, dass zu verschiedenen Jahreszeiten etwas geboten ist. Größere Stauden habe ich für die Beetmitte und die Rasenseite eingeplant. Nach vorn Richtung Gartenweg nimmt die Pflanzenhöhe dann stufenweise ab.

10 Das Einpflanzen in den gelockerten Boden erfolgt per Handschaufel. Die Stauden und Ziergräser, hier ein Zittergras, werden gut angedrückt und so gesetzt, dass der obere Ballenrand auf Höhe des Beetniveaus liegt. Vorher habe ich die Pflanzen gründlich gewässert, was ihnen das Anwachsen und mir das Austopfen erleichtert. **11** Um die Fußspuren zu beseitigen, greife ich noch einmal zum Grubber. **12** Kräftiges Angießen sorgt zum Schluss dafür, dass sich die Erde eng um die Ballen legt. Die ausgewählten Stauden vertragen zwar Trockenheit, aber erst, wenn sie eingewurzelt sind. Darum werde ich in den kommenden Wochen nicht nur Unkraut jäten, sondern die Fläche auch regelmäßig gießen. Tipp: Nicht zu eng pflanzen! Anfangs großzügig wirkende Abstände werden von den Stauden in den nächsten zwei, drei Jahren erstaunlich schnell geschlossen.

Pflanzliste (sortiert nach botanischen Namen)

Ac	Gelbe Schafgarbe (*Achillea clypeolata* 'Moonshine'), 50 cm, 2 Stück
Ar	Duftnessel (*Agastache rugosa* 'Black Adder'), 80 cm, 4 Stück
At	Färberkamille (*Anthemis tinctoria* 'Susanna Mitchell'), 30 cm, 3 Stück
Bm	Zittergras (*Briza media*), 40 cm, 4 Stück
Cg	Zwerg-Knäuel-Glockenblume (*Campanula glomerata* 'Acaulis'), 15 cm, 2 Stück
Cp	Hängepolster-Glockenblume (*Campanula poscharskyana*), 10 cm, 3 Stück
Dd	Heide-Nelke (*Dianthus deltoides* 'Arctic Fire'), 20 cm, 5 Stück
Ea	Rotblättrige Wolfsmilch (*Euphorbia amygdaloides* 'Purpurea'), 40 cm, 2 Stück
Ep	Zwerg-Mannstreu (*Eryngium planum* 'Blue Hobbit'), 30 cm, 2 Stück
Gs	Rosa Blut-Storchschnabel (*Geranium sanguineum* var. *striatum*), 20 cm, 3 Stück
Is	Schleifenblume (*Iberis sempervirens* 'Schneeflocke'), 25 cm, 5 Stück
Lf	Gold-Lein (*Linum flavum* 'Compactum'), 25 cm, 3 Stück
Lv	Gefüllte Pechnelke (*Lychnis viscaria* 'Plena'), 60 cm, 3 Stück
Ol	Blumendost (*Origanum laevigatum* 'Herrenhausen'), 40 cm, 2 Stück
Pp	Amerikanische Bergminze (*Pycnanthemum pilosum*), 70 cm, 2 Stück
Sp	Rosa Wiesen-Salbei (*Salvia* pratensis 'Rose Rhapsody'), 50 cm, 4 Stück
St	Hohe Fetthenne (*Sedum telephium* 'Herbstfreude'), 50 cm, 2 Stück

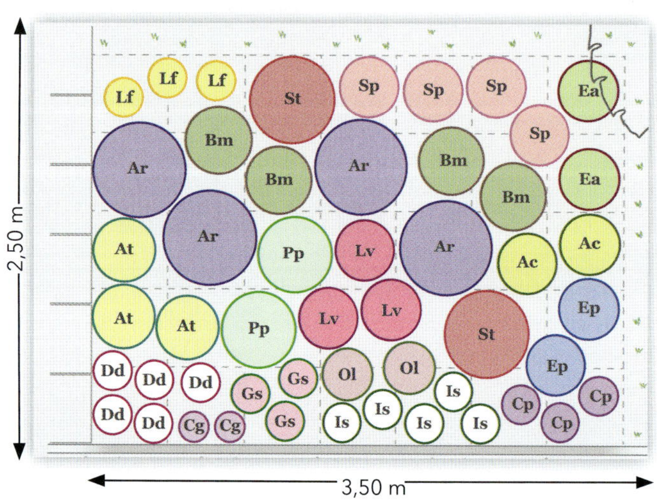

(Pflanzplan zum Download unter: www.mein-schoener-garten.de/staudenbeet-trocken)

ZUM VIDEO

Wer Bewegtbilder von mir beim Arbeiten und Pflanzen sehen möchte, darf gerne nebenstehenden QR-Code scannen.

Die richtige Mischung macht's: Für eine optimale Zersetzung sollten lockere und feste Abfälle wie Strauch- und Rasenschnitt möglichst im Wechsel eingefüllt werden

Neue Komposter für den Garten

Warum die Gartenabfälle über den Hausmüll entsorgen oder zur Deponie fahren? Gemeinsam mit meiner Kollegin Leonie Hellbach zeige ich Ihnen, wie einfach und schnell zwei Holzkomposter aufgestellt sind. Die Arbeit lohnt sich, denn der gewonnene Humus liefert natürliche Nährstoffe für die Pflanzen und verbessert die Struktur des Bodens.

1 Der alte Komposter ist in die Jahre gekommen und mittlerweile zu klein für den anfallenden Grünschnitt. Bevor es an die eigentliche Arbeit geht, muss ich den Behälter leeren und den schon vorhandenen Gartenabfall in Kübeln zwischenlagern. **2** Nach dem Abräumen glätte ich den Bereich mit der Harke, sodass ich eine möglichst ebene Fläche habe. Ein guter Bodenkontakt des Komposts ist wichtig, damit überschüssige Feuchtigkeit im Erdreich versickern kann. Auch Regenwürmern und weiteren Komposthelfern wird so der Zugang zum gesammelten Bio-Material erleichtert. **3** Der ausgewählte Bausatz aus Lärchenholz lässt sich am besten zu zweit aufstellen. Während meine Kollegin Leonie die im Karree platzierten Eckpfosten hält, beginne ich mit dem Fixieren der mitgelieferten Gewindestangen.

4 Die langen Gewindestangen werden durch die vorgefertigten Bohrungen der Eckpfosten geschoben und zunächst nur locker mit Unterlegscheiben und Muttern befestigt. Letztere ziehe ich handfest an, sobald die Pfosten ausgerichtet sind. **5** Damit sich die Bretter gut in die schrägen, dafür vorgesehenen Aussparungen stecken lassen, darf der Abstand zwischen den Pfosten weder zu weit noch zu eng sein. Weil dieser Arbeitsschritt etwas kniffelig ist, ist auch hier **6** Teamwork angesagt. Gemeinsam sorgen Leonie und ich dafür, dass die Konstruktion gerade steht und bereits angebrachte Bretter an den anderen Seiten nicht wieder herausrutschen. Im Gegensatz zu einfachen Stecksystemen, die wieder auseinandergenommen werden müssen, wenn es ans Umsetzen des Komposts geht, lassen sich bei diesem Modell die Seiten später einzeln öffnen.

7 Fingerspitzengefühl ist auch beim finalen Anziehen der Muttern mit der Ratsche gefragt. Die Konstruktion muss stabil sein und gleichzeitig ausreichend Spiel haben, damit sich die einzelnen Bretter problemlos ein- und ausbauen lassen. Ich achte außerdem darauf, dass die Gewindestangen nach dem Verschrauben nicht zu weit aus den Bohrungen herausragen. **8** Der quadratische Holzkomposter hat eine Höhe von 80 cm und Seitenlängen von jeweils 100 cm. Die Abstände zwischen den Brettern gewährleisten den für die Rottephase notwendigen Luftaustausch. **9** Die Pfosten platziere ich auf kleinen Betonsteinen, um direkten Erdkontakt zu vermeiden und die Haltbarkeit des Holzes zu verlängern. Zum Markieren der Ecken wird der Komposter einfach kurz an seine Endposition gestellt. Sicherheitshalber messe ich den Abstand der Steine beim Einbau noch einmal nach.

10 Mit der Wasserwaage und einem Brett kontrolliere ich, ob die Steine auf gleicher Höhe liegen, damit die Konstruktion später waagerecht steht. **11** Die erste Kompostbox ist fertig und wurde bereits auf die Fundamente gesetzt. Nun lege ich die Eckpunkte für das zweite Modell fest, das direkt daneben platziert wird. Die Steine baue ich leicht erhöht auf einer Splittschicht ein und schlage sie mit dem Pflasterhammer auf das richtige Niveau. Beim Aufstellen der Komposter kann unten als Schutz vor Wühlmäusen und Maulwürfen ein engmaschiger Kaninchendraht ausgelegt und an den Innenseiten auf ca. 20 cm hochgezogen werden. Zwei Behälter haben den Vorteil, dass in einem der aktuelle Gartenabfall gesammelt wird, während im anderen der Rotteprozess des älteren Materials stattfindet. Optimal ist ein Kompostkreislauf mit drei Boxen, sofern ausreichend Platz vorhanden ist.

12 Zum Schluss bastle ich zwei Abdeckungen, um das Kompostmaterial gegen Witterungseinflüsse schützen zu können. Wird der Grünschnitt zu nass, kommt es leicht zu Fäulnis. Zu trocken darf der Bioabfall auch nicht sein, weil dies die Zersetzung verlangsamt. Einen der beiden Deckel konstruiere ich als aufklappbare Variante, indem ich zwei 38 x 100 cm große Rahmenteile aus einfachen Holzlatten herstelle. **13** Mit einem Tacker befestige ich darauf passend zugeschnittene Schilfrohrmatten. **14** Durch zwei Scharniere werden die beiden Teile an den Längsseiten miteinander verbunden. Die Scharniere schraube ich mit ca. 15 cm Abstand zu den Außenkanten an. Der andere Deckel ist für den ruhenden Kompost gedacht, wird nach dem gleichen Prinzip hergestellt, hat jedoch durchgehende Latten und misst 78 x 100 cm. Da meine Holzkomposter oben ein Innenmaß von etwa 80 cm haben, passen die beiden Abdeckungen gut zwischen die vorderen und hinteren Pfosten und liegen stabil auf den Seitenbrettern.

15 Den linken Komposter mit dem Klappdeckel nutze ich für frischen Grünabfall. Von dort wird grob verrotteter Rohkompost regelmäßig in die rechte Box umgesetzt, wo er sich vollständig zersetzen kann. Dieser wird dann gesiebt, sodass ich schöne reife Komposterde habe, die ich als natürlichen Dünger oder Bodenverbesserer nutze.

Das benötigen Sie

Material:
2x Kompostbausätze (hier 100 x 100 x 80 cm, Bezugsadresse auf Seite 237)
8x Pflastersteine (10 x 10 x 6 cm)
Pflastersplitt (Körnung 0/5)
6x Holzlatten (2,4 x 4,8 x 100 cm)
2x Holzlatten (2,4 x 4,8 x 68 cm)
4x Holzlatten (2,4 x 4,8 x 28 cm)
2x Scharniere, verzinkt (50 x 50 mm)
12x Senkkopfschrauben (4,5 x 80 mm)
8x Senkkopfschrauben (3,5 x 30 mm)
1x Schilfrohrmatte (100 x ca. 160 cm)
Kaninchendraht (100 x ca. 200 cm, Maschenweite 13 mm)
diverse Werkzeuge

Eine alte Zinkwanne als Mini-Teich

Wer nicht genügend Platz für einen großen Wassergarten hat, kann auf kleine Lösungen zurückgreifen. Eine gute Gelegenheit, um meine alte Zinkwanne in eine plätschernde Oase zu verwandeln.

1 Zunächst topfe ich die wurzelnackte Seerose in einen Gitterkorb für Wasserpflanzen. Geeignete Zwerg-Seerosen, die mit einem geringen Wasserstand von ca. 30 cm zurechtkommen, sind z. B. 'Walter Pagels' (weiß), 'Helvola' (gelb) und 'Perry's Baby Red' (rot). **2** Das Rhizom der Seerose lege ich waagerecht in die Erde und achte darauf, dass der Vegetationspunkt – also der Bereich, an dem Blatt- und Blütenstiele austreiben – nicht bedeckt ist. **3** Eine Schicht feiner Zierkies verhindert ein Aufschwimmen des Substrats. **4** Die übrigen Wasserpflanzen, hier eine Gauklerblume, setze ich ebenfalls in durchlässige Pflanzkörbe. Dafür verwende ich lehmige Erde aus meinem Garten. Wer keinen Lehmboden hat, kann sich mithilfe von Zuschlagstoffen (Bezugsadresse Seite 237) selbst ein Substrat mischen oder auf spezielle Teicherde zurückgreifen. Letztere sollte keinen bzw. nur einen sehr geringen Torfanteil aufweisen. Niemals herkömmliche Blumenerde verwenden!

5

6

7

8

5 Anschließend gieße ich die getopften Pflanzen gründlich an. Nachdem ich mit 6 Mauerziegeln und Pflastersteinen verschiedene Pflanzzonen angelegt habe, befülle ich die Wanne mit Wasser. Bereits im Vorfeld habe ich getestet, ob das alte Gefäß noch dicht ist, weil es über Jahrzehnte auf dem Bauernhof meiner Großtante in Gebrauch war. 7 Die angegossene Zwerg-Seerose senke ich behutsam ab, und zwar bis auf den Wannenboden. Die Pflanzkörbe mit Zwerg-Rohrkolben, Sumpf-Schwertlilie und Pfeilkraut setze ich so, dass sie später einige Zentimeter unterhalb des Wasserspiegels liegen. Die Gauklerblume wird dagegen etwas höher stehen. 8 Schwimmpflanzen wie Froschbiss und Hornkraut (Foto) dürfen im Mini-Teich ebenfalls nicht fehlen. Sie entziehen dem Wasser Nährstoffe, reichern es mit Sauerstoff an und sind somit nützliche Algenkonkurrenten. Zu guter Letzt schließe ich einen dekorativen Wasserspeier an, der für angenehmes Plätschern sorgt. Damit sich der Mini-Teich nicht zu stark aufheizt, sollte er nicht ganztägig in der Sonne stehen. Algenwachstum lässt sich mit speziellen Präparaten aus dem Fachhandel und regelmäßigem Wasserwechsel verringern.

Das benötigen Sie

Material: Zinkwanne, Ziegel- und Pflastersteine, Pflanzkörbe, Pflanzkelle, Teicherde, Zierkies, Wasserspeier und Gießkanne

Meine Pflanzenauswahl: Zwerg-Seerose 'Walter Pagels', Zwerg-Rohrkolben, Asiatische Sumpf-Schwertlilie, Pfeilkraut, Gauklerblume, Froschbiss und Hornkraut

Die Zwerg-Seerose 'Walter Pagels' mit der ersten zierlichen weißen Blüte

Im dazugehörigen Video gibt es diesmal keine Erklärungen von mir, dafür eine recht fröhliche Hintergrundmusik.

ZUM VIDEO

Gründünger fürs Gemüsebeet

Im Sommer sind die ersten Beete im Nutzgarten abgeerntet. Wer dort kein neues Gemüse anbauen möchte, kann es wie ich machen und eine Gründüngung ausbringen. Dann liegen die Flächen in den nächsten Wochen nicht brach und es können sich keine unerwünschten Beikräuter ansiedeln. Zudem lockern die natürlichen Bodenverbesserer die Erde und reichern diese mit Humus sowie frischen Nährstoffen an.

1 Der Kartoffelacker ist kurz nach der Ernte noch schön locker und unkrautfrei. Dadurch kann ich ihn schonend per Sauzahn bearbeiten. Letzteren ziehe ich von beiden Seiten schräg durch das Beet, sodass ein rautenförmiges Muster entsteht. **2** Mit der Harke glätte ich die Fläche und entferne nebenbei noch kleine Kartoffeln, die beim Ernten übersehen wurden. Klassische Gründünger sind beispielsweise Inkarnat-Klee, Blaue Lupine und Buchweizen sowie Phacelia, auch Bienenfreund genannt (Infokasten rechts), für den ich mich entschieden habe. Bei diesem Saatgut werden etwa 4 g pro m^2 gerechnet. Häufig ist auf den Verpackungen angegeben, für welche Gesamtfläche der Inhalt reicht – in meinem Fall für 50 m^2. Weil mein Beet nur halb so groß ist, genügt die halbe Menge, die ich in eine Schüssel fülle. **3** Anschließend wird das feine, leichte Saatgut von mir mit hellem Sand vermengt, um es etwas zu strecken.

4 Bei der Aussaat achte ich darauf, die Samen nicht zu dicht auszubringen. Sonst kann es passieren, dass die Schüssel leer ist, bevor ich am Ende des Beetes angekommen bin. Ist zum Schluss noch etwas Saatgut übrig, streue ich damit einzelne Stellen nach. Jetzt kommt mir zugute, dass ich die feinen Samen vorher mit Sand vermischt habe. Aufgrund der hellen Färbung kann ich genau erkennen, wo ich bereits gesät habe und wo möglicherweise noch etwas fehlt. **5** Das Einharken erfolgt anschließend mit steil stehenden Zinken. So werden die Phacelia-Samen auf die notwendige Aussaattiefe von 1-2 cm gebracht, bleiben aber an Ort und Stelle.

6 Für den nötigen Bodenschluss sorgt das Andrücken der Erde mit dem Harkenrücken. Dadurch liegen die Samenkörner fest in der Erde, hängen später bei der Keimung nicht in der Luft und können direkt einwurzeln. Zum Schluss gieße ich die Fläche gründlich an, und zwar mit einem sanften Gießstrahl, damit das frisch ausgebrachte Saatgut nicht weggeschwemmt wird. Anfangs muss ich auf ausreichende Feuchtigkeit achten, weil die jungen Keimlinge empfindlich auf Trockenheit reagieren.

Sobald sich eine **7** dichte Pflanzendecke gebildet hat – hier ca. vier Wochen nach der Aussaat –, kann die Gründüngung ohne weitere Pflegemaßnahmen im Gemüsebeet bleiben. **8** Bearbeitet wird das Beet erst wieder im nächsten Frühjahr. Weil Phacelia eine einjährige Gründüngung ist, erfriert sie im Winter und legt sich als natürliche Mulchschicht auf die Fläche. Die verbliebenen Pflanzenteile werden von mir mit der Grabegabel 10–15 cm tief eingearbeitet und zersetzen sich im Boden. Bereits zwei bis drei Wochen später kann ich neues Gemüse in das nun schön gelockerte und mit natürlichen Nährstoffen angereicherte Beet aussäen oder einpflanzen.

Diekes Gartentipp

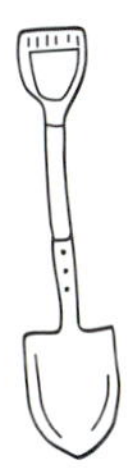

Phacelia lässt sich von April bis September aussäen. Die flaumig behaarten Stängel werden etwa 70 cm hoch. Aussaaten bis Juli kommen in der Regel zur Blüte und locken zusätzlich viele Insekten an (siehe Foto). Eine spätere Aussaat wie in dem hier gezeigten Fall dient allein als Gründüngung. Bienenfreund ist mit keiner Gemüsepflanze verwandt und deswegen optimal für den Nutzgarten, weil es nicht zu Problemen mit Folgekulturen kommen kann.

Gepflegtes Äußeres: Die Rasenkante

Eine klare Grenze zwischen Rasen und Beet verhindert, dass die Gräser benachbarte Pflanzungen erobern. Zudem heben sich die Rabatten dank der optischen Trennung schön von der gemähten Fläche ab. Ich zeige drei Varianten, mit denen sich solche Kanten pflegeleicht gestalten lassen.

Mit einem Rasentrimmer lässt sich nacharbeiten, was der Mäher nicht erwischt. Vor allem tiefer liegende Kanten werden mit der Zeit leicht überwachsen

Stabile Steinkante

Nach dem Spannen einer Maurerschnur und dem Ausheben eines etwa 10 cm tiefen Grabens verdichte ich **1** per Handstampfer den Untergrund. Eine Sandschicht dient als Bettungsmaterial für die Betonsteine (14 x 14 x 5 cm). Diese baue ich 1–2 cm oberhalb des Rasenniveaus ein und schlage sie **2** mit dem Pflasterhammer auf die richtige Höhe, damit sie fest im Sandbett liegen. Die Schnur dient mir dabei als Orientierung. **3** Eine lange Wasserwaage muss anschließend bündig auf den Steinen liegen. Der Kantenverlauf – in meinem Fall waagerecht – richtet sich nach dem Geländeprofil. Einen Teil des Aushubs fülle ich zurück ins Beet und trete die Erde kräftig an, sodass die Steine von beiden Seiten Halt haben. Mit einem Handbesen fege ich zum Schluss etwas Sand in die Fugen. **4** Die neue Steinkante grenzt den Beetbereich sauber von der Rasenfläche ab. Besitzer von Aufsitzmähern sollten einen stärkeren Unterbau für ihre Kanten wählen. Für das Befahren mit einem herkömmlichen Rasenmäher ist der gezeigte Aufbau ausreichend.

Die Englische Rasenkante

1 Für eine akkurate Grenze zwischen dem Grün und der Rabatte wird in Großbritannien gerne ein sogenannter Rasenkantenstecher verwendet. Zwar lässt sich die Arbeit auch mit einem scharfen Spaten erledigen, allerdings ist das Blatt des Kantenstechers nicht gewölbt, sondern glatt. Damit steche ich in die Grasnarbe, bewege die halbmondförmige Schneide leicht hin und her und arbeite mich so Stück für Stück am ausgelegten Brett entlang, das ich statt einer gespannten Schnur verwende.

2 Per Spaten werden die abgetrennten Soden flach ausgestochen und **3** der schmale Erdstreifen dann mit einem Grubber gelockert. **4** Bei kurvigen Abschnitten nehme ich einen Gartenschlauch zu Hilfe. Diesen lege ich am Beetrand aus und steche daran entlang – jedoch mit etwas Abstand, um den Schlauch mit dem scharfen Werkzeug nicht zu beschädigen. Die englische Rasenkante wird zwei- bis dreimal im Jahr nachgestochen, dafür ist sie die einfachste und kostengünstigste Methode.

Rasenkante aus Cortenstahl

1 Metallkanten als Abgrenzung kennt man hauptsächlich aus Parkanlagen. Seit einigen Jahren ist diese Variante häufiger in Hausgärten zu finden. Mit dem Spaten steche ich einen Spalt vor und lege damit den Verlauf fest. **2** Die Schienen setze ich anschließend in diesen Schlitz. Bei lockeren, steinfreien Böden lassen sich die Elemente auch ohne Vorstechen direkt im Beet versenken. **3** Kleine Höhenunterschiede gleiche ich durch leichte Schläge mit einem Kunststoffhammer aus. Bei klassischen Hammerköpfen unbedingt ein Stück Holz unterlegen! Zuvor habe ich die Teile an den Enden zusammengesteckt und mittels einer umgebogenen Lasche verbunden. **4** Solche Rasenkanten gibt es aus Kunststoff sowie als verzinkte und pulverbeschichtete Ausführungen oder wie in meinem Fall aus Cortenstahl. Letzterer ist zunächst blank und nimmt erst im Witterungsverlauf seine Rostoptik an. Für geschwungene Beete sind die biegsamen Elemente optimal und wirken gleichzeitig dezent.

Statt alles zu lesen, einfach per QR-Code das Video aufrufen und mir entspannt beim Anlegen der verschiedenen Rasenkanten zugucken.

ZUM VIDEO

Sommerliche Rastplätze für Vögel

In der kalten Jahreszeit ist es mittlerweile selbstverständlich, sich um die Gartenvögel zu kümmern. Damit die gefiederten Gäste auch während der heißen Sommermonate nicht auf sich allein gestellt sind, zeige ich drei Ideen, die sich ganz einfach nachbauen lassen.

Der Materialaufwand für die Wasserschale, den Futterteller und das Sandbad ist überschaubar: 3 Topfuntersetzer, 2 Möbelfüße, 1 Metallrohr und 1 Plastikflasche sowie Kleber, Gewebeband, etwas Sand, Vogelfutter, Schrauben, Dichtungen und Werkzeug

1 Für die Vogeltränke bereite ich zunächst den Wasserspender vor. Dazu klebe ich den Flaschendeckel in die Mitte des Untersetzers. Weil es schnell gehen soll, verwende ich Sekundenkleber, den ich so dick auftrage, dass sich rings um den Deckel ein Wulst bildet. Silikon oder wasserfeste Kunststoffkleber eignen sich ebenfalls. **2** Sobald der Kleber ausgehärtet ist, kommt in die Mitte ein Loch, das ich mit einem 2-mm-Bohrer vor- und einem 5-mm-Bohrer nachbohre. **3** Die Wasserflasche erhält drei Löcher mit einem Durchmesser von je 4 mm: zwei direkt über dem Gewinde, ein drittes ca. 1 cm darüber (kleines Foto). Letzteres dient der Luftzufuhr, damit das Wasser aus den beiden unteren nachlaufen kann. Theoretisch reicht ein Loch oben und eins unten. Ich habe aber festgestellt, dass der Wassernachschub mit zwei kleinen Öffnungen an der Basis besser funktioniert.

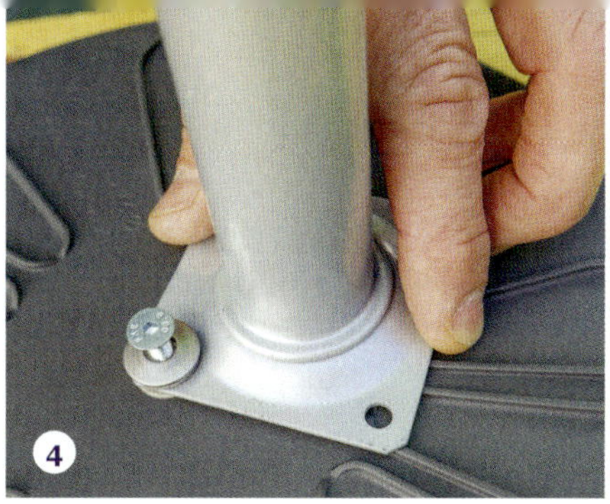

4 Ein Möbelfuß (30 x 200 mm) aus dem Baumarkt, den ich an den Untersetzer schraube, fungiert als Zwischenstück, um die Konstruktion auf einer Stange platzieren zu können. Damit die Verschraubung schön dicht ist und kein Wasser entweichen kann, versehe ich die Unterlegscheiben auf beiden Seiten mit dünnen Gummidichtungen. Einen zusätzlichen dritten Dichtungsring klemme ich zwischen Metallfuß und Untersetzer. **5** Mit Schraubendreher und Steckschlüssel ziehe ich das Ganze kräftig fest. Zwei Schrauben (5 x 20 mm) genügen: eine in der Mitte sowie eine außen – hier von meiner Hand verdeckt. **6** Die Plastikkappe am unteren Fußende entferne ich, damit das offene Rohr auf die Stange passt.

7 Als Halterung für die Vogeltränke schlage ich ein Metallrohr (½ Zoll x 2 m) per Fäustel und Kantholz so tief in die Erde, dass das obere Ende etwa 1,50 m über dem Boden steht. Diese Höhe hat sich bewährt, um die trinkenden Vögel vor Katzen zu schützen. **8** Nach dem Befüllen der Wasserflasche drehe ich sie in den angeschraubten Deckel, wende den Untersetzer mit Schwung und **9** stecke die Konstruktion senkrecht auf die Stange. Bei dieser habe ich zuvor die oberen 15 cm mit etwas Klebeband umwickelt, weil zwischen den Rohren ein bisschen Spiel war. So sitzen beide passgenau übereinander, es klappert nicht und das unschöne Gewebeband wird durch das äußere Metallrohr verdeckt.

10 Wichtig: Direkt nach dem Aufstecken der Vogeltränke fülle ich den Untersetzer mit zusätzlichem Wasser auf. Sonst würde sich die Flasche sofort in die Schale entleeren. **11** Fällt der Pegel, läuft so lange Wasser aus dem Reservoir, bis es das obere Loch erreicht. Dann stoppt es, weil keine Luft mehr nachkommt. Damit das Wasser nicht überläuft, muss das Luftloch ein Stück unterhalb des Schalenrandes liegen. Vorher ausmessen! Bei den Größen sollte man ein bisschen experimentieren. Meine Flasche fasst 0,75 Liter, der Untersetzer hat einen Durchmesser von 27 cm. Für die regelmäßige Reinigung lässt sich die Konstruktion einfach abnehmen und wieder befüllen. **12** Ein Kieselstein dient kleinen Vögeln als zusätzlicher Landeplatz, auch Insekten können auf den Stein krabbeln und ihre Flügel trocknen, wenn sie versehentlich in das Wasserbad gefallen sind.

Futterstation 1 Aus dem zweiten Topfuntersetzer bastle ich einen Futterteller. Habe ich bei der Tränke nur zwei Löcher gebohrt, um unnötige Schwachstellen und Wasserverluste zu vermeiden, befestige ich den Möbelfuß diesmal an allen vier dafür vorgesehenen Punkten. Nach dem Anzeichnen nehme ich für die Löcher wieder den 5-mm-Bohrer. **2** Die vier Schrauben (5 x 16 mm) bekommen auf der Vorder- und Rückseite eine Unterlegscheibe, Dichtungsringe sind nicht notwendig. **3** Den fertig montierten Teller kann ich nun auf das bereits vorhandene Eisenrohr setzen und mit Futter befüllen. Auch wenn es umstritten ist, bin ich ein Freund der Ganzjahresfütterung, wie es seit Jahrzehnten in England praktiziert wird. Weil Vögel sich wie wir Menschen über etwas Flüssigkeit zum Knabberspaß freuen, sind Futterstation und Tränke eine perfekte Kombination.

Sandbad 1 Zur Reinigung des Gefieders nehmen viele Vogelarten nicht nur ein Wasser-, sondern auch gerne mal ein Sandbad. Vor allem Spatzen sind bei dieser Form der Körperpflege häufig zu sehen. Ich nehme den dritten, diesmal 30 cm großen Untersetzer und setze ihn auf Erdniveau an einen überwiegend sonnigen Beetplatz. **2** Dann fülle ich die Schale mit feinem Sand, und schon ist **3** die „Badesaison" eröffnet. Damit das Regenwasser ablaufen kann, habe ich nachträglich noch Löcher in den Untersetzer gebohrt. Wie Wasser- und Futterstellen muss auch dieser Platz sauber gehalten werden, um die Ausbreitung von Parasiten und Krankheiten zu verhindern. Deshalb tausche ich den Sand regelmäßig aus.

ÜBRIGENS ...

... ist diese Geschichte bei einer internen Leserbefragung durchgefallen! Moniert wurde, dass ich für die Vogeltränke eine Plastikflasche verwendet habe. Ich fand es besonders nachhaltig, sie noch mal zu verwenden, statt einfach wegzuwerfen. Aus Glas wäre sie zu schwer gewesen, Löcher hätte ich keine hineinbohren können und die Vögel haben sich auch über Wasser aus einer Kunststoffflasche gefreut.

Alles eine Frage der Technik: Rosen selbst veredeln

Rosensorten vermehrt man klassisch durch Okulation. Optimaler Termin dafür ist ein trockener Tag im Juli oder August. Dabei wird das Auge einer gewünschten Sorte auf eine Wildunterlage veredelt. Wirklich oft habe ich diese Technik in meinem Gärtnerleben bei Rosen noch nicht angewandt. Umso spannender, es mal wieder auszuprobieren.

Die Rosensorten sind geschnitten und liegen bereit, ebenso Okuliermesser, Gartenschere, Okulations-Schnellverschlüsse, Bürste und Lappen

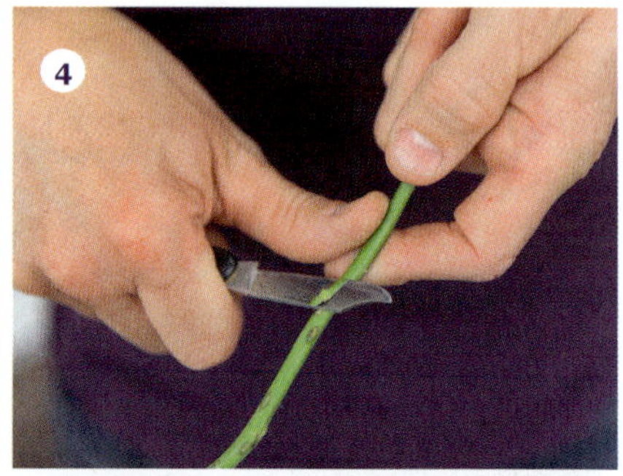

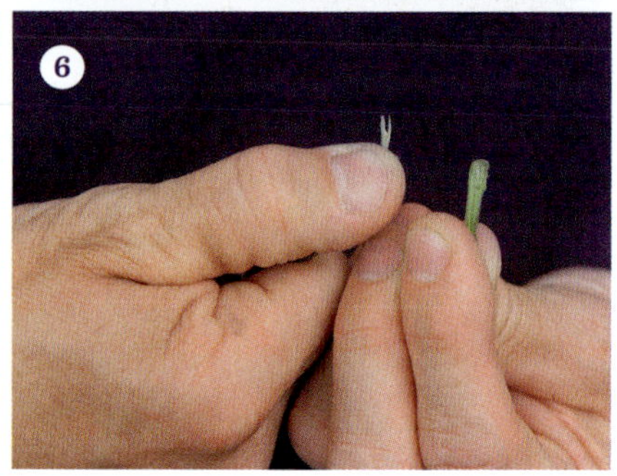

1 Als Edelreiser habe ich gesunde diesjährige Rosenzweige gewählt, die bereits am Abblühen sind. Es sind auch Sorten aus meiner Nachbarschaft dabei wie diese weiße Edelrose, deren Namen ich nicht kenne, die ich aber gerne im eigenen Garten hätte. Nachdem ich die dünne Triebspitze samt Blüte abgeschnitten habe, kürze ich **2** das untere Zweigende ein. Das verbliebene Triebstück hat noch fünf bis sechs Knospen bzw. Augen. **3** Einen Teil der Stacheln entferne ich, damit es bei der Arbeit weniger pikst. Lassen sich die Stacheln einfach ablösen, ist dies ein Zeichen dafür, dass der Trieb gut ausgereift ist. Das Laub samt Blattstiel entferne ich ebenfalls, denn in den Blattachseln befindet sich das schlafende Auge, das ich einsetzen möchte. **4** Das Okuliermesser setze ich wenige Millimeter unterhalb des Auges an und ziehe die saubere, scharfe Klinge mit einem flachen Schnitt in Richtung oberes Triebende. Anschließend wird **5** der Holzspan vorsichtig mit dem Messer herausgelöst. Dazu drehe ich das Rindenstück um und halte es am längeren oberen Ende fest, weil dieses später ohnehin abgeschnitten wird. Den unteren Bereich mit dem Auge möglichst nicht berühren! **6** Die gabelartige Öffnung am Ende des Holzspans zeigt mir, dass das gewünschte Auge am Rindenstück verblieben ist.

ÜBRIGENS ...

... ist es immer so eine Sache, Berufliches mit Privatem zu verbinden. Die hier gezeigte Produktion hat im Garten meines Freundes und Arbeitskollegen Christoph stattgefunden. Als Fotograf war mit Folkert ebenfalls ein Freund und Arbeitskollege am Start, und zwar an einem Samstagnachmittag, an dem wir uns mit weiteren Freunden in besagtem Garten zum Grillen verabredet hatten. Nur vorher noch schnell die Rosen veredeln! Leider dauert so etwas immer länger als geplant, vor allem wenn es fotografiert wird. Irgendwann fing es noch an zu regnen, die Gäste waren mittlerweile da und die Stimmung stieg, nur beim nassen Gärtner und dem hektischen Fotografen nicht! Zum Glück ist am Ende alles wieder vergessen, wenn die Bilder im Kasten und die Rosen angewachsen sind.

7 Als Veredlungsunterlage verwende ich die klassische Sorte 'Pfänders' (*Rosa canina*, Bezugsadresse Seite 237). Diese habe ich bereits im Frühjahr aufgepflanzt, sodass sie nun angewachsen sind. Zur Vorbereitung biege ich die Wildrosen mit einer Holzlatte und zwei Bambusstäben nach hinten, entferne die Mulchschicht und säubere mit einem feuchten Lappen oder einer Bürste den Wurzelhals. Nun muss es schnell gehen: Direkt nach dem Ausführen der Schritte 1–6 setze ich bei der Unterlage einen **8** T-Schnitt an. Dafür schneide ich diese ca. 2 cm waagerecht und dann ca. 3 cm senkrecht (kleines Foto) ein. **9** Mit dem Rindenlöser, der sich an der Rückseite meines Okuliermessers befindet, biege ich den T-Schnitt dann vorsichtig auf.

10 Das vorbereitete Auge der Veredlungssorte schiebe ich mithilfe des Rindenlösers in die entstandene Öffnung am Wurzelhals. Das kurze Ende des eingesetzten Rindenstücks zeigt nach unten, das längere nach oben, sodass das Auge in Wuchsrichtung in der Unterlage sitzt. Die überstehende Rindenzunge (kleines Foto) schneide ich auf Höhe des quer verlaufenden Schnittes ab.

11 An der Veredlungsstelle bringe ich einen sogenannten Okulations-Schnellverschluss an, der als Schutz vor Austrocknung, Dreck und Nässe dient. **12** Die fertigen Rosen bekommen noch ein Etikett von mir und der Mulch wird so verteilt, dass die Veredlungsstellen frei bleiben. Diese werden erst im Spätherbst abgedeckt, um sie vor frostigen Temperaturen zu schützen.

13 Die frische grüne Knospe zeigt mir im darauffolgenden Frühling, dass die Okulation geglückt ist. Der Schnellverschluss hat sich von selbst abgelöst. Nun schneide ich die Unterlage knapp oberhalb der Veredlungsstelle ab. Dadurch wird der Saftstrom gestoppt und die Pflanze steckt ihre Kraft in **14** das angewachsene Auge, das dann kräftig austreibt. **15** Sobald die Rosen eine Höhe von 15–20 cm haben, kürze ich sie ungefähr um die Hälfte ein, damit sie sich gut verzweigen. Vier der fünf okulierten Sorten sind angewachsen – eine akzeptable Quote. Im Herbst kann ich die neuen Rosen umpflanzen, und zwar so, dass die Veredlungsstelle etwa 5 cm tief in der Erde liegt.

Praktische Wasserspeicher: Ollas aus Tontöpfen bauen

Die Sommer werden heißer, das Wasser wird knapper. Sogenannte Ollas ersetzen zwar nicht das Gießen, sind aber eine gute Unterstützung, weil sie die Pflanzen direkt an den Wurzeln mit Feuchtigkeit versorgen und diese nur bei trockener Witterung abgeben. Deshalb habe ich gleich mehrere der kleinen Wasserspeicher für meinen Garten hergestellt.

Eine Olla (gesprochen „Oja") ist nicht nur für Gemüsegärten, sondern auch hervorragend für Hochbeete geeignet. An Material benötige ich neben unglasierten Tontöpfen eine Scherbe, einen flachen Stein sowie Fliesen- oder Montagekleber

Los geht's mit dem Anrühren des Fliesenklebers. Dafür nehme ich ein Produkt, das schnell abbindet und für den Einsatz im Außenbereich geeignet ist. **1** Beim Abmessen halte ich mich an die Packungsangabe, **2** vermenge Wasser und Pulver unter beständigem Rühren miteinander, bis ich eine sämige Masse habe. **3** Auf eine alte Fliesenscherbe trage ich großzügig Kleber auf, um damit das Abzugsloch des unteren Tontopfes zu verschließen. So kann das eingefüllte Gießwasser später nicht einfach im Untergrund versickern, sondern über die Topfwände an die Pflanzenwurzeln gelangen. **4** Beim Andrücken ist gut zu erkennen, dass die Scherbe rundum in der Klebemasse sitzt und das Loch gut verschlossen ist.

5 Bei den Töpfen habe ich zwei unterschiedliche Größen mit einem Durchmesser von 23 bzw. 25 cm gewählt, die genau ineinanderpassen. Die Maße sind natürlich variabel. Wichtig ist nur, dass es unglasierte Tongefäße sind, damit das Wasser durch das poröse Material abgegeben werden kann. **6** An der Übergangsstelle verschließe ich die Fuge rundum mit dem Fliesenkleber. Dieser lässt sich am besten mit einem Spachtel verteilen und glätten. Sobald der Kleber ausgehärtet ist, kann ich **7** die fertige Olla verwenden. Der Name kommt übrigens aus dem Spanischen und heißt übersetzt „Topf". In südlichen Ländern haben solche Wasserspeicher eine lange Tradition.

8 Zum Einsatz kommen Ollas überwiegend im Nutzgarten, und zwar in der Nähe durstiger Kandidaten, beispielsweise Tomaten, Gurken und Zucchini oder Kürbissen wie in meinem Fall. Dafür hebe ich ein entsprechend großes Loch zwischen den Gemüsepflanzen aus – natürlich, ohne diese zu beschädigen. Bei der hier gezeigten Olla handelt es sich übrigens um eine zweite Variante, die ich mithilfe von Montagekleber hergestellt habe und die ebenfalls sehr stabil ist. **9** Die obere Öffnung muss einige Zentimeter aus dem Boden ragen. Per Spatenstiel kontrolliere ich die Einbauhöhe. Stimmt diese, wird der Aushub wieder eingefüllt und die Erde rund um das Gefäß gut angedrückt. **10** Zum Schluss wird die Olla mit Wasser gefüllt. Mein Exemplar fasst etwa acht Liter. **11** Ein flacher Stein dient als Abdeckung. Alternativ lässt sich ein kleiner Korken verwenden. So lässt sich verhindern, dass unnötig Wasser verdunstet, Erde oder Kleintiere ins Innere fallen. Wenn im Herbst die Beete abgeräumt werden, die Ollas am besten wieder ausgraben, um Frostschäden an den Gefäßen zu vermeiden.

Die Arbeitsschitte zur Olla erkläre ich auch im Video, allerdings in einem anderen Garten und mit durstigen Beerensträuchern als Nutzer des Wasserreservoirs.

ZUM VIDEO

Neben dem Bilderrahmen, den mir eine liebe Kollegin überlassen hat, brauche ich Moos, etwas Sukkulentenerde, Dachwurz und kleine Fetthennen, ebenso Maschendraht, eine Holzplatte, Leisten, Leim, Schrauben und Werkzeug

Grüner Wandschmuck für die Terrasse

Wer sagt denn, dass Kunstwerke nur etwas fürs Wohnzimmer sind? Aus einem vergoldeten Holzrahmen und genügsamen Sukkulenten habe ich ein trendiges Pflanzenbild gebastelt, das künftig unsere Sitzecke schmückt.

1 Auf der Rückseite des Rahmens befestige ich per Tacker ein engmaschiges Drahtgeflecht (Maschenweite 13 mm) an den Innenkanten und kneife die überstehenden Enden anschließend ab. Beim Anbringen achte ich darauf, dass der Maschendraht stramm gespannt ist. Eine alte Decke als Unterlage sorgt dafür, dass die goldene Lackierung keinen Schaden nimmt. Aus Holzleisten wird ein zweiter Rahmen konstruiert und hinten auf den Bilderrahmen gesetzt. Letzterer misst in meinem Fall 40 x 60 cm. Damit die Leisten später nicht von vorne zu sehen sind, lasse ich zum äußeren Rand circa 1 cm Platz, säge die vier Hölzer (33 bzw. 58 x 2,4 x 4,4 cm) entsprechend zurecht und befestige sie mit Holzleim.

2 Die Leisten fixiere ich zusätzlich mit je zwei Holzschrauben (5,0 x 70 mm) an den kurzen und je drei an den langen Seiten, weil die Konstruktion durch die Befüllung später ein stattliches Gewicht bekommt. Das ist auch der Grund, weshalb ich den Bilderrahmen vorab etwas verkleinert und neu verleimt habe. **3** Das Moos lege ich dann mit der grünen Seite nach unten auf den Maschendraht. Wer nicht genügend Moos im eigenen Garten hat, kann das Material auch plattenweise kaufen (Bezugsadresse Seite 237). Sind alle Moospolster dicht an dicht ausgelegt, **4** verteile ich Kakteen- und Sukkulentenerde darüber. Ich befülle den Holzrahmen bis zum oberen Rand mit dem speziellen Substrat und drücke dieses mit den Händen leicht an. Eine Sperrholzplatte bildet auf der Rückseite den Abschluss. Dafür säge ich die Platte (6 mm stark) auf eine Größe von 38 x 58 cm zurecht. Die rauen Sägekanten werden anschließend von mir mit Schleifpapier geglättet.

5 Bevor der Tacker wieder zum Einsatz kommt, gebe ich noch etwas Holzleim auf die Leisten und platziere darauf die zugeschnittene Holzplatte. Die Tackerklammern bringe ich dann im Abstand von 3–4 cm an. **6** Die beiden Löcher, an denen ich das Bild später aufhänge, werden jetzt ebenfalls schon gebohrt, und zwar mit 5 cm Abstand vom seitlichen und 2,5 cm vom oberen Rand. Letzteres hat den Vorteil, dass die Konstruktion später mit ihrem ganzen Gewicht an der stabilen oberen Querleiste aufliegt.

7 Zum Bepflanzen drehe ich das Bild um. Ich habe verschiedene Dachwurz- (*Sempervivum*) und kriechende Fetthennen-Arten (*Sedum*) gewählt, die bekanntlich gut mit Hitze und wenig Wasser zurechtkommen. Zunächst zerteile ich die Stauden und beginne dann in einer Ecke, die Teilstücke mit ihren Wurzeln durch das Moos in die Erde zu drücken. Das geht am besten mit einem Löffelstiel oder Schraubendreher. **8** Für große Dachwurzrosetten kneife ich die Drähte einzelner Maschen durch, um die Wurzeln besser im Substrat versenken zu können. **9** Nach dem Aufhängen des fertigen Bildes lassen sich wackelige Pflanzen nachträglich noch etwas festklemmen. Ich habe die Fläche nicht komplett bepflanzt, damit das Moos mit seinen schönen Grüntönen ebenfalls zur Geltung kommt. Regelmäßiges Befeuchten mit dem Wassersprüher hält das Pflanzenbild frisch.

Die Zutaten im Überblick: alte Obstkiste, Blumenerde, Blähton, Zierkies, schwarze Folie, Handschaufel, Tacker, Schere und Cuttermesser. Als Pflanzen habe ich purpurfarbenen Stauden-Phlox, blauvioletten Steppen-Salbei, weiße Kissen-Aster und dunkellaubiges Purpurglöckchen sowie Neuseeland-Segge und rotes Lampenputzergras gewählt

Mini-Beet in einer alten Obstkiste

Die klassische Balkonsaison ist im Juli vorbei und für die Herbstbepflanzung ist es noch zu früh. Ich überbrücke den Sommer mit einer Kombination aus Stauden und Gräsern. Wenige Handgriffe genügen – und schon wird eine ausrangierte Holzkiste für die nächsten Wochen zum farbenfrohen Blickfang.

1 Zunächst kleide ich die Kiste mit schwarzer Folie aus. Dafür nehme ich einen großen reißfesten Müllsack. Mit einem Tacker befestige ich diesen an den oberen Brettern. Der Kunststoff schützt das Holz vor Fäulnis und so rieselt keine Erde durch die Spalten. Wichtig: Geben Sie der Folie ausreichend Spiel, vor allem in den Ecken! Sitzt sie zu stramm, kann sie unter dem Gewicht der Erde an der Befestigung ausreißen. Mit einem Cuttermesser schneide ich die überstehende Folie etwa 2 cm unterhalb der Kante ab, damit die Auskleidung später nicht zu sehen ist. Um Staunässe zu vermeiden, schaffe ich Abzugslöcher, indem ich die Folie zwischen den Bodenbrettern an drei, vier Stellen einschneide.
2 Als Drainage dient eine 4–5 cm starke Schicht aus Blähton.

3 Ein Vlies verhindert, dass Erde in die Blähtonschicht gespült wird und diese zusetzt. Unbedingt wasserdurchlässigen Vliesstoff verwenden, damit die Feuchtigkeit hindurchfließen kann. Von der Blumenerde fülle ich so viel ein, dass die Pflanzen beim anschließenden Verteilen stabil in der Kiste stehen. **4** Die Töpfe lassen sich leichter abziehen, wenn der Ballen gut durchfeuchtet ist. Trockenen Pflanzen deshalb vor dem Setzen ein Tauchbad gönnen. Stark durchwurzelte Ballen mit den Fingern vorsichtig aufreißen, um das Anwachsen zu erleichtern. Beim Verteilen beginne ich mit den großen Kandidaten und platziere dann die kleineren im vorderen Bereich. Für einen schönen Effekt sind die Abstände relativ eng gewählt. Wenn ich die Pflanzen – bis auf das einjährige Lampenputzergras – nach der Blüte ins Gartenbeet umsetze, bekommen sie natürlich mehr Platz.

Wie ein kleiner Präriegarten wirkt der Mix aus Stauden und Gräsern. Die Neuseeland-Segge (*Carex testacea*, vorn) bekommt im Herbst eine schöne orangebraune Färbung

Die Lücken zwischen den Pflanzen fülle ich so weit mit Erde auf, dass sich das Substrat etwa zwei Fingerbreit unter dem Rand befindet. **5** Eine Abdeckung aus feinem Zierkies sieht schick aus und sorgt dafür, dass die Erde nicht ganz so schnell austrocknet. **6** Angegossen wird zum Schluss und erst, nachdem ich das fertige Mini-Beet an seinen endgültigen Platz gestellt habe. Noch ein Tipp: Aufgrund ihres Fassungsvermögens ist meine bepflanzte Obstkiste wesentlich schwerer als ein Balkonkasten. Wer Gewicht reduzieren möchte, kann die Kiste verkleinern, indem er die vier oberen Latten vorab entfernt.

Terrassenbelag ausbessern

Kommt die Pflasterfläche in die Jahre, kann es passieren, dass einzelne Steine und Platten absacken. Das sieht nicht nur unschön aus, so entstehen auch gefährliche Stolperfallen. Schuld daran sind meist ein mangelhafter Unterbau und instabile Einfassungen. Kleine Schäden lassen sich ohne allzu großen Aufwand selbst beheben. Ich zeige Ihnen, wie Sie dabei am besten vorgehen.

Bei der Terrasse wurden die Kantensteine nur in einem Sandbett verlegt und dadurch mitsamt der Pflasterung immer weiter nach außen gedrückt

VORHER

NACHHER

1 Der Materialaufwand ist überschaubar. Weil ich die alten Pflastersteine wiederverwende, benötige ich außer Sand, Magerbeton, Splitt und den abgebildeten Geräten noch Mörtelkübel, Spaten und Schaufel. **2** Zum Aufnehmen verwende ich einen Spaten. Die Steine werden von mir grob per Hand oder Bürste gesäubert und seitlich gelagert. Hier sieht man, dass neben Fugenunkraut sogar schon erste Beetpflanzen in die Fläche wachsen.

3 Mit einem langen Brett überprüfe ich den Verlauf der neu zu setzenden Einfassung. Um in der Flucht zu bleiben, kann man die Pflasterbreite mit dem Zollstock ausmessen oder wie hier einfach durch ausgelegte Steine ermitteln. **4** Für die Beetkante schachte ich einen spatenbreiten, etwa 10 cm tiefen Graben aus und verdichte diesen mit dem Handstampfer. Werden Bordsteine als Einfassung gewählt, den Streifen entsprechend tiefer ausheben. Als Fundament für die Kante verwende ich sogenannten Gartenbaubeton aus dem Baumarkt. **5** Diese Fertigmischung wird nur mit so viel Wasser angerührt, dass der Mix lediglich erdfeucht und noch gut zu verarbeiten ist. **6** Eine Schnur, die ich stramm zwischen zwei kleine Steinstapel gespannt habe, zeigt mir die exakte Einbauhöhe an. Das Gefälle richtet sich in meinem Fall nach der vorhandenen Pflasterung und liegt bei ca. 2 Prozent.

Diekes Gartentipp

Ameisen bauen ihre Nester gerne unter Wegebelägen, die dann absacken können. Verhindern lässt sich dies mit einem Pflasterbett aus Splitt statt aus Sand. Aufgrund der scharfkantigen Struktur der Steinchen können die Insekten darin kein Gängesystem anlegen.

7 Der erdfeuchte Beton wird in den ausgehobenen Graben gefüllt und geglättet. Darauf setze ich die Kantensteine leicht erhöht und schlage sie mit dem Gummihammer auf Schnurhöhe, damit sie fest im Betonbett sitzen. **8** Eine Rückenstütze in Richtung Beet sorgt dafür, dass die Steine später nicht wieder nach außen kippen. Dazu fülle ich seitlich Beton an und ziehe diesen mit der Kelle etwa im 45-Grad-Winkel bis knapp unter die Steinoberkante ab. **9** Die vorhandene Tragschicht ist noch stabil und wird von mir mit dem Handstampfer nachverdichtet. Wichtig: Dieser Arbeitsschritt erfolgt erst, wenn der Beton abgebunden hat und sich die äußere Einfassung nicht mehr verschieben kann! **10** Als Bettungsmaterial für das Pflaster wähle ich feinen Splitt (Körnung 0–5 mm). Dieser sorgt für mehr Stabilität als Sand und verhindert, dass sich Ameisen einnisten können (Tipp Seite 109). **11** Ein Abziehbrett ist eine praktische Hilfe für das schnelle und gleichmäßige Verlegen. Die Aussparung wähle ich so, dass die Steine etwa 1 cm höher liegen, weil ich sie später beim Verdichten noch nach unten schlage. **12** Überschüssigen Splitt, der sich beim Abziehen hinter dem Brett sammelt, entferne ich wieder. An den seitlichen Lücken – rechts im Bild zu erkennen – setze ich das Brett schräg an und arbeite die Stellen anschließend mit der Kelle nach. Die Schichtstärke der Bettung liegt bei ca. 3 cm.

13 Die Steine lege ich direkt auf die abgezogene Fläche. Letztere deshalb vorher nicht betreten! Beim Verlegemuster nehme ich den sogenannten Fischgrätverband der bereits vorhandenen Pflasterung auf.

14 Nach dem Verlegen lassen sich mit dem Spaten noch kleinere Korrekturen vornehmen, um ein harmonisches Fugenbild zu bekommen. Der Abstand zwischen den Steinen – also die Fugenbreite – sollte 2–5 mm betragen.

15 Die Fugen werden von mir mit feinem Sand (Körnung 0–2 mm) verfüllt. Zunächst fege ich nur so viel ein, dass die Fugen noch nicht komplett geschlossen sind, sich die Steine beim anschließenden Verdichten aber nicht mehr verschieben können. **16** Mit dem Handstampfer bringe ich die abgefegten Steine auf die richtige Höhe, sodass sie bündig mit der Beetkante und dem übrigen Pflaster abschließen. Für größere Flächen lohnt sich das Ausleihen einer Rüttelplatte. **17** Den vorderen Bereich des Beetes verdecke ich nach dem Anfüllen mit Natursteinen. Dies dient allerdings keinem baulichen Zweck, sondern lediglich als Zierde für den Übergang zwischen der Pflasterung und den Pflanzen. **18** Das Einschlämmen als letzter Arbeitsschritt sorgt dafür, dass die Steine fest im Pflasterbett liegen und nicht kippeln. Dazu verteile ich den übrigen Sand auf der Fläche und schwemme ihn so lange mit Wasser und Besen in die Fugen, bis diese vollständig gefüllt sind.

Ein Sommerquartier für die Fledermaus

Die kleinen Flugkünstler sind effektive Insektenjäger, deren natürliche Lebensräume zunehmend bedroht sind. Um die Tiere zu unterstützen und in den Garten zu locken, habe ich einen Unterschlupf gebaut, der im Sommer gern als Tagesversteck genutzt wird.

Das Große Mausohr ist wie alle Fledermäuse streng geschützt und mit einer Flügelspannweite von rund 40 cm die größte heimische Art

1 Mit dem Übertragen und Anzeichnen der Maße auf das Holzbrett beginne ich mein Projekt „Fledermausquartier". **2** Die Bauteile werden so von mir zugesägt, dass ich möglichst wenig Verschnitt habe. Statt alles aus einem Brett anzufertigen, lassen sich dafür natürlich auch Holzreste verwenden. **3** Die Rückwand und die Blende werden oben mit einem schrägen Schnitt versehen, damit das Dach später nach vorne geneigt ist. Um keine Wissenschaft daraus zu machen und nicht jeden Winkel einzeln ausmessen zu müssen, habe ich für die notwendigen Gehrungsschnitte einfach die Fußplatte meiner Stichsäge auf 22,5 Grad eingestellt. So lassen sich am Ende alle Bauteile gut zusammenfügen. Weil sich der Kasten nach oben hin verjüngt, laufen **4** die beiden Seitenwände schräg zu und messen in der Breite 2 cm (oben) bzw. 5 cm (unten). Aufgrund der Dachneigung setze ich an den oberen Enden einen zusätzlichen schrägen Schnitt an, sodass die Seiten hinten 28 cm und vorn 27,5 cm lang sind.

Diekes Gartentipp

Es lohnt sich, gleich mehrere Kästen für die Tiere aufzuhängen, weil sie regelmäßig ihre Tagesquartiere wechseln. Echtes Geißblatt, Phlox, Nachtkerze, Leim- und Seifenkraut ziehen in den Abendstunden mit ihrem Duft Nachtfalter und damit auch Fledermäuse an.

Das benötigen Sie

Holzbretter (ca. 2 cm stark, ungehobelt, unbehandelt) für:
1x Rückwand (24 x 40 cm)
1x Blende (24 x 28 cm)
1x Dach (11 x 32 cm)
2x Seitenwände (5 x 28 cm)
1x Einflugleiste (3 x 20 cm)
1x Aufhängeleiste (4 x 55 cm)
6x Holzschrauben (3 x 30 mm)
8x Holzschrauben (3,5 x 40 mm)
2x Holzschrauben (4 x 60 mm)
2x lange Nägel
Leinöl oder ökologische Lasur

Werkzeug:
Werkbank, Stich- + Handsäge, Akkubohrschrauber, Holzbohrer, Hammer, Holzraspeln, Schleifpapier, Anschlagwinkel, Maßband, Bleistift, Pinsel, Leiter

(Bauplan aus NABU-Broschüre „Wohnen nach Maß")

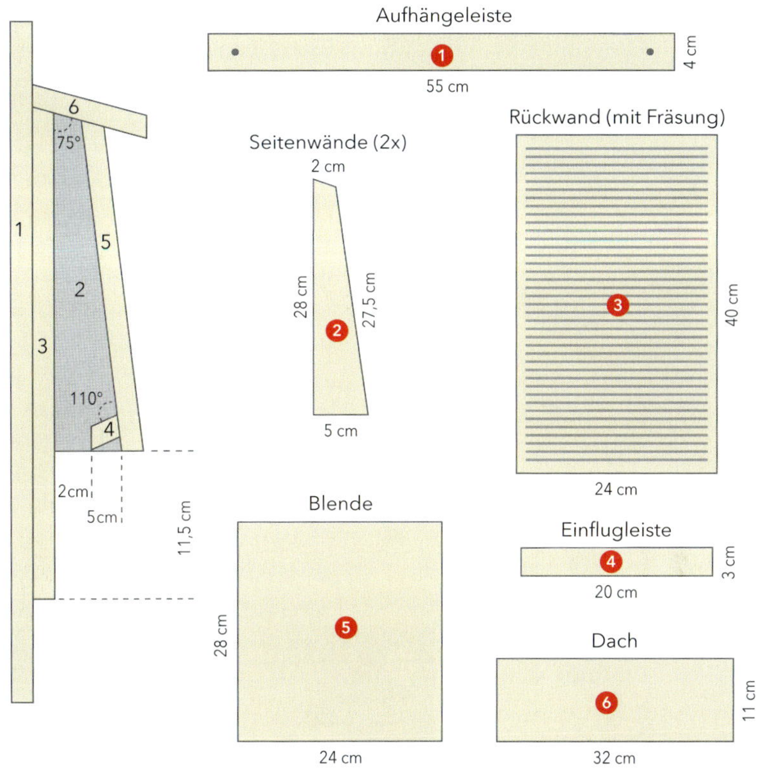

Für Nistkästen und andere Quartiere wird sägeraues Holz empfohlen. In einer Stärke von 2 cm ist dieses im klassischen Baumarkt oft nicht zu bekommen. Wer wie ich glatte, gehobelte Bretter verwendet, muss das Holz deshalb an den Innenseiten mit **5** einer groben Raspel etwas aufrauen. Die Sägekanten werden dagegen mit Schleifpapier geglättet, um sich beim Arbeiten keine Splitter einzufangen. **6** An den Querrillen, die ich im Abstand von ca. 2 cm an der Rückwand einzeichne, werden die Fledermäuse mit ihren Krallen später guten Halt finden. Das Herstellen der Rillen lässt sich am einfachsten mit einer Oberfräse erledigen, wie sie auch im Möbelbau Verwendung findet. Weil ich dieses Gerät nicht besitze und es mir für den Fledermauskasten nicht extra zulegen wollte, greife ich stattdessen auf **7** eine Handsäge zurück. Nach dem Einsägen der Querrillen werden diese mit **8** einer runden Holzraspel vertieft. Zugegeben, meine Methode ist etwas mühsam, funktioniert aber – und **9** das Ergebnis kann sich durchaus sehen lassen.

5

6

7

8

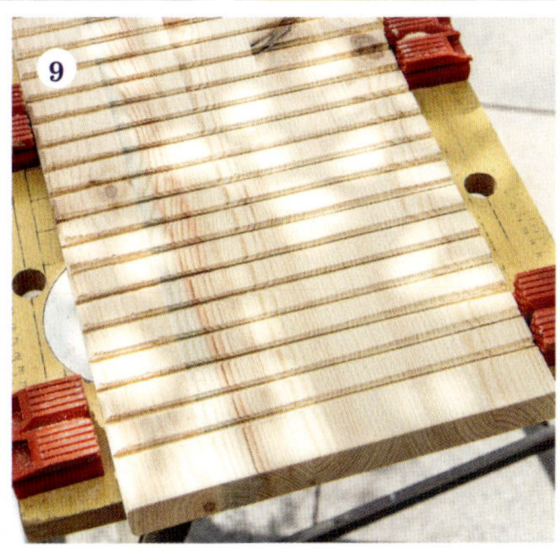
9

10 Die Einflugleiste (3 x 20 cm) wird unten an der Innenseite der Blende montiert und sowohl seitlich als auch nach oben etwas eingerückt. Die Vorderkante der angeschrägten Leiste schließt auf Höhe der Blende ab. Dadurch bleibt eine 2 cm schmale Öffnung, die den Fledermäusen ausreicht, um in den Kasten zu gelangen. Die Seitenwände schraube ich von innen an, damit auf der Vorderseite keine Schraubenköpfe zu sehen sind. Unten verwende ich zwei längere Senkkopfschrauben (4 x 60 mm), oben zwei kürzere (3 x 30 mm). **11** Die Rückwand befestige ich mit vier gleich langen Schrauben (3,5 x 40 mm), die ich leicht versetzt zu den vorigen anbringe. Die einzelnen Schraubenlöcher habe ich vorgebohrt. **12** Das Dach (11 x 32 cm) wird mit zwei 40 mm langen Holzschrauben, **13** die Aufhängeleiste (4 x 55 cm) mit vier kürzeren am Kasten fixiert. Für Letztere nehme ich wieder 30 mm lange Schrauben, damit diese auf keinen Fall ins Innere des Kastens ragen und die Tiere sich an den Metallspitzen nicht verletzen können. Weil ich das Dachbrett hinten ebenfalls mit einem schrägen Schnitt versehen habe, liegt es schön eng an der Leiste. **14** Für die beiden Löcher, die zum Anbringen des Kastens genutzt werden, wähle ich einen etwas größeren Holzbohrer (5 mm) als noch beim Vorbohren. Dann passen die Nägel (hier 10 cm lang) später gut hindurch und das Holz kann sich am oberen und unteren Ende nicht spalten.

15 Das unbehandelte Holz streiche ich mit etwas Leinöl ein, um die Haltbarkeit zu verlängern. Nach dem Trocknen wird **16** der fertige Fledermauskasten aufgehängt. Dafür wähle ich einen regen- und windgeschützten Platz unter einem Dachüberstand, mit Ausrichtung nach Südosten. Wichtig ist eine Höhe von drei, besser vier Metern. Der Anflugbereich sollte frei von Hindernissen sein. In dem Sommerquartier können sich die Fledermäuse dann tagsüber von ihren nächtlichen Ausflügen erholen.

Biotop-Hecke für mehr Leben im Garten

Bei der Gartenarbeit fällt oft eine Menge Schnittgut an. Wer sich wie ich das mühsame Häckseln oder den Abtransport sparen möchte, kann die Äste und Zweige sinnvoll nutzen. Mithilfe einer einfachen Konstruktion lässt sich das Material platzsparend aufschichten und gleichzeitig ein natürlicher Lebensraum schaffen.

Die Biotop-Hecke wird auch als Totholzzaun bezeichnet und ist eine abgewandelte Form der bekannten Benjeshecke. Egal, wie das Modell genannt wird, Hauptsache, es fügt sich gut in den Garten ein, bietet Platz für anfallendes Schnittgut und dient verschiedenen Tieren als Unterschlupf

1 Für den Abstand zwischen den Holzpfählen sind 50–75 cm ein guter Richtwert, damit das Schnittgut beim Aufschichten nicht seitlich aus der Konstruktion fällt. Meine Biotop-Hecke hat eine Länge von knapp 2,50 m, weshalb ich die fünf Pfosten im Abstand von etwa 60 cm auslege. **2** Die Pfähle werden mindestens 30 cm, besser 50 cm tief in den Boden geschlagen. **3** Für die schmale Seite lege ich 50 cm als Breite fest. Am Ende habe ich zwei parallele Reihen aus sich gegenüberstehenden Pfosten. Als Endhöhe habe ich 1,50 m gewählt. So kann ich die Äste noch bequem von oben einfüllen. **4** Zu lange Pfähle kürze ich einfach mit der Säge ein. **5** Mein Füllmaterial besteht aus dicken und dünnen Ästen sowie aus Stängeln verblühter Stauden und Gräser. Herausstehende Äste kann ich nachträglich mit dem Astkneifer einkürzen. In die fertige Biotop-Hecke können dann Igel, Blindschleichen, Erdkröten und andere Kleintiere einziehen. Mit etwas Glück brüten sogar Vögel darin.

Wichtig: Zum Verdichten dürfen die aufgeschichteten Äste nur jetzt beim Anlegen der Biotop-Hecke betreten werden! In der Folgezeit wird das Schnittgut lediglich locker oben aufgelegt.

Weil der große Vorschlaghammer verschwunden war, musste ich die Pfähle per Fäustel einschlagen. Das sieht im Video etwas komisch aus, hat aber funktioniert.

ZUM VIDEO

Drei Arten, wie Sie erfolgreich einen Gummibaum vermehren

Statt meinen Gummibaum einfach nur zu stutzen, nutze ich die Gelegenheit, um daraus neue Pflanzen zu ziehen. Neben zwei klassischen Vermehrungsmethoden wende ich mit dem sogenannten Abmoosen eine dritte Technik an, die ich immer schon ausprobieren wollte.

VORHER

NACHHER

Experiment geglückt! Aus den drei etwa gleich langen Trieben meines Gummibaums (*Ficus elastica*, links) habe ich drei vitale Jungpflanzen gewonnen. Auch die Mutterpflanze hat alles gut überstanden und treibt bereits wieder kräftig durch

Methode 1: Vermehrung durch Abmoosen

Beim Abmoosen – auch Vermehrung durch Luftableger genannt – darf ich den Schnitt weiter unten im leicht verholzten Bereich ansetzen. Anders als die klassische Stecklingsmethode eignet sich diese Variante daher gut für ältere, zu groß gewordene Exemplare. **1** Mit der Schere entferne ich zunächst zwei Blätter. Zwischen den beiden Verdickungen (Nodien) schneide ich den Trieb im Abstand von 2–3 cm jeweils rundum ein.

1

2 Die Rinde in diesem Bereich schäle ich dann flach mit einem scharfen (!) Messer ab. Nachdem ich den austretenden Milchsaft mit einem Tuch abgetupft habe, packe ich den freigelegten Abschnitt **3** in feuchtes Moos. Dieses wird mit Folie umwickelt und oben und unten **4** per Pflanzendraht luftdicht verschlossen. So lässt sich die Verpackung leicht öffnen und das Moos befeuchten, falls es ausgetrocknet ist. Anschließend heißt es warten und hoffen, dass sich an der Stelle **5** neue Wurzeln bilden.

6 Es hat geklappt! Das Moos ist bereits nach zehn Wochen von zahlreichen Feinwurzeln durchzogen. Mit dem Entfernen der Rinde habe ich einen sogenannten Assimilatstau herbeigeführt und die Pflanze dort zu verstärkter Wurzelbildung angeregt. **7** Unterhalb der Mooskugel trenne ich den Ableger von der Mutterpflanze. Das untere Blatt noch abschneiden, dann kann ich den neuen Gummibaum samt durchwurzeltem Moos **8** eintopfen, und zwar in frische Grünpflanzenerde. Weil ich dank dieser Vermehrungsart direkt eine große Jungpflanze bekommen habe, wird sie für den nötigen Halt an **9** einem Bambusstab befestigt. Auf das Einkürzen der Triebspitze habe ich verzichtet und kann versichern, dass der Gummibaum problemlos weitergewachsen ist. Diese und die nachfolgenden Wochenangaben beziehen sich auf Frühjahr und Sommer. Wer seine Zimmerpflanzen im Winter vermehren möchte, sollte etwas mehr Zeit für die Bewurzelung einplanen.

Methode 2: Steckling in Anzuchterde

Am einfachsten lässt sich der Gummibaum aus klassischen Stecklingen vermehren. Im Gegensatz zum Abmoosen setze ich die Schere weiter oben **1** an der Triebspitze an, und zwar dort, wo das Gewebe vom weichen in den harten Zustand übergeht. In dem Bereich ist die Chance auf schnelle Wurzelbildung am größten. Die unteren Blätter entferne ich, sodass nur ein Blatt übrig bleibt. Den Milchsaft, der an den Schnittstellen austritt, tupfe ich ab. Wer empfindlich auf den Pflanzensaft reagiert, trägt bei Schnittarbeiten an Gummibäumen und anderen Feigenarten besser Handschuhe! **2** Der fertige Steckling hat eine Länge von ca. 20 cm, wird in einen Topf mit Anzuchterde gesteckt und befeuchtet. Damit die Pflanze nicht austrocknet, decke ich sie **3** mit einem Folienbeutel ab und besprühe sie regelmäßig mit Wasser. Nach etwa zweieinhalb Monaten hat mein Steckling ein neues Blatt und frische Wurzeln gebildet. Daraufhin habe ich die Haube entfernt und das junge Gummibäumchen in neue Erde umgetopft.

Methode 3: Ableger im Wasserglas

Den zweiten Steckling schneide ich auf die gleiche Weise wie den ersten – mit dem Unterschied, dass ich ihn ohne Erde anziehen möchte. **1** Ein alter Messbecher dient als standfestes Anzuchtgefäß und wird zu einem Drittel mit Wasser befüllt, das ich mindestens einmal pro Woche wechseln werde. Normalerweise behält der Steckling auch bei dieser Methode nur ein Blatt. Aus Neugier habe ich mehrere Blätter belassen und siehe da: **2** Zehn Wochen später zeigt der Ableger gesunde junge Wurzeln. Weitere werden sich aus den gut erkennbaren kleinen weißen Punkten – dem sogenannten Kallus – bilden. **3** Der bewurzelte Ableger wird von mir vorsichtig in frische Grünpflanzenerde gesetzt. Ein passender Übertopf dazu, und schon habe ich meinen dritten neuen Gummibaum.

Eine Feuerstelle anlegen

Die Tage werden kürzer, die Abende länger. Was gibt es da Schöneres, als an einem knisternden Feuer zu sitzen? Perfekt, wenn sich dieses gleichzeitig als Grillstelle nutzen lässt. Mit wenig Aufwand habe ich das Projekt umgesetzt.

1 Als Material für meine neue Feuerstelle habe ich alte Klinker und Polygonalplatten, Lavamulch, Basalt- und Fugensplitt besorgt. **2** Zuerst steche ich eine kreisrunde Fläche aus. Die Lochtiefe wird mithilfe der Klinker und Platten ermittelt, hier sind es etwa 30 cm. Meine Grube misst unten ca. 80 cm und oben ca. 100 cm, zuzüglich des gut 20 cm breiten Seitenstreifens. Nach dem Verdichten mit dem Handstampfer fülle ich am unteren Grubenrand eine Schicht Lavamulch ein. Darauf werden die Ziegelsteine verteilt und **3** mithilfe eines Gummihammers leicht schräg auf die Höhe der Außenkante geschlagen.

4 Die Polygonalplatten aus gelbem Quarzit verlege ich auf einer ungefähr 5 cm dicken Schicht Basaltsplitt. Um die Bereiche zwischen den Platten möglichst klein zu halten, werden diese teilweise **5** zurechtgeschlagen und **6** wie ein Puzzle zusammengesetzt. **7** In die Lücken fege ich feinen Fugensplitt, den ich per Gießkanne einschlämme. Zwischen die Klinkerfugen kommt zusätzlich etwas grober **8** Lavamulch, der auch 5 cm hoch in der Grube verteilt wird. Zum Schluss muss ich nur noch einige Holzscheite aufschichten und den Schwenkgrill darüber platzieren. Dann ist die neue Feuerstelle einsatzbereit.

Die Feuerstelle ist fertig, der Schwenkgrill steht. Jetzt fehlen nur noch ein paar nette Gäste, leckeres Essen und die passenden Getränke, um den neuen Lieblingsplatz einzuweihen

Ein neuer Zaun für den Reihenhausgarten

Der alte Holzzaun ist in die Jahre gekommen und das Gartentor fällt langsam aus den Angeln – es wird Zeit für ein neues Modell. Weil beim Aufbau Teamwork gefragt ist, gehe ich diese Aufgabe gemeinsam mit meiner Kollegin Karina Dinser-Nennstiel an.

Geschafft! Es sind zwar einige Arbeitsschritte, bis der neue Lattenzaun steht, aber der Aufwand hat sich gelohnt. Damit das Naturmaterial aus Europäischer Lärche nicht zu schnell vergraut, werden wir die Konstruktion nachträglich noch mit einer Holz- und Wetterschutzlasur versehen

1 Nach 20 Jahren hat der alte Bretterzaun ausgedient und wird abmontiert. Um den neu verlegten Rollrasen (Seite 133) nicht unnötig zu schädigen, haben wir Holzbretter ausgelegt, auf denen wir uns beim Arbeiten bewegen. **2** Das exakte Ausmessen der Punktfundamente für die Zaunpfosten ist der erste und gleichzeitig wichtigste Arbeitsschritt. Der Reihenhausgarten hat eine Breite von 5 m. Der Abstand zwischen den Pfählen richtet sich nach den Zaunfeldern. Aufgrund der Pfostendicke (9 x 9 cm), des Gartentores (80 cm) und der Maßzugaben für die Beschläge werden wir eines der beiden vorgefertigten, 2 m langen Felder auf 1,75 m einkürzen, damit es passt. **3** Mit einem Erdbohrer hebe ich auf Höhe der Markierungen die Löcher für die Fundamente aus.

4 Für die Punktfundamente fülle ich schnell härtenden Beton in die Löcher, dem lediglich etwas Wasser zugegeben wird. Offiziell müssen die Fundamente für eine frostfreie Gründung mindestens 80 cm tief sein. Weil der Boden hier im Weinbauklima nicht so stark durchfriert, ist eine Fundamenttiefe von 60 cm für unseren Zaun allemal ausreichend. Das entspricht etwa einem Sack Schnellbeton pro Loch. **5** Die Zaunpfähle setzen wir mit den vorab montierten Pfostenankern in den feuchten Beton und richten das Ganze per Wasserwaage lotrecht aus. Alternativ lassen sich zunächst auch nur die Pfostenanker setzen und die Pfähle im Anschluss daran befestigen. **6** Für unseren Zaun (Höhe 1,25 m, Lattenabstand 2 cm) hatten wir zunächst U-Pfostenträger mit sogenannter Riffeldolle gewählt. Diese habe ich später aufgrund des stattlichen Eigengewichts unseres Holzzauns gegen die hier abgebildeten weniger dezenten, dafür stabileren H-Pfostenanker (91 x 600 x 60 mm) samt neuer Fundamente getauscht. **7** Nach den äußeren Zaunpfosten haben wir die beiden inneren gesetzt und dabei die Abstände noch mal genau nachgemessen. Eine Maurerschnur dient als Orientierung, um die Pfähle in einer Flucht auszurichten. Damit alle auf einer Höhe sind, hilft eine zweite, oben gespannte Schnur (nicht mehr im Bild). Die Arbeitsschritte müssen schnell und präzise erfolgen, weil der Beton rasch abbindet.

Der Vorteil ist, dass wir bereits eine Stunde später mit dem **8** Anbringen der Zaunfelder beginnen können. Dabei zeigt die „schöne" glatte Seite nach außen. Befestigt werden die Felder mittels sogenannter Flechtzaunbeschläge – spezielle Winkel mit feststehender Holzschraube, die wir oben und unten an den Pfosten anbringen. **9** Auf Höhe der Querriegel machen wir an den Pfählen eine Markierung und bohren die Löcher mit einem Holzbohrer vor. Dann schrauben wir die **10** Flechtzaunbeschläge an, sodass jeweils zwei Halterungen mittig an den Innenseiten der Pfähle sitzen. **11** Daran befestigt Karina jetzt mit Spaxschrauben das erste Zaunfeld. **Wichtig:** Um die Beschläge anbringen zu können, wird an jeder Seite ein zusätzlicher Zentimeter eingeplant. Bei einem 2 m langen Zaunelement muss der Abstand zwischen den Pfosten also 2,02 m betragen.

12 Beim Gartentor haben wir die passenden Beschläge und das Einsteckschloss gleich mitbestellt. In unserem Fall handelt es sich um eine Rechtstür, bei der sich die Klinke links und die Scharniere rechts befinden. Um das Holz zu schützen, werden Pforte und Zaunfelder etwa 5 cm oberhalb des Erdniveaus angebracht. Darunter platzierte Kanthölzer erleichtern es uns, das Tor exakt zu positionieren und die Markierungen anzuzeichnen. **13** Die Ladenbänder werden jeweils mit drei einfachen Holzschrauben sowie einer Schlossschraube und dazugehöriger Mutter befestigt. Für Letztere bohren wir mit dem Akkuschrauber ein Loch in den Querriegel des Tores. In die fertig montierten Ladenbänder stecken wir dann die sogenannten **14** Kloben und bringen diese am äußeren Pfosten an, nachdem wir das Tor passend ausgerichtet haben. Zum Schluss wird das Schloss ins Tor gesteckt und festgeschraubt. Die dafür notwendige Aussparung haben wir direkt beim Zaunhersteller anfertigen lassen. Dann montieren wir die **15** Türklinke und befestigen **16** den Anschlag auf Höhe des Schlosses am nebenstehenden Pfosten. Zuvor haben wir diesen per Holzbohrer und Stechbeitel mit einer kleinen Vertiefung versehen, um die Pforte absperren zu können. Damit sich das 80 cm breite Tor gut einbauen sowie **17** öffnen und schließen lässt, ist auch hier eine Maßzugabe einzuplanen. In unserem Fall empfiehlt der Hersteller zusätzlich 3 cm an der Seite mit den Ladenbändern und 1,5 cm an der mit dem Anschlag, sodass diese Zaunpfähle einen Abstand von 84,5 cm zueinander haben.

Das benötigen Sie für 5 m Zaun

2x Zaunfeld aus Europäischer Lärche (Länge: 2 m + 1,75 m, Höhe: 1,25 m, **Latten:** 2,5 x 5 cm mit 2 cm Abstand)
1x Tor passend zu Zaunfeldern (Breite: 0,80 m)
1x Beschlagset (inkl. Einsteckschloss) **für Einzeltor**
4x Zaunpfosten (1,25 m x 9 cm x 9 cm)
8x Flechtzaunbeschlag (38 x 38 x 30 mm)
4x H-Pfostenanker (91 x 600 x 60 mm)
8x Sechskant-Holzschrauben (10 x 120 mm, inkl. Unterlegscheiben und Muttern)
16x Spaxschrauben (4 x 40 mm)
Ruck-Zuck-Beton (ca. 4 Säcke à 25 kg)
diverses Kleinmaterial und Werkzeug

ÜBRIGENS ...

... habe ich zu diesem Zaun die charmante Zuschrift eines Bauingenieurs bekommen: Die Fundamente seien nicht tief und die Pfostenträger nicht stabil genug für das Gewicht und mögliche Windlasten. Als es später kräftig stürmte, unser Gartenschrank umgefallen und ein Baum abgeknickt war, stand der Zaun wie eine Eins! Die Konstruktion hat zwar gehalten, sich aber tatsächlich etwas wackelig auf den U-Trägern mit Riffeldolle angefühlt. Deshalb habe ich Letztere wie in Step 6 beschrieben gegen stabilere H-Anker ausgetauscht. Die Kritik des werten Herrn war also durchaus berechtigt.

Sommerschnitt bei der Süßkirsche

Obstbäume schneide ich überwiegend im Winter. Dann habe ich viel Zeit und einen guten Einblick in das blattlose Astgerüst. Stärkere Rückschnitte nehme ich wegen der besseren Wundheilung im Sommer vor. Das gilt insbesondere für schnittempfindliche Gehölze wie Süßkirschen. Dank dieser Pflegemaßnahme kommt wieder Licht und Luft ins Kroneninnere, was die Fruchtbildung fördert.

VOR DEM SCHNITT

NACH DEM SCHNITT

Die etwa 15 Jahre alte Süßkirsche wurde als Rundkrone erzogen. Weil der Baum über längere Zeit nicht geschnitten wurde, ist vom ursprünglichen Gerüst – ein durchgehender Mitteltrieb mit drei seitlichen Leitästen – nicht mehr viel zu erkennen. Ich gehe beim Schnitt von oben nach unten vor und beginne damit, **1** die Nebenkronen zu entfernen, also die steilen Konkurrenzäste zum Mitteltrieb. **2** Größere Äste setze ich schrittweise ab, indem ich sie ca. 30 cm über dem Ansatz zu einem Drittel von unten einsäge. Der zweite Schnitt erfolgt um 10 cm nach oben versetzt auf der Gegenseite, sodass der Ast an der Sollbruchstelle abbricht und der darunter befindliche Hauptast nicht einreißt. Dann säge ich den verbliebenen Stumpf am Astring ab und schneide **3** den ausgefransten Sägerand mit einem scharfen Messer glatt. Auf Wundverschlussmittel verzichte ich. Eine weitere Möglichkeit ist, stärkere Äste nicht direkt am Astring zu entfernen, sondern einen etwa 20 cm langen Zapfen als Puffer stehen zu lassen und dadurch ein zu tiefes Eintrocknen der Wunde zu vemeiden (Tipp nächste Seite).

Bei Quirlästen lohnt es sich, diese zu verschlanken. Süßkirschen neigen dazu, in Quirlen auszutreiben. Das heißt, rund um die Triebspitzen bilden sich oft mehrere Zweige, die um Nährstoffe, Wasser und Licht konkurrieren. Deshalb schneide ich mit der Schere den unteren der beiden Fruchtäste an der Ansatzstelle ab, der obere bleibt ungeschnitten. Den nach vorn aus dem Bild ragenden Trieb habe ich im Anschluss noch entfernt, sodass sich der Saftstrom auf die drei verbliebenen Zweige verteilen kann.

Hier gleich zwei interessante Aspekte: Beim Gummifluss handelt es sich um eine bernsteinfarbene klebrige Masse, die vor allem an Steinobst auftritt. Grund dafür sind oftmals ungünstiger Boden oder ein häufiger Wechsel von Nässe und Trockenheit, also Stress. In diesem Fall ist vermutlich eine ältere Stammverletzung die Ursache. Darunter ist eine gut verheilte Schnittwunde zu sehen. Der Fachmann spricht von guter Überwallung. Um dies zu gewährleisten, sollten Schnittwunden über 10 cm Durchmesser möglichst vermieden werden.

Schlitzäste sind steil stehende Triebe, die schlecht mit dem Haupttrieb verwachsen sind – gut zu erkennen an der wulstigen Ansatzstelle. Solche Äste besser frühzeitig entfernen, weil mit steigendem Umfang und Gewicht die Gefahr zunimmt, dass sie an der Basis ausreißen und dabei den Hauptast schädigen. Auch bei diesem Schnitt verzichte ich auf ein Wundverschlussmittel.

Beim Auslichten der oberen Kronenpartie komme ich mit der Leiter und meinen Kletterkünsten an meine Grenzen. Deshalb nutze ich dafür gerne eine sogenannte Schneidgiraffe mit Teleskopstiel. Vom Boden aus lässt sich am besten beurteilen, was noch zu korrigieren ist.

Nach innen wachsende Zweige nehme ich komplett heraus, ebenso Konkurrenztriebe, um Platz in der Baumkrone zu schaffen. Steiltriebe werden von mir entfernt, flach wachsende lasse ich stehen. Für Astdurchmesser bis ca. 2 cm verwende ich eine scharfe Bypassschere, bei der die obere Klinge an der Gegenklinge vorbeigleitet. Das sorgt für saubere, gut verheilende Schnitte ohne Quetschungen. Bis 4 cm Durchmesser kommt eine Astschere, darüber die Säge zum Einsatz.

Bukettriebe werden die kurzen Fruchttriebe genannt, die typisch für Süßkirschen sind. An dem mehrjährigen Kurzholz sitzen gleich mehrere Blütenknospen, aus denen sich im nächsten Jahr die Kirschen entwickeln. Daher achte ich beim Sommerschnitt darauf, möglichst viele Zweige mit solchen Bukettrieben zu belassen. Lediglich stark überhängende Äste, die an ihren Enden ein dichtes Gewirr aus überalterten Fruchttrieben – sogenannte Besen – aufweisen, werden verjüngt, indem ich sie auf nach außen wachsende Jungtriebe ableite.

Diekes Gartentipp

Ich habe gelernt, bei Obstbäumen immer auf Astring zu schneiden (Seite 124 oben) und keine „Huthaken" stehen zu lassen. Mittlerweile wird empfohlen, bei großen Schnittwunden besser einen Zapfen zu belassen, hier an einem Apfelbaum. So lässt sich verhindern, dass die Wunde bis in den Stamm zurücktrocknet. Die Abbildung stammt aus dem Buch „Pflanzenschnitt" von Hansjörg Haas, mit dem ich auf den Folgeseiten ein spannendes Interview zu dem Thema geführt habe.

„Nehmen Sie sich Zeit für den Gehölzschnitt!“

Hansjörg Haas ist als Gartenbauberater für den Ortenaukreis im Schwarzwald tätig. Der Gartenbau-Ingenieur leitet regelmäßig Schnittkurse und hat bereits mehrere Fachbücher zum Thema „Pflanzenschnitt“ geschrieben. Ich habe ihn in der Herrenmühle Bleichheim, seinem sehenswerten Garten in der Nähe von Freiburg, zum Gespräch getroffen.

In der Natur kommen Bäume und Sträucher gut allein zurecht. Warum soll ich die Gehölze in meinem Garten schneiden?

Bäume und Sträucher altern unterschiedlich schnell. Damit mir ein Blütenstrauch viele Blüten und ein Obstbaum viele Früchte liefert, darf ich diese Gehölze im Garten nicht ihrem natürlichen Alterungsprozess überlassen. Stattdessen versuche ich, sie durch regelmäßigen Schnitt jung und vital zu halten. Strukturgehölze muss ich dagegen kaum schneiden, weil sie von Natur aus einen schönen Habitus entwickeln und im Alter oft schöner dastehen als in der Jugendform, etwa Fächer-Ahorn und Magnolie, aber auch Pagoden-Hartriegel und Sieben-Söhne-des-Himmels-Strauch. Anders sieht es bei Formschnitt-

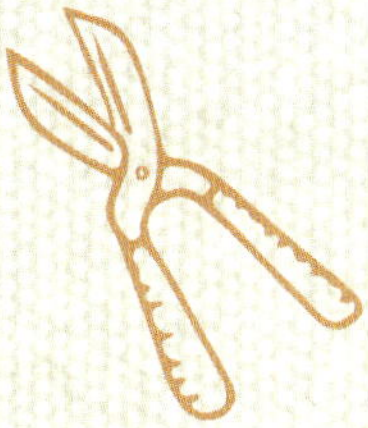

gehölzen aus, zu denen die klassischen Schnitthecken zählen, genauso immergrüne Kugeln, Kegel und Pyramiden. Um deren Form zu bewahren, muss ich solche Pflanzen regelmäßig schneiden. Darüber hinaus können Schnittmaßnahmen als prophylaktischer Pflanzenschutz dienen, indem überalterte Triebe entfernt sowie kranke und vertrocknete Partien ausgeschnitten werden. Insbesondere Rosen lassen sich durch einen gezielten Schnitt kräftigen, der sie in der Folgezeit weniger anfällig für Pilzkrankheiten macht.

Gibt es grundlegende Unterschiede zwischen dem Schnitt von Obst- und Ziergehölzen?

Die Frage nach dem Schnittziel ist entscheidend. Also was möchte ich mit meiner Schnittmaßnahme erreichen? Bei Ziersträuchern gilt es, eine große Blütenfülle zu erzielen. Anders bei Obstgehölzen: Hier bedeuten viele Blüten nicht automatisch eine gute Fruchtqualität. Als Faustregel rechnet man 20 Blätter pro Apfel, damit er sich gut entwickeln kann. Trägt ein Ast beispielsweise 30 Äpfel, aber kaum Blätter, erntet man im Herbst viele, jedoch nur kleine, minderwertige Früchte. Hinzu kommt die statische Komponente, vor allem beim Kernobst. Dort kann ich durch gezielten Schnitt eingreifen, um das Fruchtgewicht zu verringern. Sonst können ganze Äste unter der Last ausbrechen. Dabei entstehen oft große Wunden, die ältere Gehölze nicht mehr überwallen, also nicht mehr schließen konnten. An solchen Stellen dringen dann Pilze ein und es kommt zu Fäulnis, was das Lebensalter der Bäume verringert.

Kannst zu kurz erklären, wie ich mir dieses Eingreifen vorzustellen habe?

War die Ernte in einem Jahr gering, fällt sie im nächsten meist umso üppiger aus. Dann sollte ich bei dem Baum frühzeitig einen Teil des Blüten- bzw. Fruchtholzes entfernen. Erstens, damit die Äste durch starken Fruchtbehang nicht bruchgefährdet sind und zweitens, um das vegetative Wachstum anzuregen und somit einen Teil der Blüten- und Fruchtbildung auf das Folgejahr zu verschieben. Durch diese Schnittmaßnahme lässt sich der zweijährige Rhythmus aus sehr hohem und sehr geringem Ertrag – die sogenannte Alternanz – durchbrechen und eine gewisse Balance herstellen.

Wann ist eigentlich der beste Zeitpunkt für den Gehölzschnitt?

Der optimale Schnitttermin hängt von der Blütezeit ab. Sommerblüher, also Gehölze, die ihre Blütentriebe erst noch bilden, schneide ich im Spätwinter vor dem Neuaustrieb zurück. Zu dieser Gruppe gehören beispielsweise öfterblühende Rosen, Hibiskus und Mönchspfeffer, ebenso Rispen-Hortensien, Sommerflieder und Lavendel. Im Gegensatz dazu haben Frühjahrsblüher ihre Blütenknospen bereits an den Zweigen aus dem Vorjahr angelegt. Deshalb werden Forsythien, viele Spierstrauch- und Schneeball-Arten, aber auch Zieräpfel und Zierkirschen erst nach der Blüte geschnitten. Den Sommerschnitt zwischen Juni und Anfang September mache ich – sofern überhaupt notwendig – bei allen schnittempfindlichen Ziergehölzen. Dabei denke ich an Zaubernuss, Blüten-Hartriegel, Birken und Ahorn-Arten, vom Feld-Ahorn einmal abgesehen. Blauregen wird im Spätwinter und im Sommer eingekürzt, damit kein Gewirr aus undurchdringlichen Ranken entsteht. Außerdem werden bei der Kletterpflanze durch den Sommerschnitt vegetative Langtriebe in generative Kurztriebe umgewandelt. Klingt sehr wissenschaftlich, heißt aber nichts anderes, als dass die Glyzine ihre Blütenknospen für den nächsten Frühling an der Basis ihrer Triebe anlegt. Gleiches gilt übrigens auch für Spalierobst. Deren Zweige kann ich ebenfalls durch einen Sommerschnitt kurz halten und für reichen Blütenansatz an den Kurztrieben sorgen.

Bei Obstgehölzen bevorzugen viele Experten den Sommerschnitt. Wie siehst du das?

Grundsätzlich kann man sagen, dass der Winterschnitt das Wachstum der Obstgehölze anregt, der Sommerschnitt es eher beruhigt. Einen Erziehungsschnitt, etwa um eine Krone neu aufzubauen, mache ich deshalb im Spätwinter oder zeitigen Frühjahr. Dann findet auch der Erhaltungsschnitt, also der klassische Pflegeschnitt, bei Apfel und Birne statt. Für starkwüchsige Exemplare eignet sich dagegen der Sommer, um sie etwas zu bremsen. Bei Steinobst wie Süß- und Sauerkirsche, Zwetschge und Mirabelle, die im Alter schnittempfindlich werden, greift man ebenfalls besser im Sommer nach der Ernte zu Schere und Säge. Auch Pfirsich, Aprikose und Walnuss werden im belaubten Zustand, sprich im Sommer geschnitten. Weiterer Vorteil ist, dass die Wunden trocken bleiben. Durch den geringen Saftdruck bildet sich direkt nach dem Schnitt sogenanntes Kallusgewebe, die Wundheilung setzt ein und die verletzten Stellen können im Winter nicht zurücktrocknen. Wer einen Obstbaum verjüngen und stark zurückschneiden muss, sollte dies unbedingt im Sommer tun – möglichst an einem bedeckten Tag, damit die freigelegten Blätter, Triebe und Früchte keinen Sonnenbrand bekommen und man selbst auch nicht.

Spielen gesetzliche Vorgaben wie das Bundesnaturschutzgesetz beim Zeitpunkt für den Gehölzschnitt eine Rolle?

Für einen regulären Pflegeschnitt nicht, aber man muss immer mit Bedacht an die Sache herangehen. So ist beim Heckenschnitt zwischen März und Oktober vorher zu prüfen, ob sich Tiere darin befinden – nicht nur Vögel, sondern auch Käfer oder andere Lebewesen, die ich gefährden könnte. Definitiv untersagt ist es, in der genannten Zeit Gehölze auf den Stock zu setzen oder zu roden. Das Nachbarschaftsrecht spielt ebenfalls eine Rolle. Man ist verpflichtet, seine Pflanzen so zu beschneiden, dass Äste von Bäumen und Sträuchern nicht in das Nachbargrundstück hineinragen – zumindest theoretisch. Im besten Fall spricht man sich mit seinen Nachbarn ab. Gleiches gilt für Gehölze an öffentlichen Wegen. Diese müssen von überhängenden Pflanzenteilen freigehalten werden, damit sie begeh- und befahrbar bleiben.

Ich habe mal gelernt, auf Astring zu schneiden, also Äste möglichst nah am Stamm abzusägen. Gilt diese Schnitttechnik heute immer noch?

Im Prinzip spricht nichts dagegen, weil sich im Astring das meiste Teilungsgewebe befindet und die Wunde dort gut überwallen kann. Schwierig wird es allerdings bei Bäumen, von denen du weißt, dass sich die Wunde an der Stelle nicht mehr schließen wird. Entweder weil es schnittempfindliche Gehölze sind, weil sie nicht mehr vital genug sind oder weil die Wunde am Stamm einfach zu groß würde. Dann empfehle ich, eine Art Puffer einzuplanen und nicht auf Astring zu schneiden, sondern einen ca. 20 cm langen Zapfen stehen zu lassen. Dieser Zapfen wird zwar zurücktrocknen, aber im Gegensatz zur Astringwunde nicht komplett bis in den Stamm hinein. Auf diese Weise lassen sich Verletzungen vom Zentrum und damit Schäden vom Inneren des Stammes fernhalten. Außerdem werden die sogenannten Adventivknospen am Astansatz aktiviert, sodass sich dort neue Triebe bilden können.

Muss ich den alten Zapfen irgendwann entfernen? Und was mache ich mit den neuen Trieben?

Bei jüngeren Gehölzen kannst du den Zapfen später entfernen. Aber nur, wenn sich die Schnittwunde noch schließen kann. Weil dies bei älteren Bäumen und großen Wunden nicht der Fall ist, lässt man den Zapfen einfach stehen. Es ist ohnehin mehr eine Frage der Ästhetik, den Baum stört der Zapfen nicht. Anders sieht es bei den neu gebildeten Trieben an der

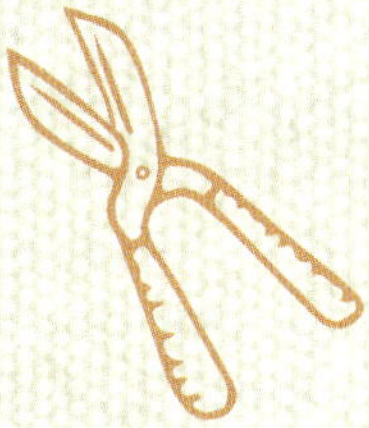

Ansatzstelle aus. Diese halten die Schnittstelle vital und werden deshalb nicht entfernt, zumindest nicht alle. Einzelne steil aufragende Neutriebe schneidest du ab. Zweige, die in einem günstigen Winkel wachsen, kannst du belassen und bei Obstbäumen sogar zu neuen Fruchtästen erziehen.

Was sind die häufigsten Fehler beim Schnitt?

Ein häufiger Fehler ist, die Gehölze immer nur außen einzukürzen, wenn sie zu groß werden. Anstatt einen Strauch kräftig im Inneren auszulichten, wird oft nur an der Peripherie geschnitten. Dadurch wird das Wachstum zusätzlich angeregt. Man erreicht also genau das Gegenteil von dem, was man eigentlich möchte. Zudem muss man bei Sträuchern, die sich aus der Basis heraus verjüngen, immer mal wieder ältere Triebe bodennah entfernen. Häufig sieht man in den Gärten Spiersträucher, Forsythien, Weigelien usw., die auf einen halben Meter gestutzt wurden. Diese bilden ihre Triebe dann nur aus dem alten Holz und vergreisen mit der Zeit. Besser ist es, bei solchen Gehölzen regelmäßig ältere Äste bodennah zu entfernen, um Platz für junge, vitale Triebe zu schaffen, die dann von unten aus der Wurzel nachwachsen können. Ein weiterer großer Fehler ist natürlich, die Blütezeiten nicht zu beachten. Viele Leute schneiden gerne alle ihre Gartengehölze auf einmal zurück, klassisch im Herbst oder zeitigen Frühjahr. Für Sommerblüher ist das in Ordnung, bei den vorhin erwähnten Frühlingssträuchern fällt dann allerdings die Blüte sehr gering oder sogar ganz aus.

Was rätst du Gartenanfängern, die zum ersten Mal ihre Obst- und Ziergehölze schneiden möchten?

Am besten lernt man den Gehölzschnitt in Praxiskursen, die regelmäßig von Landwirtschaftsämtern, Volkshochschulen und Gartenbauvereinen angeboten werden. In solchen Kursen werden unter fachlicher Anleitung verschiedene Bäume und Sträucher geschnitten. Dort bekommt man nicht nur praktische Infos, sondern auch ein Gefühl dafür, wie man bei welchem Gehölz am besten vorgeht. Gartenzeitschriften und Fachbücher zu dem Thema sind natürlich eine sinnvolle Ergänzung. Ebenfalls wichtig: Scharfes, gutes Werkzeug verwenden! Dann macht der Gehölzschnitt mehr Spaß und die Wundheilung der Pflanzen ist deutlich besser.

Hast du einen persönlichen Tipp, der dir beim Gehölzschnitt immer wieder hilft?

Mir hilft es, wenn ich mich während des Schneidens immer mal wieder ein Stück vom Baum oder Strauch entferne, um das Ganze aus einer anderen Perspektive zu betrachten. Das kann ein Obstbaum, eine Kiwi-Pflanze oder eine Strauchrose sein – es ist gut, gelegentlich die Position und den Blickwinkel zu verändern. Hilfreich ist auch, im Laufe der Vegetationsperiode zu beobachten, wie die Pflanze auf meine Schnittmaßnahme reagiert hat. So kann ich erkennen, ob ich es richtig gemacht habe oder ob ich im nächsten Jahr vielleicht anders vorgehen sollte. Und ganz wichtig: Man sollte sich Zeit für den Gehölzschnitt nehmen! Also nicht kurz vor der Sportschau oder dem Kinobesuch noch schnell die Schere schnappen und losschneiden. Auch nicht, wenn ich verärgert oder aufgewühlt bin. Der Gehölzschnitt ist keinesfalls für den Aggressionsabbau geeignet. Also immer mit Ruhe und Bedacht an die Sache herangehen, das tut den Pflanzen und auch mir gut.

In seinem empfehlenswerten Praxishandbuch beschreibt Hansjörg Haas auf kompetente und leicht verständliche Weise den fachgerechten Schnitt von über 500 Pflanzenarten.
(GU-Verlag, 336 Seiten, 34 €)

Herbst

Goldene Zeiten im Garten

Bunte Blüten und Blätter, reiche Ernte und ein Hauch von Abschied – der Herbst ist eine ganz besondere Jahreszeit. Es gibt einiges zu tun vor dem Winter und vieles zu genießen.

Jetzt leuchten Beeren und Fruchtschmuck in kräftigem Rot, Orange und Violett, während sich das Laub vieler Gehölze ebenfalls in den schönsten Farben zeigt. Der Herbst ist mal golden, mal schmuddelig, aber immer eine Zeit der Fülle: Im Nutzgarten reifen die letzten Früchte, im Ziergarten sorgen Astern, Chrysanthemen und Gräser für ein letztes Blühen und im Naturgarten locken Hagebutten und Ebereschen die Vögel an einen reich gedeckten Tisch.

Zwischen Ernte und Rückschnitt, Aussaat und Pflanzzeit ist der Herbst eine Phase des Übergangs – ein kurzes Innehalten, bevor die Natur zur Ruhe kommt. Wer jetzt die richtigen Handgriffe erledigt, legt den Grundstein für einen erfolgreichen Start ins nächste Gartenjahr.

Das ist jetzt zu tun

Ziergarten

- Pflanzzeit für frühlingsblühende Blumenzwiebeln und Knollen
- Rasenflächen mit einem kaliumbetonten Herbstdünger versorgen
- Dahlien und Gladiolen ausgraben und frostfrei überwintern
- Bäume, wurzelnackte Sträucher und Rosen pflanzen
- Kübelpflanzen vor den ersten Frösten ins Winterquartier bringen

Nutzgarten

- Späte Ernte einholen: Kürbisse, Äpfel, Birnen, Rote Bete und Sellerie
- Gemüsebeete abräumen, mit Kompost oder Gründüngung versorgen
- Knoblauch und Winterzwiebeln setzen
- Winterharte Obstbäume und Beerensträucher pflanzen
- Abgeerntete Herbsthimbeeren bodennah zurückschneiden

Naturgarten

- Laubhaufen an geschützter Stelle für Igel und Kleintiere anlegen
- Samenstände verblühter Stauden für Vögel stehen lassen
- Gartenabfälle nicht in den Restmüll, sondern kompostieren
- Nistkästen reinigen und direkt wieder aufhängen
- Wildobst pflanzen: Kornelkirsche, Eberesche und Roter Hartriegel

Neuer Rasen – frisch von der Rolle

Der Herbst ist ideal, um den Rasen zu erneuern. Dann hat der Boden noch Restwärme, außerdem ist es oftmals nicht so heiß und trocken wie im Frühjahr. Ich habe mich für Rollrasen entschieden. Diese Variante ist zwar teurer als die Aussaat, dafür lässt sich der grüne Teppich schon nach kurzer Zeit nutzen.

1 Mit meinem Spaten entferne ich zunächst die alte Grasnarbe bzw. das bisschen, was noch davon übrig ist. Die letzten heißen Sommer haben deutlich ihre Spuren hinterlassen. Wurzelunkräuter sowie Efeuranken aus Nachbars Garten werden bei der Gelegenheit gleich mit ausgestochen. **2** Damit der schwere Boden in unserem Garten eine lockere Struktur bekommt, bringe ich eine spezielle Rasenerde aus. Diese habe ich in der Schubkarre zusätzlich mit etwas Quarzsand (Körnung 0,3–1 mm) vermischt. Das Erd-Sand-Gemisch verteile ich per Schaufel und Holzharke, sodass eine 2–3 cm starke Schicht auf der Fläche liegt. **3** Eine Gartenfräse, die ich mir im örtlichen Baumarkt ausgeliehen habe, lockert den Boden tiefgründig und arbeitet gleichzeitig das aufgebrachte Substrat ein. Sofern die Fläche nicht zu groß ist, lässt sie sich auch mit dem Spaten umgraben. **4** Große Wurzelstücke und Steine werden nach dem Fräsen von mir abgesammelt.

5 Die Holzharke kommt jetzt wieder zum Einsatz – diesmal, um den gelockerten Boden so zu verteilen, dass ich am Ende eine ebene Fläche habe. Durch das Fräsen ist die Erde nun feinkrümelig und lässt sich gut bearbeiten. Dann walze ich die Fläche einmal und kann genau sehen, wo noch Unebenheiten sind. Diese werden im Anschluss mit der Harke wieder ausgeglichen, weil sich in solchen Vertiefungen später das Wasser sammeln würde. **6** Ein Rasendünger, den ich vorab auf der Fläche verteile, wird die Gräser gleich mit den nötigen Nährstoffen versorgen, sodass sie gut anwachsen. **7** Die Rasenrollen werden wie ein Teppich verlegt. Ich beginne an der geraden Kante und achte beim Ausrollen darauf, dass die Bahnen schön bündig nebeneinanderliegen.

8 Kreuzfugen vermeide ich, indem ich erst mit einer ganzen und dann mit einer halben Rolle beginne, sodass diese versetzt enden. **9** Überstehende Partien, wie hier an der Rasenkante, schneide ich mit einem alten Brotmesser ab. Die Reststücke lassen sich zum Teil an anderer Stelle wieder verwenden. Etwa 5 Prozent sollten bei der Bestellung als Verschnitt einkalkuliert werden. Ist alles verlegt, ziehe ich **10** die Rasenwalze noch einmal in Längs- und Querrichtung über die Fläche. So bekommen die Gräserwurzeln den nötigen Bodenkontakt. Zum Schluss stelle ich **11** einen Regner auf, um den frisch verlegten Rasen durchdringend zu wässern. In der Anwachsphase ist eine gute Wasserversorgung besonders wichtig. Gemäht wird das erste Mal nach ungefähr einer Woche. **Wichtig:** Rollrasen lässt sich schlecht lagern und sollte möglichst am Tag der Anlieferung verlegt werden.

ZUM VIDEO

Für das Video habe ich den Rollrasen im Frühjahr verlegt, und zwar in einem anderen Garten. Die Arbeitsschritte sind natürlich gleich.

Herbstschmuck für die Fensterbank

Wenn die Blütenpracht klassischer Sommerblumen langsam zu Ende geht, ist die Saison damit noch lange nicht vorbei. Um auch in den nächsten Wochen Farbe auf Balkon und Terrasse zu haben, bepflanze ich meine Töpfe, Schalen und Kästen mit bunten Herbstblühern und den dazu passenden Begleitern.

Ton in Ton: Bleiwurz, Knospenheide 'Herbstlavendel', Japanisches Blutgras, Heuchera, Efeu und Herbst-Chrysantheme (von links) verschönern das Zinkgefäß. Zierkürbisse, gelbe und rote Blätter unterstreichen die jahreszeitliche Stimmung

1

2

3

1 Meine alte Zinkwanne ist unten geschlossen. Um Staunässe zu vermeiden, fülle ich eine 3–4 cm hohe Drainageschicht aus Blähton ein. Darüber lege ich ein wasserdurchlässiges Vlies. Es verhindert, dass Erde in die Blähtonschicht gespült wird und diese zusetzt. So kann ich das Material später für eine weitere Bepflanzung verwenden. Von der Blumenerde fülle ich nur eine dünne Schicht ein – gerade so viel, dass die darauf platzierten Pflanzen mit ihren Topfballen nicht über den Wannenrand hinausragen.
2 Bei der Verteilung setze ich die beiden Knospenheiden 'Herbstlavendel' in die Mitte, blau blühende Bleiwurz (*Ceratostigma*) auf die eine, bronzefarbene Heuchera und rosa Herbst-Chrysantheme auf die andere Seite sowie Japanisches Blutgras 'Red Baron' in den Hintergrund. Anschließend fülle ich die Zwischenräume mit Erde auf, drücke diese an und ergänze noch zwei alte, mit Flechten überzogene Zweige sowie einen blühenden Efeutrieb.
3 Zum Schluss angießen, dann kann die fertig bepflanzte Schale an ihren Bestimmungsort, in meinem Fall auf die Fensterbank. Wenn ich das Gefäß im nächsten Frühling neu bestücke und die mehrjährigen Pflanzen noch gut aussehen, werde ich diese ins Beet umsetzen – natürlich mit größeren Pflanzabständen. Bis dahin freue ich mich über das farbenfrohe Herbstarrangement.

Clematis pflanzen: Kletterstar am Sitzplatz

Der beste Zeitpunkt, um eine Waldrebe zu setzen, ist jetzt im Spätsommer. Für die alte Eisenbank mit dem stabilen Aufbau habe ich eine weiß blühende Clematis gewählt, die einen schönen Kontrast zur rostigen Patina bildet. In wenigen Schritten zeige ich Ihnen, worauf es bei der Pflanzung ankommt.

'Apollonia' zählt zu den großblumigen Clematishybriden. Von Juni bis September zeigt die Sorte leuchtend weiße Blüten, auf die hübsche puschelartige Fruchtstände folgen. Neben der Kletterpflanze und einem Rankgerüst wird kaum Material für die Pflanzaktion benötigt

1 Bevor die Pflanzarbeiten starten, setze ich die Clematis samt Topf in einen Wassereimer. So kann sich der Wurzelballen vollsaugen, während ich grabe. Das Pflanzloch hebe ich großzügig aus – etwa doppelt so breit und tief, wie der Topfballen groß ist. Erstens, um der Kletterpflanze das Einwurzeln zu erleichtern und zweitens, weil ich den Aushub zusätzlich mit guter Erde mischen möchte. **2** Den Untergrund im Pflanzloch lockere ich mit dem Spaten, damit das Wasser gut ablaufen und die Clematis problemlos nach unten wurzeln kann. Den Standort habe ich so gewählt, dass der Fuß der Kletterpflanze leicht beschattet ist und die langen Ranken in Richtung Sonne wachsen können. Eine Hecke in der Nähe schützt vor Wind.

3 Ein gleichmäßiger Wurzelballen mit frischen, hellen Feinwurzeln ist ein Zeichen für eine gute Pflanzenqualität – kräftige Triebe und ein gesundes Blattwerk ebenso. **4** Bei der Pflanztiefe achte ich darauf, dass die Oberseite des Wurzelballens ca. 10 cm unter Erde liegt, was bei mir ungefähr einer Handbreite entspricht. Ein quer über das Pflanzloch gelegter Bambusstab dient als Kontrolle. Großblumige Hybriden sind teilweise etwas anfällig für die Clematiswelke. Sollte die Pilzkrankheit auftreten, lassen sich die Pflanzen bis knapp über dem Boden zurückschneiden. Durch das tiefe Einpflanzen verfügt die Waldrebe an der Basis über eine Reserve, aus der sie wieder gesund durchtreiben kann. **5** Die untersten Blattpaare entferne ich vor dem Einfüllen der Erde. Vorsicht: Die Haupttriebe dabei weder mit der Schere verletzen noch versehentlich durchschneiden!

6 Den Aushub vermenge ich mit einer humusreichen Erde. Dies kann eine Blumenerde oder reifer Kompost sein, in die man etwas Sand einarbeitet, weil Clematis einen nahrhaften, durchlässigen Boden mag. Bei verdichtetem Untergrund nicht nur das Pflanzloch mit einer Drainageschicht versehen, sondern den Boden etwas großflächiger mit Sand lockern, um Staunässe im gesamten Pflanzbereich zu vermeiden. Nach dem Einfüllen trete ich die Erde mit dem Fuß leicht an, forme mit dem Spaten **7** einen Gießrand und verteile überschüssige Erde im Beet. **8** Beim Angießen kann das Wasser dann direkt in Pflanzennähe einsickern. Wichtig ist, die Clematis während der Anwachsphase in den nächsten Wochen ausreichend feucht zu halten. **9** Eine Schicht Rindenmulch schützt die Wurzeln vor Austrocknung und Beikräutern. Letztere werden leicht zur Konkurrenz, weshalb ich auch auf eine Bepflanzung neben der Clematis verzichte. **10** Mit Hohlschnur binde ich den Stab, an dem sich die Ranken noch befinden, am Klettergerüst fest. Die dehnbare Schnur eignet sich auch, um ersten Neutrieben im nächsten Jahr Halt zu geben, bevor die Clematis das Gestell alleine erobert. Zurückschneiden werde ich die Pflanze erst im Winter. Solange kann ich mich noch an den Blüten und den hübschen Fruchtständen erfreuen.

Im dazugehörigen Praxisvideo ist das Gerüst über der Metallbank, das von der Clematis erobert werden soll, etwas besser zu erkennen.

ZUM VIDEO

Ein Unterschlupf für Florfliegen

An den markanten roten Kästen scheiden sich oft die Geister. Einige Insektenfreunde sehen die Konstruktion als sinnvolle Überwinterungshilfe für die kleinen Nützlinge, andere als nutzloses Deko-Objekt. Ich habe es einfach ausprobiert und verrate hier, ob es funktioniert hat.

Die abgebildete Florfliege (rechts) hat tatsächlich in meinem Kasten überwintert. Im Laufe des Frühjahrs wird sie wieder die klassische Grünfärbung annehmen. Während sich erwachsene Insekten von Pollen, Nektar und Honigtau ernähren, fressen ihre Larven (links) hauptsächlich Blattläuse, und zwar bis zu 500 Stück. Sie werden daher auch Blattlauslöwen genannt

Das benötigen Sie

- 1x Dach (2 x 38 x 38 cm)
- 1x Rückwand (2 x 34 x 25 cm)
- 2x Seitenwand (2 x 30 x 25 bzw. 33 cm)
- 11x Lamellenbretter (1 x 6 x 30 cm)
- 6x Holzschrauben (4 x 50 mm)
- 16x Holzschrauben (4 x 20 mm)
- 44x Nägel (2 x 40 mm)
- 2x Scharniere (40 x 60 mm)
- 1x Sturmhaken + Öse (120 mm)
- 2x Riegelschlaufe (15 x 9 mm)
- 2x Schraubhaken (5,8 x 80 mm)
- rote umweltfreundliche Wetterschutzfarbe
- Stroh oder Holzwolle

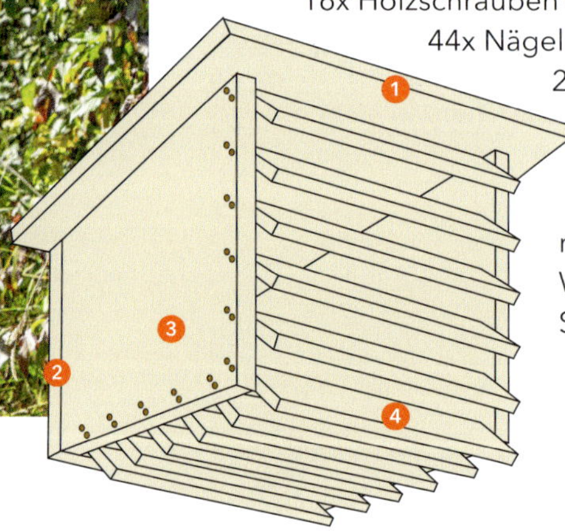

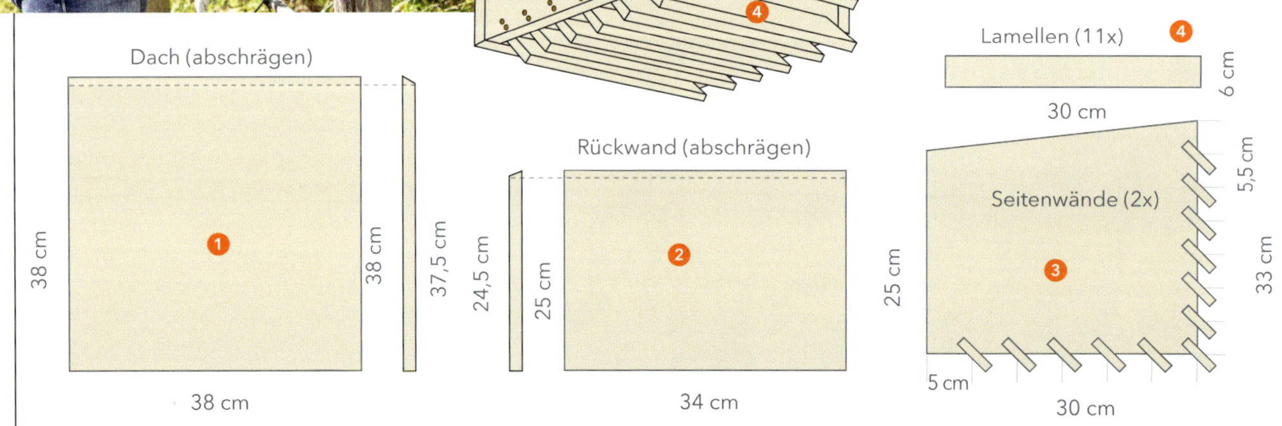

1 Mit dem Abmessen und Anzeichnen der einzelnen Bauteile (Maße linke Seite) beginnt mein Projekt „Florfliegenkasten". Statt aus einem Stück lassen sich die Teile natürlich auch aus Restholz fertigen. Beim Dach wird eine Kante von mir angeschrägt. Dieses Brett soll nur vorne überstehen und hinten glatt mit der Rückwand abschließen, sodass die Konstruktion später eng am Pfahl hängen kann. Auch die Rückwand bekommt einen schrägen Schnitt, und zwar oben, damit die Dachplatte möglichst gut aufliegt. Für die beiden Gehrungsschnitte ist die Fußplatte meiner Stichsäge auf 22,5 Grad eingestellt. **2** Die Seitenwände (rechts im Bild) werden vorne etwas höher, damit das Dach nach hinten geneigt ist und das Regenwasser abfließen kann.

3 Vorder- und Unterseite der Konstruktion bestehen aus elf Lamellen. Sie bekommen jeweils eine Länge von 30 cm, weil Untersuchungen gezeigt haben, dass Kästen mit dieser Breite von den Florfliegen am besten angenommen werden. **4** Um mir später die Montage zu erleichtern, zeichne ich vorab die Markierungen an. Dazu messe ich bei den Lamellen an der kurzen Seite 1 und 2 cm ab und verbinde beide Punkte miteinander. So bekomme ich eine Linie, die etwa im 45-Grad-Winkel zum Querschnitt verläuft. **5** Auf denSeitenteilen setze ich die Markierungen im Abstand von 5 cm (Foto) an der unteren sowie von 5,5 cm an der vorderen Kante des Brettes. Die Leiste für die Lamellen ist mit einer Stärke von 1 cm nur halb so dick wie das übrige Holz, damit die Konstruktion nicht noch klobiger und schwerer wird. **6** Die Rückwand befestige ich mit sechs Holzschrauben an den Seitenteilen und habe die Löcher vorgebohrt. **Wichtig:** Beim Montieren darauf achten, dass die Markierungen auf den Seitenteilen innen liegen. Die erste Lamelle wird an die untere Ecke der Konstruktion genagelt. Dann bringe ich der Reihe nach die weiteren Brettchen an. **7** Jetzt helfen mir meine Markierungen. Ich richte die Lamellen so aus, dass die darauf angezeichneten Striche parallel zur Außenkante verlaufen. Dadurch stehen die Brettchen im 45-Grad-Winkel etwa 2 cm nach außen über. **8** Damit die Lamellen fest sitzen und sich nicht verdrehen können, befestige ich sie auf beiden Seiten mit jeweils zwei Nägeln. **9** Den Kasten und Deckel streiche ich mit roter Wetterschutzfarbe, die für den Innen- und Außenbereich geeignet und frei von Bioziden ist.

10 Nach dem Trocknen wird das Dach mithilfe von Scharnieren am Kasten montiert. So lässt sich dieser zum Nachfüllen oder Austauschen von Material jederzeit öffnen. Die beiden Scharniere befestige ich an der abgeschrägten Innenseite des Deckels, und zwar mit 6 cm Abstand zu den Außenkanten. Nachdem ich das Dach so auf dem Kasten platziert habe, dass es zu beiden Seiten jeweils 2 cm und damit gleichmäßig übersteht, werden die Scharniere von mir an der Rückwand festgeschraubt. Für einen stabilen Halt am Pfahl verwende ich als Aufhängung gerade Schraubhaken (Step 14). **11** Dafür messe ich am Kasten von oben und unten 5 cm ab und befestige dann mittig an der Rückwand zwei Riegelschlaufen. **12** Sturmhaken plus Öse, die ich an Dach und Seitenwand anbringe, verhindern, dass sich mein fertiger Florfliegenkasten versehentlich öffnen kann.

13 Als Füllmaterial nehme ich zunächst Holzwolle, mit der ich die Innenseiten auskleide. Weil diese nicht reicht, fülle ich den Rest mit trockenem Stroh auf. **14** Die beiden Schraubhaken drehe ich mittels Zange in den Pfahl, und zwar im gleichen Abstand zueinander wie zuvor die Riegelschlaufen am Kasten. Den hänge ich dann an die beiden Haken, sodass er sich in einer **15** Höhe von 1,50–2 m befindet und der Einflugbereich mit den Lamellen in Richtung Osten weist. Im nächsten Frühjahr habe ich zusammen mit einer Biologin sehr behutsam kontrolliert, ob mein Winterquartier angenommen wurde. Und tatsächlich! Obwohl es im Garten einen alten Schuppen, Totholz und manch anderen Unterschlupf gibt, tummelten sich neben Marienkäfern und anderen Insekten auch einige Florfliegen (kleines Foto) darin.

ÜBRIGENS …

… habe ich parallel zum roten Florfliegenkasten noch ein zweites, farbloses Modell gebaut und ebenfallls in Christians Naturgarten aufgehängt. Wie eingangs erwähnt, hatte ich im Vorfeld zu diesem Überwinterungsquartier alles gehört: von sehr gut, über bringt nichts bis zu egal! Was macht man dann? Richtig, man probiert's selbst aus. Im roten Kasten haben sich acht, im farblosen zwei Florfliegen eingefunden. Für eine Feldstudie reicht das natürlich nicht, weil ein Quartier womöglich besser erreichbar war als das andere. Spannend finde ich solche Experimente aber allemal.

Nach getaner Arbeit schmeckt der frisch geerntete Apfel – hier die Sorte 'Topaz' – doppelt gut. Unterpflanzt werden sollte ein Obstbaum erst, wenn er älter und sein Wurzelwerk tieferreichend ist

Rundum nützlich: Die Baumscheibe

Vor allem junge Obstbäume entwickeln sich besser, wenn ihr Wurzelbereich frei von Bewuchs ist. Dann müssen die Gehölze nicht mit Gras und anderen Pflanzen um Wasser und Nährstoffe konkurrieren. Ich schätze an Baumscheiben außerdem, dass sie die Rasenpflege erleichtern und den Stamm vor Verletzungen durch Mäher oder Freischneider bewahren.

Für die Randeinfassung verwende ich Pflastersteine, die noch von einer anderen Gartenarbeit übrig sind. Dank der unterschiedlichen Formate kann ich die Steine beim Verlegen mischen, sodass der Kreis schön rund wird und die Fugen klein bleiben. Dadurch wächst der anstehende Rasen nicht so leicht von außen hinein. **1** Im Abstand von etwa 1 m zum Stamm lege ich die Steine zunächst auf der Rasenfläche aus. So bestimme ich die Form und die Größe der Baumscheibe und kann sehen, wie viel Material ich insgesamt benötige. Dabei verlasse ich mich auf mein Augenmaß. Wer eine perfekte Rundung möchte, kann den Radius natürlich exakt mittels Schnur und Zollstock festlegen. **2** Mit dem Spaten steche ich dann an der Außenkante der Steine entlang.

3 Die Grassoden steche ich im Bereich des Kreises etwa 10 cm tief aus, in Richtung Stamm flacher, um oben verlaufende Baumwurzeln nicht zu verletzen. Am äußeren Rand wird die Erde noch mit einem Handstampfer verdichtet. Die Steine habe ich so platziert, dass sie nicht im Weg, aber griffbereit liegen und gleich in der richtigen Reihenfolge eingebaut werden können. **4** Vor dem Verlegen fülle ich eine ca. 5 cm starke Sandschicht unter die 6 cm dicken Betonsteine und schlage diese dann mit der Gummiseite des Pflasterhammers auf Rasenniveau. Alternativ lassen sich die Steine per Fäustel und Kantholz auf die richtige Höhe bringen. Für Aufsitzmäher sollte unter dem Sand zusätzlich eine 10–15 cm starke Schottertragschicht eingeplant werden. Für den herkömmlichen, leichteren Rasenmäher, der hier zum Einsatz kommt, ist dies nicht notwendig. Der vorhandene feste Untergrund hat zudem dafür gesorgt, dass die Steine auch nach Jahren noch genauso stabil liegen wie am Anfang.

5 Wurzelunkräuter wie Quecke, Giersch und Acker-Winde, deren Ausläufer meist unterhalb der Grasnarbe liegen, entferne ich per Pflanzschaufel und Unkrautstecher. Sonst würden die hartnäckigen Unkräuter durch die Mulchschicht nach oben wachsen. **6** Hornspäne (60–80 g/qm) gleichen den Verlust an Stickstoff aus, der bei der Zersetzung von Rindenmulch durch die Bodenlebewesen entsteht. Nach dem Ausstreuen arbeite ich den organischen Dünger behutsam mit einem Grubber in die obere Bodenschicht ein. **7** Den Mulch verteile ich in einer Schichtstärke von 5–8 cm. Das Material unterdrückt nicht nur Unkrautwuchs, es hält auch den darunterliegenden Boden feucht und schützt ihn bei Starkregen vor Verschlämmung. **8** Zum Schluss fege ich mit dem Handbesen feinen Sand in die Fugen, damit die Steine nicht kippeln und sich dort keine unerwünschten Pflanzen ansiedeln.

Praktische Obststiegen

In manchen Jahren tragen die Apfelbäume so reich, dass sich nicht alle Früchte sofort essen oder verarbeiten lassen. In den selbst gebauten Obststiegen kann ich meine Äpfel gut lagern und mich die nächsten Monate über gesunde Vitamine freuen.

Das benötigen Sie

Material für eine Stiege:
2x Glattkantbretter (19 x 144 x 400 mm) für die Stirnseite
2x Glattkantbretter (19 x 74 x 600 mm) für die Längsseite
7x Glattkantbretter (19 x 74 x 400 mm) für die Unterseite
1x Quadratleiste (13 x 13 x 500 mm) als Abstandshalter
2x Metallgriffe (36 x 155 x 27 mm)
36x Spaxschrauben (3,5 x 45 mm)

Werkzeug:
Werkbank, Stichsäge, Akkuschrauber, Holzbohrer, Bits, Schleifpapier, Dorn, Anschlagwinkel, Maßband, Bleistift

Die Lagerfähigkeit einer Apfelsorte ist Grundvoraussetzung, wenn man sich einen Vorrat anlegen möchte. Mit 'Jonagold' haben wir hier einen klassischen Herbst- und Lagerapfel, den ein süßlicher bis feinsäuerlicher Geschmack auszeichnet. Der Baum wird zwischen Ende September und Mitte Oktober mehrfach durchgepflückt und die eingelagerten Früchte bleiben viele Monate haltbar

1 Zunächst zeichne ich die benötigten Maße an. 40 cm betragen die Brettlängen jeweils an den kurzen Seiten und am Boden, 60 cm sind es an den Längsseiten. **2** Mit einer Stichsäge werden nun alle Bretter auf die richtige Länge gebracht. Ein stabiler Arbeitstisch sorgt dafür, dass das Material gut aufliegt und beim Sägen nicht verrutscht. **3** Die rauen Sägekanten sind mit ein wenig Schleifpapier schnell geglättet. So bleiben die Hände frei von Splittern. Ich verwende hier unbehandeltes Holz, das gehobelt und gefast ist.

4 Für die Stirnseiten werden die beiden 14,4 cm hohen Bretter benötigt. 1 cm vom Rand entfernt ziehe ich eine dünne Linie und bohre zwei kleine Löcher vor. So reißt das Holz beim anschließenden Verschrauben nicht. **5** Für den Rahmen befestige ich die kurzen Stücke auf jeder Seite mit zwei Schrauben an den 7,4 cm hohen längsseitigen Brettern. Damit sich das Gewinde gerade ins Holz zieht, den Akkuschrauber unbedingt senkrecht halten. **6** Vor dem Verschrauben der Unterseite bohre ich alle sieben Bretter vor, ebenfalls 1 cm vom Rand. Um nicht jeden Abstand einzeln ausmessen zu müssen, dient eine 1,3 x 1,3 cm starke Leiste als Distanzhalter zwischen den Brettern.

7 Kleiner Trick: Die beiden äußeren Bodenplanken nicht bündig mit den langen Brettern abschließen lassen, sondern etwa 2 mm nach innen einrücken. Dieser Versatz gibt etwas Spiel und es klemmt später beim Stapeln nicht. **8** Zum besseren Transport werden an den kurzen Seiten zwei stabile Metallgriffe montiert, und zwar so, dass sie schön mittig sitzen. Zur oberen Kante habe ich einen Abstand von 3 cm gewählt. **9** Mit einem Dorn steche ich die Löcher vor. So spare ich mir das Anzeichnen und die Schrauben lassen sich besser eindrehen. Letztere sind meist im Lieferumfang enthalten und deshalb in meiner Materialliste nicht aufgeführt.

Diekes Gartentipp

Der optimale Lagerraum ist dunkel und hat kühlschrankähnliche Temperaturen von 3–6 °C. Dadurch wird der Alterungsprozess der Früchte verzögert und diese bleiben oft bis zum Frühjahr knackig. Bei wärmeren Bedingungen, etwa im modernen Heizungskeller, schrumpeln Äpfel dagegen schnell. Ebenfalls wichtig ist eine hohe Luftfeuchtigkeit, am besten von 80–90 Prozent. Sie lässt sich simulieren, indem man das Obst bzw. ganze Kisten und Stiegen in Folie einschlägt. Bei dieser Methode ist regelmäßiges Kontrollieren und Lüften oberstes Gebot, weil es durch Temperaturwechsel und Kondenswasser leicht zu Fäulnis kommen kann. Außerdem geben Äpfel das Reifegas Ethylen ab, das die Früchte schneller altern lässt. Um dies zu vermeiden, sticht man kleine Löcher in die Folie. Besagtes Gas ist auch der Grund, weshalb man Kernobst immer getrennt von Gemüse lagern sollte. Dass nur unbeschädigte und haltbare Früchte eingeräumt werden, versteht sich von selbst. Gute Lageräpfel sind neben 'Jonagold' beispielsweise 'Boskoop', 'Pinova', 'Rubinola' und 'Topaz'. Weniger geeignet sind Sorten wie 'Alkmene', 'James Grieve' und 'Klarapfel', die man gleich nach der Ernte verzehren sollte.

10 Die fertige Obststiege misst außen 40 x 63,8 cm und innen 36,2 x 60 cm. Die etwas unrunden Maße ergeben sich konstruktionsbedingt durch die Stärke der Bretter (siehe Zeichnung rechts). **11** Dank der erhöhten Stirnseiten lassen sich die Stiegen gut stapeln und es kann genügend Luft zirkulieren. Die Äpfel darin locker verteilen und auf keinen Fall quetschen! Sonst entstehen Druckstellen, die sehr schnell faulen. **12** Als Lagerraum eignet sich ein Keller, in dem es kühl und die Luft nicht zu trocken ist. Ich kontrolliere die Äpfel wöchentlich und sortiere Früchte mit Faulstellen konsequent aus, damit sie die anderen nicht infizieren.

Alle Maße auf einen Blick

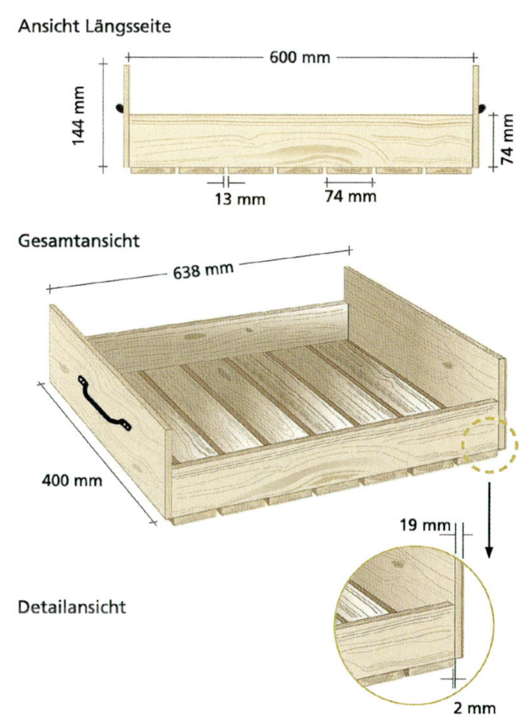

Herbstzeit ist Pflanzzeit

Weil der Mirabellenbaum seit Jahren krank ist und kaum noch Früchte trägt, wird er durch eine Quitte ersetzt. Die herbstliche Witterung ist dafür optimal. Zudem halten viele Baumschulen jetzt ein großes Angebot an Obstgehölzen bereit. Ich zeige Ihnen, was es beim Pflanzen wurzelnackter Bäume zu beachten gilt.

Ein breiter Gießrand sorgt bei der Neupflanzung dafür, dass das Wasser langsam in den Boden einsickert und sich die Erde gut um die Wurzeln legt

1 Zunächst säge ich die seitlichen Äste des kranken Mirabellenbaums ab. Vom Stamm lasse ich etwa einen halben Meter stehen, um ihn später besser aus der Erde zu bekommen. Bei Arbeiten mit der Motorsäge ist grundsätzlich die vorgeschriebene Schutzausrüstung zu tragen (s. a. Seite 149). **2** Anschließend steche ich rund um den Stamm die Grassoden aus. Diese werden von mir teilweise kompostiert und teilweise genutzt, um Stellen im Rasen auszubessern. **3** Das Wichtigste beim Ausgraben ist ein gut geschärfter Spaten. Damit lassen sich die meisten Wurzeln durchtrennen. Nur bei dickeren Exemplaren nehme ich ein Beil oder eine kleine Handsäge zu Hilfe. Nicht mit der Motorsäge im Wurzelbereich arbeiten, weil die Kette sofort stumpf wird, sobald sie mit Erde in Kontakt kommt. Letzte kleinere Wurzeln lassen sich lösen, indem ich das verbliebene Stammende kräftig vor- und zurückbewege. Diese Verlängerung ist außerdem praktisch, um den Stumpf aus dem Loch zu hebeln.

4 Da wurzelnackte Gehölze, also Pflanzen ohne Topf- oder Erdballen, schnell austrocknen, stelle ich den frisch gekauften Quittenbaum vorab für einige Stunden in einen Wasserkübel. **5** Die Sohle der Pflanzgrube wird gründlich gelockert, um dem Baum das Anwachsen zu erleichtern. **6** Die Hauptwurzeln schneide ich frisch an, beschädigte und abgeknickte Partien entferne ich ganz. **7** Einen Wildtrieb, der sich an der Unterlage gebildet hat und gut am steil nach oben gerichteten Wuchs zu erkennen ist, reiße ich direkt an der Ansatzstelle ab. So werden die Nebenknospen gleich mitentfernt und es können an dieser Stelle keine weiteren Wildlinge nachwachsen. Um Bodenmüdigkeit vorzubeugen, wird der Aushub mit Kompost oder so wie hier mit Pflanzerde vermischt. Weil Mirabellen zum Stein- und Quitten zum Kernobst zählen, kann ich den neuen Baum an die alte Stelle setzen. Für Nachfolger derselben Obstart sollte man besser einen anderen Platz wählen oder den Boden großflächig austauschen.

8 Den Stützpfahl richte ich aus, indem ich ihn zusammen mit dem Quittenbaum ins Pflanzloch halte. Platziert wird der Pfahl so, dass er sich später 10–15 cm vom Stamm entfernt befindet, und zwar auf der Westseite, weil dies die Hauptwindrichtung ist. **9** Mit einem Vorschlaghammer treibe ich den Holzpfosten in die Erde. Er wird vor dem eigentlichen Pflanzen gesetzt, um beim nachträglichen Einschlagen weder die Äste noch die Baumwurzeln zu verletzen. **10** Das obere Pfahlende splittert leicht beim Einschlagen. Deshalb säge ich es einfach ab und schräge die Kante mit einer Holzraspel wieder etwas an. **11** Bei der Pflanztiefe unbedingt darauf achten, dass die Veredlungsstelle – erkennbar am Knick im unteren Stammbereich – etwa eine Handbreit über Bodenniveau liegt. Dabei hilft mir der flach über das Pflanzloch gelegte Spaten.

12 Den gemischten Aushub fülle ich nun mit der Schaufel in die Pflanzgrube. Zwischendurch rüttle ich vorsichtig am Baum, damit sich die Erde gut zwischen den Wurzeln verteilt. **13** Mit dem Fuß wird die Pflanzung nach dem Einfüllen angetreten. Dabei behalte ich die korrekte Pflanztiefe im Auge und kontrolliere diese gegebenenfalls noch einmal. **14** Ein Gießrand, den ich mit dem Spaten forme, hält das Wasser beim Angießen in Stammnähe. So kann es nicht ungenutzt abfließen. Zusätzlich lässt sich die Erde mit einer Schicht Rindenmulch abdecken, um den Unkrautwuchs zu unterdrücken und den Wurzelbereich vor Austrocknung zu schützen. Ich habe mich übrigens für die Birnen-Quitte 'Cydora Robusta' entschieden. Neben einem kräftigen Aroma zeichnet die selbstfruchtende Sorte ihre geringe Anfälligkeit für Mehltau, Blattflecken und Feuerbrand aus.

15 Beim Pflanzschnitt schneide ich den Mitteltrieb um gut ein Drittel zurück. Die Seitentriebe kürze ich genauso ein. Noch sind es fünf Stück, die ich später auf drei oder vier optimal angeordnete Triebe reduzieren werde und die dann die Leitäste der sogenannten Rundkrone bilden. Weil ich einen Halbstamm möchte, dessen Kronenansatz bei 1–1,20 m beginnt, werden alle darunterliegenden Zweige komplett entfernt. **16** Zu steil wachsende Äste können zur Konkurrenz für den Mitteltrieb werden und setzen meist nur wenig Blütenknospen an. Deshalb bringe ich solche Zweige mittels dehnbarer Hohlschnur in eine waagerechte Position. Alternativ lässt sich ein Spreizholz zwischen Mittel- und Seitentrieb klemmen. **17** Zum Schluss befestige ich das junge Gehölz mit einem speziellen Baumbinder aus Kunststoff am Stützpfahl.

ZUM VIDEO

Die Baumfäll- und Pflanzaktion hat noch in meinem alten Garten stattgefunden. QR-Code scannen und das Video dazu angucken.

Einen Baumstumpf dauerhaft entfernen

Ein dicker Baum musste weichen, aber was passiert mit dem im Boden verbliebenen Wurzelstumpf? Größere Exemplare lassen sich nicht einfach ausgraben und für den Einsatz von Maschinen fehlt oft der Platz. Hier zeige ich, wie sich der natürliche Rotteprozess beschleunigen lässt.

Safety first! Hose und feste Schuhe mit Schnittschutzeinlage, ein Gesichts- und Gehörschutz sowie Arbeitshandschuhe gehören zur notwendigen Ausstattung, bevor die Motorsäge gestartet wird. Diese kommt hier bei einer gefällten Scheinzypresse zum Einsatz, deren Stamm über die Jahre einen Durchmesser von gut einem halben Meter erreicht hat

1 Mit der Motorsäge schneide ich den Baumstumpf zunächst etwa alle 5 cm in Längsrichtung ein. **2** Die Querschnitte setze ich im 90-Grad-Winkel an, sodass ein schachbrettartiges Muster entsteht. Ich verwende eine alte Kette und achte penibel darauf, mit dem Schwert im Holz zu bleiben, weil die Sägekette durch Erdkontakt sofort stumpf wird. **3** Um die Verrottung zu beschleunigen, befülle ich die Schnitte mit halbreifem Kompost, in den ich zusätzlich etwas Kompostbeschleuniger gebe. **4** Das Gemisch verteile ich großzügig auf der eingesägten Fläche und fege es mit einer Handbürste ein, bis alle Rillen komplett gefüllt sind. **5** Der bearbeitete Baumstumpf wird nun nach und nach von Mikroorganismen und Pilzen zersetzt. Damit diese immer genug Nahrung haben, gebe ich regelmäßig Kompostbeschleuniger oder organischen Dünger in die Lücken. Je nach Holzart kann es fünf bis zehn Jahre Jahre dauern, bis der Stumpf verrottet ist. **Tipp:** Statt Motorsäge mithilfe eines großen Bohrers tiefe Löcher in engem Abstand ins Holz bohren und diese mit dem Kompostmix befüllen.

Diekes Gartentipp

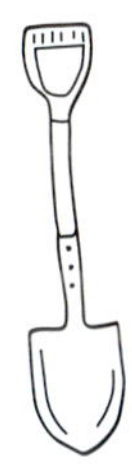

Bäume wie Pappeln und Weiden schlagen sogar nach dem Fällen wieder aus. Bei solchen Gehölzen lohnt es sich, den Wurzelstumpf gleich komplett zu entfernen. Für größere Exemplare eignen sich sogenannte Baumstumpffräsen, die es mittlerweile sogar als Leihgeräte gibt. Auf Nummer sicher geht, wer einen Landschaftsgärtner beauftragt, der über die geeignete Technik und das nötige Know-how verfügt. Grundsätzlich sollten Sie sich vorab informieren, ob Sie eine Genehmigung zum Fällen Ihres Baumes benötigen, da in vielen Städten und Gemeinden eine Baumschutzverordnung gilt. Bei Stammdurchmessern bis 20 cm lassen sich Bäume meist noch mit Spaten und Axt bewältigen.

Im Video ist zu sehen, wie ich den Baumstumpf mit meiner Motorsäge bearbeite.

ZUM VIDEO

Jetzt den Frühling pflanzen

Im Herbst stehen bei mir die Blumenzwiebeln und Knollen auf der To-do-Liste. Ich warte immer, bis die Laubbäume ihre typische Herbstfärbung annehmen, dann ist die beste Zeit, um die Frühjahrsblüher in die Erde zu bringen.

Diekes Gartentipp

Gleich vorab: Man benötigt für die Pflanzarbeiten keinen Zollstock! Viele Zwiebeln und Knollen, z. B. Tulpen und Krokusse, bringen sich über die Jahre mittels sogenannter Zugwurzeln sogar selbst in die richtige Position. Zudem ist die bekannte Faustregel „Blumenzwiebeln doppelt so tief pflanzen, wie sie hoch sind" etwas missverständlich. Ist damit die Tiefe des Pflanzlochs oder die Dicke der Erdschicht oberhalb der Zwiebel gemeint? Da auch die Angaben auf den Packungen oftmals schwanken, wähle ich meist einen Mittelwert und habe damit gute Erfahrungen gemacht. Das heißt, für eine 6 cm hohe Tulpenzwiebel hebe ich ein 12–15 cm tiefes Loch aus. Unten können Sie sehen, wie tief ich die verschiedenen Zwiebeln und Knollen setze (von links): Kaiserkrone, Narzisse, Tulpe, Krokus, Blausternchen, Traubenhyazinthe und Schneeglöckchen.

Kaiserkronen setzen

Mit ihren leuchtenden Blütenkränzen an den gut 1 m hohen Stängeln sind die stattlichen Kaiserkronen von April bis Mai automatisch ein Hingucker – entweder einzeln oder in Gruppen von drei bis fünf Stück. Gesetzt werden sie im Abstand von 20–30 cm. Gute Dienste leistet dabei ein Blumenzwiebelpflanzer. Die großen Zwiebeln verströmen einen unangenehmen Geruch und halten dadurch in ihrer unmittelbaren Umgebung Wühlmäuse fern.

Geschützte Tulpenpracht

Diese Zwiebelblumen sind nicht nur bei uns Gärtnern, sondern leider auch bei Wühlmäusen äußerst beliebt. Weil Kunststoffkörbe von den Nagern oft durchgebissen werden und meist zu flach sind, setze ich meine Tulpen in selbst gebastelte **1** Drahtkörbe mit 12 mm Maschenweite. Die quadratischen Körbe haben etwa eine Seitenlänge von 20 cm und eine Höhe von 15 cm. So ist unten noch Platz für eine **2** Drainageschicht aus Sand, den ich auch ins umliegende Erdreich einarbeite. Acht bis zehn Zwiebeln – je nach Dicke – finden im Korb Platz. Dann fülle ich den Aushub wieder vorsichtig ein, gieße das Ganze an und markiere die **3** Pflanzstelle mit einem Etikett.

Charmante Kombi für den Topf

Jeden Herbst bepflanze ich einige Gefäße mit Blumenzwiebeln, hier eine Kombination aus roten Tulpen und weißen Duft-Narzissen. **1** Mein Anzuchttopf hat eine Höhe von 24 cm und wird etwa zu einem Drittel mit Blumenerde gefüllt. Die Zwiebeln setze ich im Wechsel und relativ eng, um den Blüteneffekt zu erhöhen. Nach dem Auffüllen mit Erde bis knapp unter den Rand wird der Topf gewässert. Den Winter verbringt das Gefäß vor Nässe und Starkfrost geschützt auf der Terrasse. **2** Im Frühling kann ich den mobilen Blütenmix so aufstellen, dass ich ihn gut im Blick habe.

Frühe Farbtupfer mit Krokus

Bei Krokussen handelt es sich nicht um Zwiebeln, sondern um Knollen. Ebenso wie Narzissen werden sie gerne in Rasenflächen gesetzt. **1** Mit dem Spaten steche ich flach unter die Grasnarbe, lege die Soden um und lockere den Boden etwas. **2** Beim Verteilen der Knollen – 20 Stück pro Tuff, Abstand 6–10 cm – darauf achten, dass die Spitzen oben liegen. **3** Die Soden klappe ich wieder zu und trete sie vorsichtig an. Später beim Mähen werden die Stellen so lange ausgespart, bis das Laub der Krokusse eingezogen ist.

Anderer Garten, andere Kleidung, gleiche Frisur! Im Video zeige ich das Einpflanzen von Narzissen im Beet und von Krokussen im Rasen.

ZUM VIDEO

Ein Unterschlupf für den Igel

Die stacheligen Gesellen lieben unaufgeräumte Gartenecken. Igelhäuser nutzen die Tiere ebenfalls als Rückzugsort und richten ab Herbst gerne ihr Winterquartier darin ein. Wie Sie ein solches katzensicheres Häuschen ganz leicht selbst bauen können, zeige ich Ihnen hier.

Bezugsfertig steht das mit Laub und Reisig abgedeckte Igelhaus an einem ruhigen Gartenplatz. Dieser liegt gut zugänglich, aber leicht erhöht, damit die Tiere in Regenzeiten keine nassen Füße bekommen

1

2

1 Auf der Leimholzplatte zeichne ich zunächst die einzelnen Bauteile an (Maße Seite 154) und **2** säge mir anschließend die benötigten Stücke zurecht. Wie immer bei meinen Holzarbeiten versuche ich auch hier, dass Brett optimal zu nutzen und möglichst wenig Verschnitt zu produzieren. Die beiden Seitenteile bekommen bei meinem Igelhaus eine Länge von 30 cm und werden oben abgeschrägt. Die vordere Höhe misst 26 cm, die hintere 24 cm, damit das Dach später zur Rückseite geneigt ist. Zum besseren Anzeichnen nehme ich einen Anschlagwinkel zu Hilfe und säge dann an der schrägen Linie entlang.

3 Für das Eingangsloch wird an der Vorderseite ein 10 x 10 cm großes Quadrat angezeichnet und ausgesägt. Das ist ausreichend für die Igel, um in das Häuschen zu gelangen. Wer möchte, kann den Eingang wie einen Torbogen gestalten. Den Tieren ist es egal, aber es sieht hübsch aus. **4** Mit Schleifpapier glätte ich die Sägekanten, da ich bei solchen Arbeiten ungerne Handschuhe trage und Splitter vermeiden möchte. **5** Aus einem Kantholz säge ich schließlich noch zwei 26 cm lange Latten zurecht, die später an der Unterseite des Daches befestigt werden. **6** Weil die Schrauben relativ nah an den Außenkanten angebracht werden, bohre ich dort jeweils drei Löcher mit einem kleinen Holzbohrer vor.

7 So kann ich die Holzschrauben (3,5 x 40 mm) problemlos eindrehen, ohne Angst haben zu müssen, dass das Holz reißt. Die Senkköpfe sollten am Ende nicht herausstehen, sondern glatt mit der Holzoberfläche abschließen. Nachdem ich die Seitenteile am vorderen Brett befestigt habe, schiebe ich **8** die Rückwand dazwischen und schraube auch diese an. Wichtig: Platzieren Sie die Konstruktion während der Montage auf einer ebenen Fläche – in meinem Fall ist es die Werkbank. Dann stehen die Bauteile gleichmäßig und das Igelhaus kippelt später nicht. **9** Als Schutz vor Katzen bringe ich an der Vorderseite 2–3 cm neben dem Eingangsloch eine Trennwand an. Diese ist vorn 1 cm niedriger als die Seitenteile, damit sich der Deckel auf jeden Fall problemlos auflegen lässt. Die Länge der Zwischenwand beträgt 16 cm. So bleibt nach hinten 10 cm Platz, damit die Igel gut um die Kurve in den Ruhebereich kommen, neugierige Stubentiger hingegen ferngehalten werden. Die vorgesägten Holzlatten befestige ich mit jeweils zwei Holzschrauben (3,5 x 35 mm) an der Deckelplatte. Als Abstand habe ich ca. 5 cm zu den Außenkanten gewählt. Das Ganze darf ruhig etwas Spiel haben. Wichtig ist, dass **10** der Deckel gut aufliegt und nicht herunterrutschen kann.

ÜBRIGENS ...

... kann es etwas dauern, bis der erste Igel einzieht! In meinem Fall hat erst im dritten Jahr ein Stachelritter die Vorzüge meines selbst gebauten Luxusquartiers erkannt und darin überwintert. Ab September sollte das Häuschen in einer ruhigen Gartenecke aufgestellt werden, damit die Tiere genügend Zeit haben, es zu entdecken. Ferner den Garten igelfreundlich gestalten, z. B. mit kleinen Durchlässen in Hecken und Zäunen zu angrenzenden Flächen, mit Reisig- und Laubhaufen als zusätzliche Rückzugsorte und mit flachen Trinkwasserschalen, die regelmäßig gereinigt werden.

11 Ein Stück Teichfolie schützt die Abdeckung vor der Witterung. Ich schneide die Folie auf 53 x 40 cm zurecht, sodass sie an den Seiten 2 cm übersteht. Eine Aussparung an den Ecken erleichtert das Falten. **12** Mit einem Tacker wird die Folie dann ringsum befestigt. Lagern Sie die Folie vorher möglichst im warmen Haus, dann lässt sie sich besser verarbeiten. **13** Weil das Kiefernholz unbehandelt ist, streiche ich es mit Leinöl ein, um es länger haltbar zu machen. Alternativ lässt sich auch eine ökologische Lasur verwenden. Nach dem Trocknen stelle ich das Igelhaus in einer geschützten Ecke auf. **14** Dann befülle ich den Innenbereich mit etwas Stroh sowie einigen trockenen Blättern. **15** Etwas Herbstlaub verteile ich zusätzlich rund um die Kiste, weil die Igel selbst gerne Material hineintragen, um ihr Quartier auszupolstern. **16** **Tipp:** In den Eingang klemme ich zum Schluss einen dünnen Zweig, der vom Igel automatisch entfernt wird, wenn er seinen Einzug vorbereitet. So muss ich nicht nachsehen und den möglichen Gast nicht unnötig stören.

Das benötigen Sie

Material:

Holzbretter (ca. 2 cm stark) für:
1x Rückwand (40 x 24 cm)
2x Seitenteile (30 x 26 cm)
1x Vorderseite (40 x 26 cm)
1x Trennwand (16 x 25 cm)
1x Dach (49 x 36 cm)
2x Dachleisten (26 x 4,4 x 2,4 cm)
1x Teichfolie (53 x 40 cm)
14x Holzschrauben (3,5 x 40 mm)
4x Holzschrauben (3,5 x 35 mm)
Leinöl oder Ökolasur

Werkzeug:

Werkbank, Stichsäge, Akkuschrauber, kleiner Holzbohrer, Cuttermesser, Tacker, Pinsel, Anschlagwinkel, Schleifpapier, Maßband, Bleistift, Stroh, Laub und Reisig

Die Anleitung zum Bau dieses Igelhauses stammt aus der NABU-Broschüre „Wohnen nach Maß", wobei ich die Maße teilweise leicht abgeändert habe.

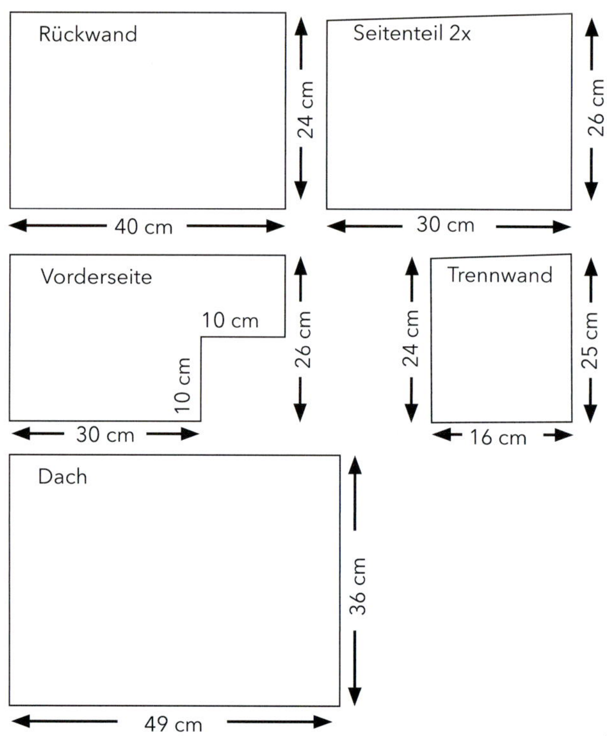

Gärtner hinter Gittern:
Christian und ich präsentieren unser neu errichtetes Obstspalier mit dem Tellerpfirsich 'Saturne' (links) und der Tafelbirne 'Conference'

Zwei Obstbäume – ein Spalier

Leckere Früchte aus dem eigenen Garten sind eine feine Sache. Wer keinen Platz für große, frei wachsende Obstbäume hat, kann stattdessen ein Spalier und damit eine schmale Anzuchtform wählen. Mein Kollege Christian Lang und ich haben ein solches Gerüst gebaut, um es mit einem Pfirsich- und einem Birnbaum zu bepflanzen.

1

2

Unser Spalier ist nach Süden ausgerichtet, damit die Früchte zum Reifen reichlich Sonne bekommen. Die Löcher grabe ich mit dem Spaten vor und Christian hebt sie dann **1** per Erdbohrer einen ½ m tief aus. Die Abstände zwischen den Pfosten richten sich nach der Länge der Querriegel, in unserem Fall 2 m pro Feld. **2** Die Pfosten (Durchmesser 8–10 cm, Länge 2,50 m) setzen wir zu zweit, und zwar direkt in den Boden. Da wir von Natur aus haltbare Edelkastanie als Material verwenden, verzichten wir bei der Konstruktion auf Pfostenschuhe. Während einer von uns beiden den Pfahl ausrichtet, füllt der andere den Aushub wieder ein und verdichtet diesen lagenweise. Leichter Nachtfrost mit Raureif ist übrigens kein Problem bei Pflanzarbeiten.

3 Weil das Gelände leicht abschüssig ist, planen wir bei unserem Spalier einen kleinen Versatz ein. Der erste Pfosten wird etwas niedriger als die beiden anderen sein. Die Höhe kontrollieren wir mittels Querriegel, der ebenfalls aus Edelkastanie ist. Das halbierte Rundholz (Länge 2 m) schließt auf der linken Seite oben mit dem Pfahl ab, am mittleren sitzt es etwas tiefer, sodass sich der zweite Querriegel direkt darüber anbringen lässt. Die Markierungen für die Schrauben zeichne ich bei der Gelegenheit gleich an. **4** Der dritte Pfahl bekommt die gleiche Endhöhe wie der mittlere. Damit die Querriegel an den Enden nicht aufspalten, wird vorgebohrt. Dies erleichtert uns außerdem das Anschrauben in das recht harte Edelkastanienholz. **5** Befestigt werden die Querriegel mit jeweils zwei langen Holzschrauben (6 x 100 mm). **6** Beim mittleren Pfahl ist gut zu erkennen, wie die Riegel versetzt übereinander angebracht werden. Das hat gleich zwei Vorteile: Zum einen lässt sich für die Befestigung der volle Pfahldurchmesser nutzen, zum anderen ist die Konstruktion trotz Hanglage gerade. Unser Spalier hat am Ende eine Höhe von ca. 2 m und eine Gesamtbreite von ca. 4 m mit zwei gleich großen Feldern.

7 Wir haben drei Etagen aus Rundhölzern (Durchmesser 2 cm, Länge 2 m) für unser Spalier vorgesehen. Die Abstände zwischen den Etagen richten sich nach den vorhandenen Obstbäumen und ihren Seitenzweigen. Deshalb haben wir vorab die Pflanzlöcher ausgehoben, die Bäume hineingestellt und erst dann die Etagen festgelegt. Vom Boden aus gemessen liegen diese bei uns auf einer Höhe von 70, 110 und 150 cm. **8** Die Rundstäbe werden ebenfalls vorgebohrt und mit jeweils zwei Holzschrauben (4 x 50 mm) befestigt. **9** Da die dünnen Querstreben aus Kiefernholz und weniger dauerhaft als Edelkastanie sind, imprägniere ich sie mit etwas Leinöl.

10 Jetzt geht's ans Einpflanzen der beiden Obstbäume. Wir haben uns für den Tellerpfirsich 'Saturne' (Foto) und die Birnensorte 'Conference' entschieden. Bei der Pflanztiefe ist es wichtig, dass die Veredlungsstelle – also die Verdickung im unteren Stammbereich – mindestens 10 cm über der Erde liegt. **11** Den Aushub vermengen wir beim Einfüllen mit reifem Kompost, **12** treten die Pflanzung leicht an und formen mit dem Spaten einen Gießrand.

13 Für die einzelnen Etagen wählen wir gut positionierte, kräftige Seitenzweige aus. Während Christian sich um die Birne kümmert, binde ich hier mittels dehnbarer Hohlschnur die Pfirsichzweige an die Rundhölzer. Weil unserem Pfirsichbaum leider der durchgehende Mitteltrieb fehlt, übernimmt ein aufrecht wachsender Nebentrieb diese Funktion, wird von mir nach oben geleitet und ebenfalls angebunden. **14** Übrige Zweige werden von mir entfernt. **15** Die Seitentriebe schneide ich etwa um ein Drittel oberhalb einer Knospe zurück, auch der neue Haupttrieb wird etwas eingekürzt. **16** Mit dem Grubber arbeite ich anschließend noch Pflanzerde ein, die wir zuvor auf dem Pflanzstreifen ausgebracht haben.

17 Kräftig angegossen wird die Pflanzung, nachdem die Erdarbeiten abgeschlossen sind. **18** Als Winterschutz haben wir den Wurzelbereich beider Bäume mit einer Schicht Rindenmulch abgedeckt. Zusätzlich trägt Christian einen Kalkanstrich auf, um die jungen Stämme vor Frostrissen zu schützen. Im Gegensatz zu Pfirsichen sind Birnen auf Befruchtersorten angewiesen, was in unserem Fall jedoch kein Problem darstellt, weil in den Nachbargärten weitere Birnbäume stehen.

Passender Rahmen für die Minis

Wenn die Herbsttage alles andere als golden sind, verlege ich meine Aktivitäten gerne nach drinnen. Die neueste Idee: zwei farbige Holzrahmen für meine Mini-Zimmerpflanzen. Das Indoorprojekt ist schnell umgesetzt und eine grüne Alternative zu klassischem Wandschmuck.

Material- und Arbeitsaufwand sind überschaubar: Holzleisten, Sperrholzplatten, Nägel, Klammern, Leim, Möbelfarbe und -wachs genügen, um die kleinen Pflanzen hübsch in Szene zu setzen

Zunächst werden **1** die Maße von mir festgelegt und mittels Zollstock und Bleistift auf die Holzleisten übertragen, hier am Beispiel des hellblauen später quer angebrachten Rahmens. Dieser wird 40 x 30 cm, das grüne, senkrecht aufgehängte Modell 20 x 30 cm groß. **2** Die Rechteckleisten (13 x 80 mm) säge ich auf die passenden Längen zurecht und glätte die **3** rauen Sägekanten wie immer mit Schleifpapier. **4** An den Ecken verbinde ich die Teile jeweils mit zwei Nägeln. Weil sich diese relativ knapp am äußeren Rand befinden, prüfe ich vorab, ob sie mittig über dem unteren Brett sitzen. **5** Etwas Holzleim, dünn auf die Verbindungsstelle aufgetragen, gibt zusätzliche Festigkeit. Dann schlage ich **6** die Nägel komplett ein, und zwar gerade und mit Gefühl, um unschöne Hammerabdrücke im Holz zu vermeiden. Wer für die Verbindung dünne Schrauben verwenden möchte, sollte die Löcher unbedingt vorbohren, damit sich die Leisten an den Enden nicht spalten.

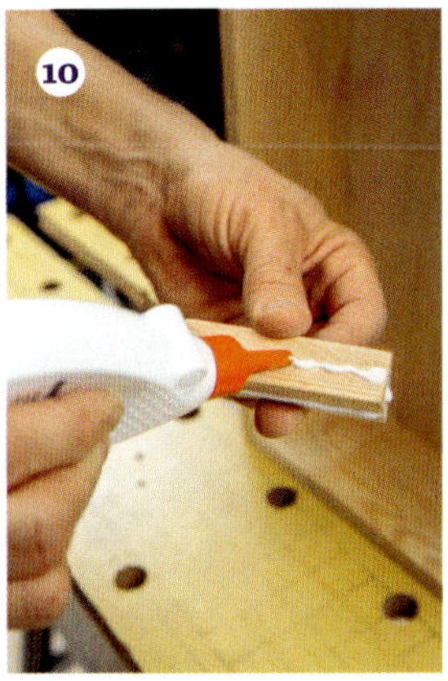

7 Die Rückwand der Konstruktion besteht aus einer dünnen Sperrholzplatte (4 mm). Beim Abmessen achte ich darauf, dass die Platte nach dem Sägen 2–3 mm kleiner als die Rahmenkonstruktion ist, also noch gut aufliegt, jedoch keinesfalls an den Rändern übersteht. **8** Mithilfe eines Tackers wird die fertige Platte dann von mir befestigt. Darunter habe ich zuvor einen dünnen Streifen Leim aufgetragen. Der Pflanzenrahmen darf natürlich auch offen sein. Durch die Rückwand bekommt das Ganze jedoch mehr Stabilität. Zudem wird der Farbeffekt dadurch intensiver. Als letzte Bauteile fertige ich vier kurze **9** Dreikantleisten (22 x 22 x 80 mm) an. Diese bestreiche ich ebenfalls **10** mit Holzleim und klebe sie dann **11** in die Ecken, sodass sie vorne genau mit dem Rahmen abschließen. Die kleinen Leisten sind mehr Zierde als Verstärkung, aber sehr nützlich, um später die Wandaufhängung (Step 14) zu verdecken.

12 Für den Anstrich, den ich per Rolle auftrage, habe ich Kreidefarbe-Möbellack auf Wasserbasis gewählt, und zwar in den Farbtönen Taubenblau (Foto) und Lorbeergrün. Nach dem Trocknen bringe ich mit einem Tuch **13** ein farbloses Möbelwachs auf. Dies sorgt für eine wasserabweisende, leicht glänzende Oberfläche. **14** Als Aufhängung bohre ich auf der Rückseite zwei Löcher in die oberen Ecken, und zwar genau dort, wo die Dreikantleisten sitzen. Dadurch sind die Wandschrauben von vorne nicht zu sehen. **15** In die fertigen Rahmen setze ich nach dem Anbringen meine Mini-Zimmerpflanzen: Kolbenfaden und Königs-Begonie, Ufopflanze, Alokasie und Punktblume (von links). Obenauf die Winkekatze meiner Tochter, ein Vogelbild und ein kleiner Blumenstrauß aus dem Garten – fertig ist die neue Wohnzimmer-Deko.
Tipp: Eine Wand mit ausreichend Tageslicht wählen.

Die alte Leiter lehnt am Baum, mit dem sie künftig das Rankgerüst für die wüchsige Kletterrose 'Paul's Himalayan Musk Rambler' bilden wird. Die robuste alte Sorte ist zwar nur einmalblühend, dafür aber überreich im Juni und Juli mit weißen bis violettrosa, angenehm duftenden Blüten sowie vielen kleinen Hagebutten im Herbst

Die Süßkirsche ist in die Jahre gekommen, aber noch stabil, auch wenn die Ernte nicht mehr sehr üppig ausfällt. Statt den knorrigen Baum zu entfernen, nutze ich ihn als Rankgerüst für eine Ramblerrose.

Alter Kirschbaum im Rosenkleid

1 Das Pflanzloch hebe ich im Abstand von etwa 1 m zum Kirschbaum aus. Erstens ist es schwierig, direkt am Stamm zu graben, zweitens hat es die junge Ramblerrose schwerer, sich zu entwickeln, je näher sie an den Baumwurzeln steht. Um später das Gewicht der Rosentriebe tragen zu können, sollte der Baumstamm mindestens 30 cm dick sein. Den Untergrund der ca. 40 x 40 cm großen Grube lockere ich mit dem Spaten. So wird Tiefwurzlern. wie Rosen das Anwachsen erleichtert. **2** Im Wassereimer nimmt die Pflanze derweil ein Tauchbad, damit sich der Topfballen vollsaugen kann. Genauso wird mit wurzelnackter Ware verfahren, die von den Rosenschulen meist ab Mitte Oktober angeboten und im Herbst gepflanzt wird.

Diekes Gartentipp

Statt mit der hier gezeigten Leiter lassen sich Kletterrosen alternativ mithilfe von Bodenanker und Seil in große Bäume leiten. Solche Stahlanker haben unten eine Art Gewinde und oben eine Öse, sodass man sie per Rundholz oder Eisenstange in die Erde drehen kann. Ein Kokosstrick, zwischen Anker und Baum gespannt, dient als Starthilfe für die Ramblerrose. Sobald diese fest in der Krone verwachsen ist, wird die Hilfskonstruktion nicht mehr benötigt.

3 Die Veredlungsstelle muss drei Finger bzw. 5 cm tief in der Erde liegen, damit der empfindliche Bereich vor Frost geschützt ist. Ein quer über das Loch gelegter Stab zeigt die richtige Pflanztiefe an. Stark verfilzte Topfballen werden vor dem Setzen eingeschnitten. **4** Den Aushub habe ich vor dem Einfüllen mit torffreier Rosenerde verbessert. **5** Nach dem Antreten der Erde wird die alte Leiter am Rand des Pflanzlochs platziert, an den Baum gelehnt und von mir mit meinem Gewicht kräftig in die Erde gedrückt. Damit die Kletterhilfe auf jeden Fall hält, befestige ich sie oben zusätzlich mit einem Strick am Baumstamm.

6 Dann entferne ich die Schnüre, mit denen die Zweige bisher zusammengehalten wurden. **7** Um einen kräftigen Neuaustrieb anzuregen, werden schwache Zweige an der Basis komplett entfernt. **8** Die langen biegsamen Triebe kürze ich für eine bessere Verzweigung nur etwas ein und flechte sie dann vorsichtig durch die Leiter. Damit die Ranken nicht wieder herausrutschen, binde ich sie teilweise mit Hohlschnur an. Zum Schluss wird die Pflanzung noch kräftig angegossen. **9** Die Ramblerrose ist nun bereit, die Baumkrone zu erobern. In den Wintermonaten werde ich die Pflanzenbasis 15–20 cm mit Erde anhäufeln und mit Tannenreisig abdecken, um die junge Rose vor möglichen Frostschäden zu schützen.

Ein Hausbaum mit Fruchtschmuck

Dass der Herbst optimal ist, um winterharte Gehölze zu pflanzen, wird heutzutage oft vergessen. Ich nutze diese Jahreszeit, um meinen Vorgarten mit einem hübschen Zierapfel zu verschönern. Ein passendes Stützgerüst sorgt für den nötigen Halt.

Zum Pflanzen genügen eigentlich ein Spaten sowie ein Wasseranschluss, um den Baum anzugießen. Hier wird der Aushub zusätzlich mit Komposterde gemischt. Das restliche gezeigte Material und Werkzeug dient zum Bau des Dreibocks

1 Die Pflanzgrube hebe ich großzügig, ungefähr in der doppelten Breite des Wurzelballens, aus. Weil der Untergrund recht fest ist, lockere ich die Grubensohle gründlich mit dem Spaten. So fällt dem Baum das Anwurzeln leichter, womit er übrigens schon im Herbst beginnt, da der Boden jetzt noch etwas Restwärme gespeichert hat.

2 Weil alte Gartenerde häufig ausgelauft ist, verbessere ich den Aushub auch in diesem Fall mit reifem Kompost.
3 Einen Teil der gemischten Aushuberde fülle ich per Schaufel direkt wieder unten ins Pflanzloch, der Rest kommt später seitlich hinzu. Überschüssige Erde wird dann ganz zum Schluss auf der Beetfläche verteilt.

4 Um die Äste beim Transport zu schützen und Platz zu sparen, wird die Krone in der Baumschule aufgebunden. Diese Verschnürung öffne ich nun, sodass sich die Zweige wieder entfalten können. Nach dem Begutachten der Kronenform erfolgt **5** der Pflanzschnitt – und zwar bevor der Zierapfel im Loch steht. Beim gekippten Baum lassen sich die Zweige besser erreichen als später auf der Leiter. In der Regel sind die Gehölze bereits gut vorgeschnitten, sodass ich lediglich einige Konkurrenztriebe und verletzte Äste entfernen muss. Die von mir gewählte Sorte 'Red Sentinel' trägt eigentlich rote Früchte. Aufgrund des heißen und trockenen Sommers sind diese allerdings nicht voll ausgereift und zeigen hier einen untypischen orangeroten Farbton. **6** Mithilfe eines Zollstocks und einer Holzlatte messe ich vorab die Pflanztiefe und kann diese gegebenenfalls noch korrigieren.

7 Beim Setzen richte ich den Zierapfel mit seiner „Schokoladenseite" nach vorne aus und kontrolliere mit dem Kantholz nochmals die Pflanztiefe. Letzteres ist sehr wichtig, weil die Oberseite des Wurzelballens auf Höhe des Bodenniveaus liegen muss. Im Anschluss **8** kneife ich oben die Drahtballierung durch, löse das Ballentuch und **9** klappe das Material nach unten. So wird der Baum an der Stammbasis nicht eingeschnürt und kann sich gut entwickeln. Weil sich das Jutegewebe und unverzinkte Drahtgeflecht mit den Jahren zersetzen, darf beides im Boden bleiben. Beim Entfernen könnte es sonst passieren, dass der Ballen zerfällt und viele Feinwurzeln abreißen.

10 Jetzt fülle ich den mit Kompost vermischten Aushub in das Pflanzloch. Größere Erdklumpen werden gleich zerkleinert, damit im Boden keine Hohlräume entstehen. **11** Mit dem Fuß trete ich dann die Erde rund um den Ballen an. **12** Den Gießrand forme ich mithilfe der Schaufel, damit das Gießwasser direkt in Stammnähe einsickern kann. Mit einem Kronendurchmesser von 2,50–3,50 m bleibt die Sorte 'Red Sentinel' etwas schmaler als viele andere Zieräpfel. In meinem Fall genügt daher ein Pflanzabstand von 4 m zum Haus. Zwar lassen sich die Gehölze gut schneiden, besser ist es jedoch, ihnen von vornherein ausreichend Platz zur Entfaltung einzuräumen.

13 Als Stütze baue ich einen sogenannten Dreibock aus imprägnierten Holzpfählen (Länge 2,50 m). Diese ordne ich so an, dass sie direkt neben dem Wurzelballen im Boden stehen und ein gleichseitiges Dreieck bilden. **14** Mit einem Vorschlaghammer treibe ich die angespitzten Pfähle senkrecht in die Erde, bis ca. 20 cm unterhalb des Kronenansatzes. Damit das Gerüst schön gerade wird, müssen sich die Pfosten auf einer Höhe befinden, was ich mit einer Wasserwaage überprüfe. Als Verbindung dienen drei halbrunde Querriegel, die der Konstruktion die nötige Stabilität geben. Um die richtige Länge zu ermitteln, halte ich die Riegel an die Pfähle, mache eine Markierung und säge die Hölzer entsprechend zu. **15** Pro Querriegel nehme ich zwei Holzschrauben, um sie an den Pfählen zu befestigen. Damit die halbrunden Latten außen nicht reißen, habe ich diese vorgebohrt.

ÜBRIGENS ...

... ist Ihnen vielleicht aufgefallen, dass zwischen den Steps 6 und 7 der Arbeitsschritt „Einpflanzen" fehlt! Also das Foto, wie ich den Zierapfel aktiv ins Pflanzloch setze. Das hat den einfachen Grund, dass der Wurzelballen aus fettem Lehm für eine Person zu schwer war. Deshalb musste Fotograf Frank mit anpacken und konnte nicht zeitgleich auf den Auslöser drücken. Gemerkt haben wir diesen Fauxpas erst hinterher. Daher für solche Arbeiten gleich zwei Leute einplanen, auch wenn nicht fotografiert wird.

16 Zum Anbinden werden insgesamt drei Kokosstricke verwendet. Jeden Strick lege ich zunächst so um den Baumstamm, dass ich zwei ca. 1,50 m lange Seilenden habe. Diese werden zusammen in Form einer doppelten Acht um Baum und Pfosten geschlungen. Zwei Finger als Abstandshalter verhindern eine zu enge Schnürung, wenn ich die Seile vom Stamm ausgehend fest um die achtförmigen Schlaufen in Richtung Pfahl wickle. Dort angekommen, werden die beiden Enden des Kokosstricks auf der äußeren Pfostenseite miteinander verknotet. **17** Sind alle drei Bindungen angebracht, schlage ich durch die verknoteten Seilenden eine Krampe in jeden Pfahl. So können die Kokosstricke nicht verrutschen. **18** Kräftiges Angießen sorgt dafür, dass die Erde rund um den Wurzelballen gut eingeschlämmt wird. Insbesondere größere Bäume wie dieser Hochstamm (3x verpflanzt, Stammumfang 10–12 cm) werden durch ein stabiles Gerüst vor kräftigen Windböen geschützt und können in Ruhe anwurzeln. Mindestens zwei Jahre bleibt der Dreibock deshalb stehen, bis mein Zierapfel selbst ausreichend standfest ist.

Gemütlicher Abend im Kreis befreundeter Kollegen – leckere Getränke gab's später. Rund fünf Stunden konnten Christian, Leonie, Silke und ich unser Schwedenfeuer genießen

Stimmungsvolles Schwedenfeuer

Im Herbst und Winter wird allerorten Holz gesägt und gespalten. Einen eigenen Kamin habe ich zwar nicht, aber einen lieben Kollegen mit einer Feuerstelle im Garten. Perfekt, um mein Schwedenfeuer abbrennen zu lassen. Wer geübt im Umgang mit der Motorsäge ist, kann eine solche Baumfackel ganz einfach selbst herstellen.

Für die Arbeiten mit der Kettensäge – wie auf den vorangegangenen Seiten bereits erwähnt – unbedingt die richtige Schutzkleidung tragen: Hose und Stiefel mit Schnittschutzeinlage, feste Arbeitshandschuhe sowie Gesichts- und Gehörschutz. **1** Steht der Stamm stabil, wird mittig der erste Schnitt ausgeführt. **2** Den zweiten Schnitt setze ich auch in der Mitte des Stammes an, und zwar um 90 Grad versetzt, sodass ein Kreuz entsteht. Beide Schnitte sind gleich lang und enden 20–30 cm über dem Boden. Um das Anzünden zu erleichtern, bekommt der Stamm eine Belüftung, indem ich zwei weitere Schnitte mache. Diese führe ich wiederum versetzt aus, sodass ein **3** sternförmiges Muster entsteht. Eine Länge von 20–30 cm ist für die beiden letzten Schnitte ausreichend. **Tipp**: Am besten frisch geschlagenes Holz sägen und mindestens sechs Monate trocknen lassen. Nadelhölzer wie Fichte und Kiefer eignen sich besonders gut, ebenso der ca. 1 m lange und 30 cm dicke Weißtannenstamm aus diesem Beispiel. **4** Mit einer Raspel das Loch in der Mitte für den Anzünder vergrößern. Zum Abbrennen das Schwedenfeuer auf einem feuerfesten Untergrund platzieren.

Wer lieber unseren kurzen Film zur Herstellung des Schwedenfeuers sehen möchte, kann mir im Video beim Sägen über die Schulter gucken.

ZUM VIDEO

Bunte Blütenhecke für die Gartengrenze

Der Neubau steht, der Garten ist angelegt, aber wie lässt sich das Grundstück am besten abgrenzen? Statt einer klassischen Schnitthecke hat sich meine Kollegin Jana Lunkenbein für eine frei wachsende, blütenreiche Variante entschieden. Die passenden Gehölze und Stauden hat sie gemeinsam mit einer örtlichen Gartenbaumschule ausgewählt. Ich packe mit an, um den Beetstreifen fachgerecht zu bepflanzen.

Das Ergebnis kann sich schon im ersten Sommer nach der Pflanzaktion sehen lassen: ganz links weiß blühende Blasenspiere 'Tiny Wine', davor rosa Polster-Seifenkraut. Die Beetrose 'Sweet Pretty' mit ihren einfachen weißrosa Blüten steht hinten am Gartenhäuschen

1 Die Ausgangslage: Noch ist der Garten von der Straße her komplett einsehbar. Der Rasen reicht bis an die Natursteinmauer, die aufgesetzt wurde, um das Hanggrundstück abzufangen. Für den Pflanzstreifen ist eine Breite von 1 m vorgesehen. So bleibt später ein ca. 1,20 m breiter Durchgang zwischen dem gekiesten Sitzplatz (links) und der Blütenhecke. Am Ende des Streifens haben Jana und ich einen kleinen Bogen abgesteckt, der an das neue Gartenhaus anschließt. **2** Der Rollrasen wurde erst vor wenigen Wochen verlegt und lässt sich deshalb problemlos mit dem Spaten abtragen. Die grünen Soden können an anderer Stelle im Garten wiederverwendet oder an die Nachbarn verschenkt werden. **3** Mithilfe des Pflanzplans, den Jana vorher gezeichnet hat (siehe nächste Seite), verteilen wir zunächst die Sträucher.

4 Die größeren Gehölze, hier die Felsenbirne 'Rainbow Pillar' (*Amelanchier*), setzen wir zuerst. Die Pflanztiefe habe ich vorher abgemessen, um die schwere Pflanze nicht wieder aus dem Loch heben zu müssen. Gehölze nie zu tief pflanzen! Die Oberfläche der Ballen muss am Ende auf Beetniveau liegen. **5** Ein Baumpfahl, den ich am Wurzelballen vorbei schräg in die Erde schlage und per Kokosstrick an einem der Hauptäste befestige, gibt der Felsenbirne an stürmischen Tagen sicheren Halt, sodass sie gut anwachsen kann. Nachdem alle Sträucher gepflanzt sind, verteilt Jana reifen Kompost auf der Beetfläche. So wird der schwere aufgeschüttete Mutterboden mit Humus angereichert und durchlässiger. **6** Mit dem Spaten grabe ich den Kompost unter und lockere gleichzeitig den Oberboden für die weiteren Pflanzarbeiten. Per Grubber arbeiten wir zusätzlich zum Kompost noch einen Bodenaktivator ein und sorgen gleichzeitig dafür, dass die Erde schön krümelig wird.

7 Die übrigen Pflanzen werden nun auf dem Beetstreifen verteilt und eingepflanzt. Die Polsterstauden sollen die Lücken zwischen den Gehölzen schließen sowie einen schönen Heckensaum und überhängende Matten auf der Mauerseite bilden. **8** Angegossen wird, sobald alle Pflanzen gesetzt sind. Insbesondere bei den großen Sträuchern nicht am Wasser sparen. Eine dünne Schicht Rindenmulch schützt den Boden anfangs vor Austrocknung und Unkrautbewuchs. **9** Geschafft! Die Blütenhecke ist angelegt. Die Pflanzenauswahl orientiert sich neben eigenen Vorlieben auch an regionalen Gegebenheiten, hier z. B. am milden Weinbauklima. Eine Fachberatung durch einen Gärtner vor Ort ist daher immer ratsam.

Janas Blütenhecke

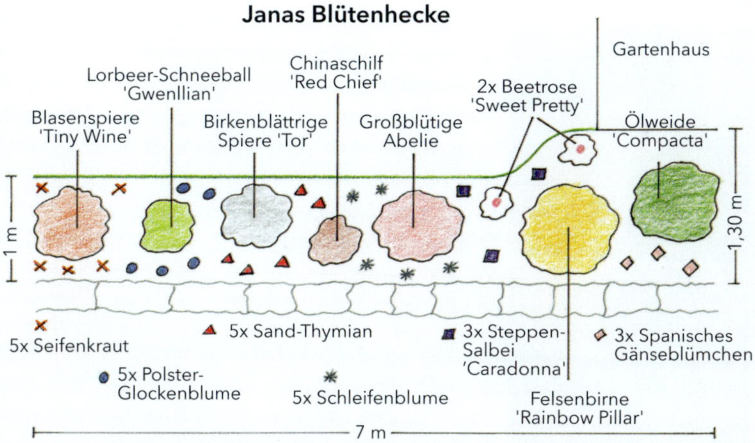

Eine wintergrüne Hecke als künftiger Sichtschutz

Mit den Jahren ist die alte Berberitzen-Hecke immer durchlässiger und unansehnlicher geworden. Deshalb haben sich die Gartenbesitzer Nina und Christoph für eine neue Abgrenzung aus wintergrünem Liguster entschieden.

Bis die neue Hecke aus Ovalblättrigem Liguster (*Ligustrum ovalifolium*) ihre Sichtschutzfunktion erfüllt, dauert es noch ein wenig. Dafür sind alle jungen Sträucher sehr gut angewachsen. Im Sommer erhält die Hecke ihren ersten Pflegeschnitt (Seite 170). Neben den Pflanzen werden für die Aktion benötigt: Spaten, Schaufel, Grabegabel und Grubber, ebenso reifer Kompost, Rindenmulch und ein Schlauch mit Gießgerät. Dazu kommen noch Pflanzschnur, Zollstock, Garten- und Heckenschere zum Einsatz

Nachdem das mühsame Roden der alten Berberitzen-Hecke erledigt ist, hebe ich einen **1** Pflanzgraben aus. Verbliebene Wurzelreste werden dabei gleich entfernt. Der Untergrund – die sogenannte Grabensohle – lässt sich anschließend per Spaten oder Grabegabel lockern, um den Pflanzen das Anwachsen zu erleichtern. Dann nehme ich die gebündelten Liguster aus dem Wasserbottich und trenne die Schnüre auf. Jetzt bekommen die einzelnen Sträucher einen **2** Pflanzschnitt. Starke und beschädigte Wurzeln werden von mir eingekürzt, Feinwurzeln dagegen belassen.

Wie immer bei Pflanzarbeiten mische ich auch hier **3** reife Komposterde unter den Aushub, um diesen wieder mit Nährstoffen anzureichern. **4** Eine Pflanzschnur – auf Erdniveau mittig über den Graben gespannt – sorgt dafür, dass die Hecke schön gerade wird. Gleichzeitig kann ich so die Pflanztiefe festlegen. Dann werden **5** die Sträucher verteilt. Bei Liguster rechnet man vier bis fünf Pflanzen pro Meter. Die Stückzahl richtet sich nach Größe und Qualität der Sträucher. In meinem Fall sind es elf Stück (80–120 cm, wurzelnackt) für den 2,50 m langen Streifen. Der Zollstock hilft mir, die richtigen Pflanzabstände einzuhalten. **6** Das Setzen der Heckenpflanzen geht am besten zu zweit. Während ich die Sträucher halte, füllt Christoph den Aushub-Kompost-Mix ein. Auf diese Weise lassen sich die Abstände und die **7** Pflanztiefe optimal einhalten. Gepflanzt werden die Sträucher genauso hoch, wie sie vorher in der Baumschule standen, erkennbar an der etwas dunkleren Rindenfärbung am Wurzelhals. **8** Beim Antreten mit der Fußspitze kann ich die einzelnen Ligusterpflanzen durch leichtes Ziehen und Rütteln noch etwas ausrichten.

9 Der kräftige Rückschnitt nach dem Einpflanzen fällt vielen Hobbygärtnern schwer, ist aber wichtig, damit sich die Gehölze von Beginn an gut verzweigen. Deshalb schneide ich die frisch gesetzte Hecke um gut ein Drittel zurück. Außerdem haben die Liguster durch das Roden in der Baumschule einen Teil ihres Wurzelwerks verloren. Den verbliebenen Wurzeln fällt es leichter, die Sträucher ausreichend mit Wasser und Nährstoffen zu versorgen, wenn der obere Pflanzenteil ebenfalls reduziert ist.

10 Mit einem Grubber lockere ich den Oberboden wieder etwas auf. Dann kann das Wasser beim **11** kräftigen Angießen gut einsickern und die Erde sich um die Pflanzenwurzeln legen. Eine 4–5 cm starke **12** Schicht Rindenmulch schützt die jungen Sträucher vor Austrocknung und unerwünschtem Aufwuchs. **Tipp:** Bei winterharten Laubgehölzen lohnt es sich, wurzelnackte Heckenpflanzen zu kaufen. Diese wachsen im Herbst ebenso gut an wie getopfte Ware und sind deutlich günstiger.

Sommerschnitt

Die junge Ligusterhecke ist gut angewachsen. Im Sommer steht der erste Pflegeschnitt an, am besten nach der Blüte im Juli. Dann ist zudem der erste Jahrestrieb abgeschlossen und die Sträucher können noch mal durchtreiben. Neben den oberen Spitzen kürze ich auch die neuen Seitentriebe ein – beides mit dem Ziel, dass sich die Hecke stärker verzweigt, nicht nur in die Höhe, sondern auch in die Breite wächst und blickdicht wird. Auf lange Sicht ist ein Trapezprofil optimal für die Laubhecke. Dabei ist die Krone schmaler als die Basis, sodass die unteren Partien mehr Licht bekommen und nicht so leicht verkahlen.

Bis Mitte November haben die Geranien, auch Pelargonien genannt, unermüdlich auf unserer Terrasse geblüht. Erst als Fröste angekündigt waren, habe ich die Pflanzen auf den Winter vorbereitet

Vier Versuche der Überwinterung: Das Geranien-Experiment

Hell und 5–10 °C kühl – so sieht das optimale Winterquartier für Geranien aus. Schwierig im modernen Reihenhaus ohne Wintergarten und Gewächshaus, dafür mit einem gut isolierten Keller! Ich habe dennoch auf verschiedene Arten versucht, die Sommerblumen zu überwintern, statt sie auf den Kompost zu werfen – mit recht unterschiedlichem Erfolg.

Methode 1: Der warme, zu dunkle Keller

1 Die mehrjährigen Sommerblumen werden zunächst kräftig gestutzt. Dazu schneide ich die starken Triebe auf ca. 10 cm zurück, schwache entferne ich ganz. **2** Alte gelbe Blätter zupfe ich ab. Auch vertrocknete Pflanzenteile, die sich im Laufe der Saison auf der Erde angesammelt haben, werden beseitigt, um Krankheiten vorzubeugen. Die beiden Geranien in meinem Balkonkasten gehen mit vier bis sechs Trieben pro Pflanze in die Winterpause. **3** Im Keller platziere ich den Kasten möglichst nah am Lichtschacht. Eigentlich ist es hier etwas zu dunkel und mit 15 °C zu warm für Überwinterungszwecke. Auf zusätzliche Pflanzenleuchten verzichte ich trotzdem, da dies zu viel Aufwand für zwei Pelargonien wäre. Gegossen wird in den kommenden Wochen sehr wenig – gerade so viel, dass die Erde nicht vollständig austrocknet. **4** Ende März, also vier Monate später, hole ich die Pelargonien aus dem Keller. Die Pflanzen sehen relativ gut aus, haben mangels Licht jedoch lange Geiltriebe gebildet. Nach dem Austopfen entferne ich die alte Erde und kürze die Wurzeln mit der Schere etwas ein. **5** Die langen Triebe schneide ich nochmals auf 10–15 cm zurück, was kein Problem ist, weil Geranien sehr austriebsfreudig sind. Eingetrocknete Partien werden komplett entfernt. **6** In frische Blumenerde gepflanzt, kommen die Geranien anfangs noch in die Wohnung, an einen hellen Platz bei 18–20 °C, damit sie gut einwurzeln. An warmen Tagen dürfen die Sommerblumen zum Abhärten nach draußen. **Fazit:** Auch wenn die Bedingungen in unserem Keller nicht optimal waren, hat die Überwinterung erstaunlich gut geklappt.

Methode 2: Der kühle Fahrradschuppen

Zugegeben, der Versuch, eine Geranie draußen wie eine winterharte Topfstaude zu überwintern, ist etwas für Optimisten! **1** Nach dem Rückschnitt der Pflanze umwickle ich den Topf mit Jute und Noppenfolie. Von oben schützt eine Kokosabdeckung den Wurzelballen, von unten eine Styroporplatte. Eine Kordel hält alles zusammen.

2 Platziert wird die eingepackte Pelargonie in unserem Fahrradschuppen. Dort ist es kühl, meist frostfrei und von den Seiten dringt etwas Licht ins Innere. **3** Im Frühjahr sind nur noch trockene braune Stängel zu sehen. **Fazit:** Schiefgegangen! Obwohl der Winter mild und die Topferde zu keinem Zeitpunkt komplett gefroren war, ist es meiner Geranie offensichtlich zu kalt geworden. Zum Glück hatte ich vorab Stecklinge geschnitten (siehe auch nächste Seite), sodass die Sorte nicht völlig verloren ist.

Methode 3: Stecklinge für die Fensterbank

Geranien lassen sich im Sommer sehr gut durch Stecklinge vermehren. So spät im Jahr habe ich es noch nie ausprobiert. Einen Versuch ist es dennoch wert, weil ich **1** die Mutterpflanzen für die Überwinterung ohnehin einkürzen möchte und weil die Haupttriebe noch gesund und kräftig sind. **2** Mit der Schere schneide ich ca. 10 cm lange Stecklinge, die drei gut entwickelte Blattknoten aufweisen. Die Blätter an den beiden unteren Verdickungen werden jeweils entfernt. **3** Gesteckt wird in kleine Töpfe mit Anzuchterde. **4** Das Mini-Gewächshaus mit den Stecklingen bekommt einen Platz am hellen Küchenfenster, wird gelegentlich von mir gelüftet und per Wassersprüher leicht feucht gehalten. **5** Im Frühling kann ich die bewurzelten Stecklinge dann in neue Erde und **6** größere Gefäße umtopfen. Damit die Jungpflanzen schön buschig werden, kürze ich noch die Triebspitzen ein. **7** Bis Mitte Mai muss ich die Pelargonien – hier drei der fünf überlebenden Stecklingspflanzen – in kühlen Nächten noch ins Haus holen. **Fazit:** Etwas aufwendiger, aber durchaus eine Option, wenn das optimale Winterquartier für Geranien fehlt.

Methode 4: Der helle, warme Dachboden

1 Ein Speicher eignet sich ebenfalls für die Überwinterung von Geranien. Dieser muss natürlich frostfrei sein und das richtige Verhältnis zwischen Licht und Temperatur aufweisen. Meine Kollegin Beate Leufen-Bohlsen nutzt seit Jahren ihren Dachboden dafür (links). Mit einer Durchschnittstemperatur von ca. 18 °C ist der Raum zwar sehr warm, aber aufgrund der guten Lichtausbeute durch das Dachfenster vergeilen die Triebe weniger stark als in meinem Keller. **2** So sehen Beates frisch gestutzte, in neue Erde gesetzte Pflanzen im Frühjahr aus. **Fazit:** Natürlich nicht so perfekt wie ein helles, 5–10 °C kühles Quartier, jedoch von den vier ausprobierten Alternativen die beste, um die Geranien gesund und vital über den Winter zu bringen.

Einen Hausbaum erfolgreich unterpflanzen

In jeden Garten gehört ein Baum! Nur leider wächst darunter meist nicht viel, Rasen schon mal gar nicht. Um den Kronenbereich eines Kugel-Ahorns zu begrünen, habe ich deshalb robuste Stauden und Gräser ausgewählt, die gut mit Wurzeldruck, Trockenheit und wenig Licht zurechtkommen.

Pflanzplan für die Baumscheibe

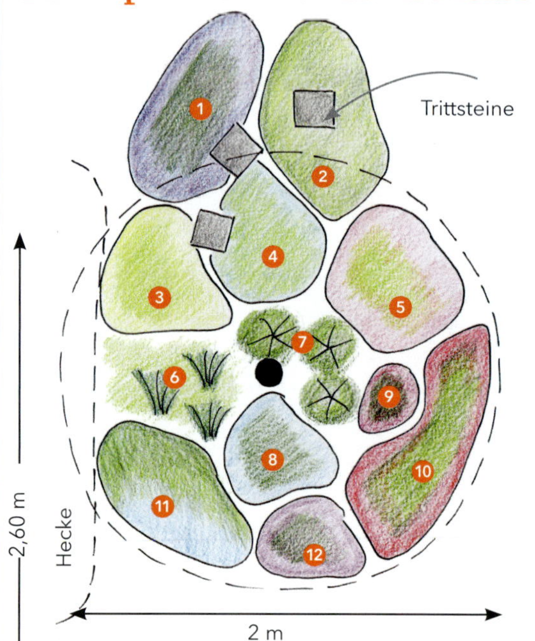

1. 4x Kleines Immergrün (*Vinca minor,* blau)
2. 4x Frauenmantel (*Alchemilla mollis*, gelbgrün)
3. 4x Flaumige Elfenblume (*Epimedium pubigerum*, cremeweiß)
4. 2x Wald-Aster (*Aster divaricatus*, weiß)
5. 3x Bergenie 'Baby Doll' (*Bergenia cordifolia*, rosa)
6. 3x Weißrandige Japan-Segge 'Icedance' (*Carex foliosissima*, bräunlich)
7. 3x Schnee-Marbel (*Luzula nivea*, weiß)
8. 2x Kaukasusvergissmeinnicht (*Brunnera macrophylla*, hellblau)
9. 1x Lenzrose (*Helleborus* x *orientalis*, rot)
10. 5x Gefleckte Taubnessel (*Lamium maculatum*, rosa)
11. 3x Balkan-Storchschnabel 'White Ness' (*Geranium macrorrhizum*, weiß)
12. 1x Katzenminze (*Nepeta* x *faassenii*, violettblau)

+ Wildkrokus- + Hasenglöckchen-Mischung (Crocus + *Hyacinthoides hispanica*, verschiedene Farben, nicht im Plan)

1 Die Krone des Kugel-Ahorns (*Acer platanoides* 'Globosum') hat einen Durchmesser von etwa 2 m. Damit die Baumscheibe schön rund wird, spanne ich eine Schnur und befestige diese an einem Pflock. So kann ich einen Kreis **2** mit einem Radius von 1 m um den Stamm ziehen und die Kante sauber vorstechen. Entlang dieser Kante entferne ich **3** den alten Rasen – genau genommen die Reste davon –, indem ich die Soden flach mit dem Spaten abtrage. Weil zwischen Baumscheibe und Zaun bzw. Palette ein schmaler, ungenutzter Streifen übrig bliebe, weiche ich dort von der kreisrunden Form ab und bepflanze diesen Bereich mit, wie auf der Zeichnung (linke Seite) zu erkennen ist.

4 Eine Schicht Sand, die ich auf der Fläche ausbringe und einarbeite, soll den verdichteten, schweren Untergrund auflockern. Ich verwende einfachen Spielsand und bringe diesen mit einer Schichthöhe von ca. 5 cm auf. Gleichzeitig kann ich so den Erdverlust durch das Abtragen der Soden ausgleichen. Mit einer Harke wird der Sand gleichmäßig verteilt und dann **5** per Spaten untergegraben. Das kann durchaus mühsam sein, je nachdem, wie stark die obere Bodenschicht durchwurzelt ist. Bei den Grabarbeiten nicht zu wild, sondern umsichtig vorgehen und **6** dicke Wurzeln aussparen, um den Baum nicht unnötig zu schädigen. Theoretisch durchwurzeln Kugel-Ahorne den Oberboden sehr stark und lassen sich nicht gut unterpflanzen, praktisch klappt es hier sehr gut.

7 Pflanzerde, oberflächlich eingearbeitet, wird den vorhandenen Boden verbessern. **8** Drei Trittplatten im hinteren Bereich sorgen dafür, dass die Palette und die darin befindlichen Topfblumen gut erreichbar bleiben. Dann geht es **9** ans Pflanzen. Ich kombiniere winter- und sommergrüne Arten mit überwiegend hellen Blütenfarben. Beim Verteilen der Stauden und Gräser halte ich mich an meinen Pflanzplan. Eine solche Zeichnung ist schnell gemacht und eine echte Hilfe, wenn es darum geht, Auswahl und Abstände der Pflanzen festzulegen. Bodendecker setze ich immer in Gruppen und gerne etwas enger. Dann kann sich die Fläche schneller schließen und es siedelt sich weniger Beikraut an. **10** Nach dem Austopfen, hier Weißrandige Japan-Segge 'Icedance', schneide ich verfilzte Wurzelballen mit dem Messer ein und setze sie so tief, dass die Oberseiten der Ballen auf Beetniveau liegen.

11 Eine bunte Mischung aus Wildkrokussen und Spanischen Hasenglöckchen, die ich als kleine Tuffs zwischen den Stauden und Ziergräsern platziere, soll schon früh im Jahr für etwas Farbe sorgen. **12** Als Pflanztiefe wähle ich bei so kleinen Knollen und Zwiebeln stets 10 cm und habe damit gute Erfahrungen gemacht. Dank Pflanzholz ist die Aktion im gelockerten Boden schnell erledigt. **13** Gründliches Angießen zum Schluss ist wichtig, ebenso regelmäßiges Wässern im ersten Jahr. Sobald die robusten Pflanzen richtig eingewurzelt sind, ist kaum noch Pflege nötig.

Nun wird's Zeit für den Winterschutz

Sobald die Nächte merklich kühler werden und erste Fröste drohen, bereite ich meine Pflanzen auf die kalte Jahreszeit vor. Ein Teil wird eingeräumt, der andere, weitaus größere Teil darf draußen bleiben. Die Art des Winterschutzes richtet sich danach, wie robust oder empfindlich die einzelnen Kübel- und Beetpflanzen sind.

Ein Gewächshaus ist optimal als Winterquartier. Während ich bei robusten Kübelpflanzen wie Olive und Lorbeer möglichst lange warte, werden Zitrusbäumchen, Dattelpalme und Enzianstrauch bereits vor den ersten Frösten eingeräumt

1

2

3

Schnelle Hilfe für kalte Nächte: Frostwächter Marke Eigenbau

Damit ein Gewächshaus frostfrei bleibt, ist eine Heizung notwendig. Am besten ein Gerät mit Thermostat, das anspringt, sobald die Temperaturen unter den Gefrierpunkt fallen. Keine dauerhafte, aber eine kurzfristige Lösung, um eine kalte Nacht zu überbrücken, ist ein selbst gebauter Frostwächter. **1** Eine dicke Kerze auf einen feuerfesten Untergrund stellen und anzünden. **2** Dann einen Tontopf über die Kerze stülpen. Damit diese ausreichend Sauerstoff bekommt, den Topfrand auf kleinen Tonfüßchen oder Steinchen platzieren. **3** Dank einer Tonscherbe über dem Abzugsloch kann sich der Topf erwärmen und die Hitze nicht nach oben entweichen. Wichtig: Den Frostwächter so aufstellen, dass nichts Entflammbares in der Nähe ist.

Oleander frostfest verpacken

Zugegeben, diese Methode ist etwas für mutige Gärtner oder für solche, die wie ich in einer klimatisch günstigen Weinbauregion leben. Oleander verträgt leichte Minusgrade, und nachdem der letzte im warmen Keller den Schildläusen zum Opfer gefallen ist, habe ich **1** Winterschutzmaterial bereitgelegt, um meine neue Pflanze dieses Mal im Gartenschuppen kühl zu überwintern. **2** Mit einer Kokosscheibe decke ich den Topfballen zunächst oben ab. Dann umwickle ich den Kübel **3** mit Noppenfolie und einer Kokosmatte. Durch Letztere lässt sich die Folie verdecken und der Wurzelballen zusätzlich schützen. **4** Per Kordel wird alles fest verschnürt. Die Zweige schütze ich mit einem **5** licht- und luftdurchlässigen Vlies, das ich mit Klammern befestige sowie unter die obere Kordel klemme. **6** Den verpackten Oleander rücke ich in die Ecke des Gartenschuppens, sodass die Pflanze noch Licht bekommt, aber vor kalten Winden geschützt ist. Bei Steinböden, z. B. auf Terrasse oder Balkon, wird noch eine Holz- oder Styroporplatte untergelegt, damit von unten keine Kälte in den Topf eindringen kann.

ZUM VIDEO

In dem Video bin ich als Verpackungskünstler zu sehen, gemeinsam mit dem Oleander, der die Aktion und den Winter tatsächlich gut überstanden hat.

Bei mediterranen Kräutern auf Nummer sicher gehen

Nach einigen milden Jahren hat mir der letzte Winter gezeigt, dass es sich durchaus lohnt, mediterrane Halbsträucher in der kalten Jahreszeit zu schützen. Während der Lavendel keine Probleme hatte, waren Rosmarin und Gewürz-Thymian stark zurückgefroren. Mein Echter Salbei hatte sich gleich ganz verabschiedet. **1** Den Rosmarin und die anderen Kräuter decke ich deshalb mit trockenem Laub und Reisig ab – spätestens, sobald Kahlfröste drohen und eine schützende Schneedecke fehlt. **2** Die Herbstblätter verteile ich so zwischen den Pflanzen, dass diese an der Basis gut geschützt sind und ihre immergrünen Triebspitzen noch herausgucken. **3** Tannenzweige als zusätzliche Abdeckung sorgen dafür, dass das Laub nicht wegweht.

Wintermantel für sensible Sträucher

Einige Gehölze sind in ihrer Jugend etwas frostempfindlich, werden aber mit zunehmendem Alter robuster. Garten-Hibiskus und Judasbaum sind solche Kandidaten, ebenso die Kräuselmyrte (*Lagerstroemia*), von der ich ein junges Exemplar in meinem Gartenbeet habe. **1** Eine Schilfrohrmatte, die ich – meistens kurzfristig – um den kleinen Strauch wickle, genügt bereits als Schutz. **2** An den überlappenden Enden verknote ich die Matte mit zwei, drei Drähten. In kalten Regionen lässt sich das Innere der Matte zusätzlich mit Herbstlaub oder Stroh füllen. Entfernt wird der Schutzmantel im zeitigen Frühjahr, sobald kein Starkfrost mehr droht. Dann schneide ich die Lagerströmie auch zurück und freue mich über die **3** leuchtenden Blütenrispen im Sommer.

„Die richtige Staude für den richtigen Standort wählen“

Jens Schachtschneider ist Gärtnermeister und Seniorchef der gleichnamigen Staudengärtnerei in Neerstedt südlich von Oldenburg. Der Familienbetrieb gehört zum Stauden Ring, einer Kooperation von Betrieben im deutschsprachigen Raum. Kultiviert werden über 2000 verschiedene Staudenarten und -sorten für den gärtnerischen Fachhandel sowie den Garten- und Landschaftsbau in Norddeutschland.

Worauf sollte ich beim Staudenkauf unbedingt achten?

Stauden sind sehr beliebt und werden nicht nur im gärtnerischen Fachhandel, sondern selbst vor den Türen der Lebensmittelmärkte angeboten. Wenn sie frisch angeliefert wurden, also noch nicht einige Tage in der Dunkelheit der Etagenwagen verbracht haben, sind sie oft attraktiv und teilweise sehr preiswert. Dennoch ist Vorsicht geboten, wie das Beispiel Lavendel zeigt. Einige Sorten sind mit dem Ziel gezüchtet worden, in einer möglichst schnellen und preiswerten Kulturzeit eine reich blühende Pflanze zu erhalten. Der längerfristige Gartenwert, also eine langlebige Staude für mehrere Jahre, rückt dabei in den Hintergrund. Somit kann die Freude über

die Pflanze sehr schnell nach der Blüte vorbei sein. Solche Pflanzen eignen sich zwar als Terrassenschmuck in Gefäßen für einige Wochen, aber für eine Beetbepflanzung sind sie vielfach nicht zu empfehlen. Daher ist es ratsam, Gartenstauden in Fachbetrieben zu kaufen. Hier findet man nicht nur eine große Auswahl an guten Sorten, sondern auch eine gärtnerische Kompetenz.

Wie muss ich den Boden vorbereiten, bevor es ans Einpflanzen der Stauden geht?
Das ist sehr von den örtlichen Gegebenheiten abhängig. Das Wichtigste: Es sollten keine Wurzelunkräuter vorhanden sein. Wenn Ausläufer von Quecke, Schachtelhalm oder Giersch im Boden sind, hat man bereits verloren, bevor das Staudenbeet angelegt wurde. Mein Tipp: In diesem Fall den Boden nach dem Umgraben einige Monate „schwarz" lassen und die Wurzelreste in regelmäßigen Abständen mit der Grabegabel aus dem noch unbepflanzten Beet holen, sobald die Unkräuter wieder austreiben. Ein weiterer Klassiker unter den beliebten Fehlern, die sich schnell rächen, sind verdichtete Böden. Wenn bei einer Neuanlage zuvor wiederholt schwere Baumaschinen über die späteren Beetflächen gefahren sind, haben die Bodenstrukturen enorm gelitten. Hier hilft nur noch ein tiefgründiges Lockern, sonst haben es die Wurzeln der Pflanzen schwer, den Boden zu durchdringen. Zudem droht Staunässe, was viele Stauden gar nicht mögen.

Wann ist der beste Zeitpunkt, um seine Stauden zu pflanzen?
Stauden werden in Töpfen angeboten. Daher sind sie ganzjährig pflanzbar, solange der Boden frostfrei ist. Wer im späten Frühjahr oder Sommer pflanzt, der hat bei einer anschließenden Trockenperiode einen Mehraufwand in der Pflege. Denn die Pflanze muss zunächst in den Boden einwurzeln und benötigt während dieser Zeit Unterstützung in Form von regelmäßigen Wassergaben. Dieser Aufwand reduziert sich bei einer Herbstpflanzung. Im September und Oktober ist der Boden meist noch warm, die Pflanze wurzelt schnell ein und kann dadurch gut überwintern. Im Folgejahr hat sich die Staude bereits am Standort etabliert und übersteht Trockenphasen wesentlich leichter. Ebenso ist eine Pflanzung mit dem ersten Austrieb im zeitigen Frühjahr günstig. Der Boden ist von den Winterniederschlägen noch durchfeuchtet und die Pflanze entwickelt sich innerhalb kurzer Zeit prächtig. Lediglich Pflanzen, die empfindlich auf Winternässe reagieren, sollte man besser im Frühling setzen, etwa Lavendel, Thymian, Montbretie und Prachtkerze.

Ist es empfehlenswert, eine Mulchschicht zwischen den frisch gesetzten Pflanzen auszubringen?
Eine mineralische oder organische Mulchschicht bietet zwei Vorteile: Die Verdunstung des Bodens wird reduziert und es keimen deutlich weniger Samenunkräuter. Jedoch ist das Material sorgfältig auszuwählen, nicht jedes ist geeignet. So mag das vielfach preiswerte Häckselgut vom Bauhof der Gemeinde zwischen großen Gehölzen funktionieren, aber für Staudenbeete ist es oft zu grob. Zudem kann es bei organischen Materialien vorübergehend zu Stickstofffestlegungen im Boden kommen, die man mit einer Nährstoffgabe kompensieren sollte, zum Beispiel mit Hornspänen. Während sich für schattige Pflanzungen feiner Rindenmulch bewährt hat, eignet sich zwischen sonnenliebenden Stauden eine Abdeckung aus Splitt (Körnung 4/8 oder 8/16 mm).

Du hast gerade von Nährstoffen gesprochen. Muss ich meine Stauden regelmäßig düngen?
Unsere Hausgärten sind vielfach überdüngt. Daher ist eine sorgsame Abwägung ratsam. Wer einen

Komposthaufen in seinem Garten unterhält, also den Rasenschnitt, das Herbstlaub oder die abgestorbenen Pflanzenteile kompostiert und dieses Material später im Garten wieder ausbringt, der hat eine wunderbare, zudem umweltfreundliche Kreislaufwirtschaft. Zusätzliche Nährstoffgaben sind dann kaum nötig. Ein Nährstoffmangel zeigt sich, wenn Pflanzen – insbesondere auf leichten, sandigen Böden – zögerlich wachsen und das Laub eine helle Färbung aufweist. Hier sind organische Dünger zu empfehlen. Diese wandeln sich im Erdreich über einen längeren Zeitraum in eine pflanzenverfügbare Form um. So wird nicht nur der Humusaufbau im Boden gefördert, es lässt sich auch eine Überdüngung der Pflanzen und ein Nitrateintrag ins Grundwasser vermeiden.

Gibt es weitere Pflegetipps, die gerne mal vergessen werden?

Ich hatte schon den beliebten Lavendel erwähnt. Dabei handelt es sich genau genommen um einen Halbstrauch, der im Herbst nicht wie eine klassische Staude oberirdisch einzieht. Ältere Exemplare verholzen leicht, wirken dann struppig und unschön. Dies kann man verhindern, indem man die Pflanze direkt nach der Blüte um ca. ein Drittel einkürzt. Dabei werden die welken Blütenstände zusammen mit den obersten Laubblättern entfernt. Wer möchte, kann seinen Lavendel im Frühjahr etwas stärker zurückschneiden, aber nicht zu tief ins alte Holz! Mit der Schere am besten oberhalb der neuen Austriebe bleiben, die sich dann bereits unten an der Pflanze zeigen. Ebenfalls ein guter Tipp ist der bodentiefe Rückschnitt des Steppen-Salbeis (NICHT Küchen-Salbei!) nach der Blüte. Die Staude treibt anschließend wieder aus und erfreut uns ein paar Wochen später mit einem zweiten, wenn auch nicht mehr ganz so üppigen Flor. Das funktioniert auch bei Schafgarben, Spornblumen und Ritterspornen. Eine weitere alte Gärtnertechnik ist das sogenannte Pinzieren. Entfernt man bei Sonnenbraut, Bartfaden, Duftnessel und Hohem Phlox in der Wachstumsphase, ungefähr Mitte April bis Anfang Mai, einen Teil der Triebspitzen, blühen diese Bereiche später und gleichzeitig werden die Stauden standfester.

Wann muss ich meine Stauden teilen und weshalb eigentlich?

Viele Stauden erfreuen uns über viele Jahre, ohne dass wir dafür etwas tun müssen, etwa Pfingstrosen und Funkien. Allerdings gibt es Stauden, z.B. Margeriten, und insbesondere Ziergräser, z.B. Federborstengräser, die zu einer Vergreisung neigen und deren Blütenpracht mit den Jahren abnimmt. Ausbreitungsfreudige Kandidaten wie Kerzen-Knöterich und Goldfelberich dominieren unerwünscht das Staudenbeet, weil sie die Nachbarpflanzen bedrängen. In solchen Fällen empfiehlt sich eine Teilung. Dabei werden entweder mit dem Spaten Pflanzenteile entfernt oder die Staude bzw. das Gras aufgenommen und die Teilstücke anschließend neu eingesetzt. Beste Zeit dafür ist das zeitige Frühjahr, also mit dem ersten Austrieb der Pflanze.

Welche Möglichkeiten außer der Teilung habe ich noch, um meine Stauden zu vermehren?

Das Teilen einer Staude ist der Klassiker und zugleich für den Gartenfreund die einfachste Vermehrungsmethode. Natürlich kann man auch Samen abnehmen und diese aussäen. Allerdings haben wir in den Staudensortimenten viele gärtnerische Selektionen, die gegenüber der Naturform besondere Eigenschaften im Wuchs oder in der Blüte besitzen. Diese gehen vielfach bei einer Samenvermehrung verloren. Daher vermehren verantwortungsbewusste Staudengärtner den Großteil des Sortimentes vegetativ, das heißt durch Teilung oder Stecklinge. Zudem hat in den letzten Jahren die Meristem- oder In-vitro-Vermehrung an Bedeutung gewonnen.

Du hast gerade die Meristem-Vermehrung angesprochen. Haben solche im Labor gezogenen Jungpflanzen bessere oder schlechtere Eigenschaften als klassisch vermehrte Stauden?
Als diese Vermehrungsmethode vor ca. 30 Jahren verstärkt angewendet wurde, gab es zunächst auch kritische Stimmen. In der Tat gingen anfangs schon mal wichtige Eigenschaften einer Pflanze verloren. Dieses Stimmungsbild hat sich geändert, da man über die Jahre viel Erfahrung sammeln konnte und die Technik verfeinert hat. Der große Vorteil liegt in der Gesundheit der Pflanze. Das Ausgangsmaterial wird vorher aufwendig von oftmals nicht sichtbaren Krankheiten befreit, beispielsweise von Virosen. Dadurch bekommen wir kerngesunde Jungpflanzen mit einem üppigen Wachstum. Ein Nachteil ist der höhere Preis der Pflanzen. Aufgrund der Vorteile setzen wir dennoch bei zahlreichen Stauden auf diese Vermehrungsmethode, zumal sich damit auch schwer vermehrbare Stauden in größeren Stückzahlen anbieten lassen.

Ist beim Pflanzenschutz etwas zu beachten?
Wer die richtige Staude an den richtigen Standort setzt und zugleich gute Sorten auswählt, der hat das Wichtigste bereits getan. Konkret bedeutet das: Von ihren Naturstandorten bringen Pflanzen wertvolle Talente mit, etwa Sonnen- und Trockenheitsverträglichkeit. Beachten wir dieses, so sind die Pflanzen weniger anfällig gegenüber Krankheiten. Bei den gärtnerischen Züchtungen werden in Zusammenarbeit der Staudengärtner mit den Fachhochschulen Vergleichspflanzungen angelegt. Hier erfolgt eine mehrjährige Bewertung der Sorten nicht nur hinsichtlich ihrer Optik und Eigenschaften wie Standfestigkeit, auch die Gesundheit ist ein wichtiger Faktor. Die Ergebnisse sind für uns eine bedeutsame Orientierung bei der Sortimentsfindung. Wenn Stauden kränkeln, ist vielfach etwas im Argen. Es gilt also gute Voraussetzungen für ein gesundes Wachstum zu schaffen, dann bleibt die Freude im Garten ungetrübt. Und wenn sich im Herbst doch einmal etwas Mehltau an den Astern oder einige Blattflecken an den Phloxen zeigen, können wir dies durchaus tolerieren. Gleiches gilt für einen leichten Befall mit Blattläusen, über die sich Florfliegenlarven und Marienkäfer genauso freuen wie Meisen.

Wie sieht's eigentlich mit torffreier Erde bei der Staudenanzucht aus? Ist das ein Thema für eure Kunden?
Unsere Kunden des gärtnerischen Fachhandels kennen und schätzen unsere ökologische Ausrichtung nicht nur im Bereich der Torfreduzierung. Ohnehin handeln insbesondere die klassischen Staudengärtnereien mit ihren großen Sortimenten sehr umweltbewusst. Der Torfanteil im Substrat liegt vielfach unter 50 Prozent. Wir kultivieren aktuell mit einem Torfanteil im Substrat von maximal 30 Prozent, einige Kulturen sogar komplett torffrei. Derzeit stehen noch nicht ausreichende Mengen bei den alternativen Komponenten zur Verfügung. Zudem müssen wir stets das gute Gedeihen unserer Pflanzen im Blick behalten. Es hat sich jedoch erstaunlich viel getan, und das innerhalb sehr kurzer Zeit.

Fachkräfte- und Personalmangel, wo man hinhört. Wollen junge Leute überhaupt noch Gärtner werden?
In einem Buch, das sich mit der Zukunft der Menschheit befasst, habe ich gelesen, dass der Beruf des Gärtners zu den wenigen zählt, den es auch in hundert Jahren noch geben wird. Gegenwärtig klagen jedoch nicht nur Gartenbaubetriebe über einen Mangel an Auszubildenden. Wobei wir aktuell in unserem Betrieb so viele junge Menschen ausbilden dürfen wie schon lange nicht mehr. Darüber freuen wir uns sehr und hoffen, dass dieser Trend anhält.

Winter

Die Gartenruhe genießen!

Im Winter kehrt Ruhe in den Garten ein – schön, nach all dem bunten Herbsttreiben. Sie können sich entspannt zurücklehnen, schon vom nächsten Frühling träumen und die stille Zeit genießen oder eines meiner nachfolgenden Projekte umsetzen.

Am Vogelhäuschen herrscht jetzt großer Andrang, über dem Teich liegt Stille und was im Frühjahr sprießt und im Sommer üppig blüht, zieht sich nun zurück. Während im Nutzgarten die Beete ruhen und der Kompost arbeitet, entfalten im Ziergarten Gehölze mit schöner Struktur und Rindenfärbung ihren Reiz. Und im Naturgarten finden Igel und andere Kleintiere wertvolle Rückzugsorte – wenn wir sie ihnen lassen.

Einige wenige Arbeiten gibt es im Winter dennoch zu erledigen: Empfindliche Pflanzen wollen vor Minusgraden geschützt, Werkzeuge gewartet und erste Saatgutbestellungen getätigt werden. Aber keine Sorge, es bleibt ausreichend Zeit, um Kraft und Energie für die kommende Gartensaison zu sammeln.

Das ist jetzt zu tun

Ziergarten

- Winterschutz bei empfindlichen Stauden und Gehölzen anbringen
- Regentonnen, Gießkannen und Gartenschläuche entleeren und einwintern
- Kübelpflanzen im Winterquartier auf Schädlinge kontrollieren
- Sommerblühende Sträucher bei Plusgraden zurückschneiden
- Ziergräser und letzte Stauden ausgangs des Winters bodennah einkürzen

Nutzgarten

- Leere Beete mit Laub abdecken, um den Boden zu schützen
- Wintergemüse wie Grünkohl, Feldsalat und Lauch an milden Tagen ernten
- Lagergemüse kontrollieren, faulendes Obst und Gemüse entsorgen
- Werkzeuge säubern, schärfen, ölen und bei Bedarf reparieren
- Obstgehölze bei frostfreier Witterung auslichten

Naturgarten

- Futterstellen für Vögel regelmäßig reinigen und auffüllen
- Frühzeitig Eisfreihalter in Teichen mit Fischbesatz einsetzen
- Vogeltränke frostfrei halten und ggf. warmes Wasser nachfüllen
- Schnittgut nicht entsorgen, sondern zu einer Biotop-Hecke aufschichten
- Im Spätwinter neue Insektenhotels aufhängen

Tischlein, deck dich für gefiederte Gäste

Nicht alle Vogelarten sind solche Akrobaten, dass sie frei hängende Futterspender nutzen können. Amseln, Rotkehlchen und Buchfinken suchen bevorzugt auf dem Boden nach Nahrung. Um diese Vögel in meinen Garten zu locken, habe ich einen Futtertisch gebastelt.

Bitte recht freundlich! Es hat ein paar Tage gedauert, bis das erste Rotkehlchen den neuen Futtertisch angenommen hat. Auch Meisen und Spatzen sind Stammgäste – trotz Futtersilos in der Nähe

1 Für meinen Futtertisch fertige ich zunächst den oberen Rahmen an und habe 40 cm als Länge sowie 30 cm als Breite festgelegt. Als Material verwende ich weiß vorlackierte Rechteckleisten (20 x 30 mm) aus dem Baumarkt. **2** Die Holzleisten säge ich mithilfe einer Gehrungsschneidlade so zurecht, dass sie an den Enden jeweils einen 45-Grad-Winkel aufweisen. Der Gehrungsschnitt hat rein optische Gründe, die den Vögeln sicherlich egal sind. **3** Nach dem Sägen lege ich den Rahmen probeweise zusammen, um zu gucken, ob es passt und ob ich sauber gearbeitet habe.

4 An den äußeren Enden der beiden langen Leisten bohre ich für die spätere Verschraubung mit einem kleinen Holzbohrer jeweils ein Loch vor. Dann trage ich an den Schnittstellen einen **5** wasserfesten Holzleim auf, setze den Rahmen zusammen und spanne ihn zum Trocknen für etwa 15 Minuten in die Werkbank ein. **6** Mit vier Senkkopfschrauben (3,5 x 50 mm) wird der Rahmen zusätzlich fixiert. So muss ich nicht warten, bis der Leim komplett ausgehärtet ist, und kann direkt weiterarbeiten.

7 Ein reißfestes Fliegengitter bildet die Grundlage des Futtertischs. Mit einer Haushaltsschere schneide ich ein 38 x 28 cm großes Stück zurecht **8** Das Gitterstück hefte ich per Tacker an die Rahmenunterseite, damit es nicht verrutscht. **9** Vier Holzleisten (10 x 20 mm), die ich auf 38 bzw. 24 cm zurechtgesägt habe, lege ich im Abstand von 1 cm zur Außenkante auf den Rahmen. Die langen Leisten befestige ich mit je fünf, die kurzen mit je drei Schrauben (3,5 x 20 mm).

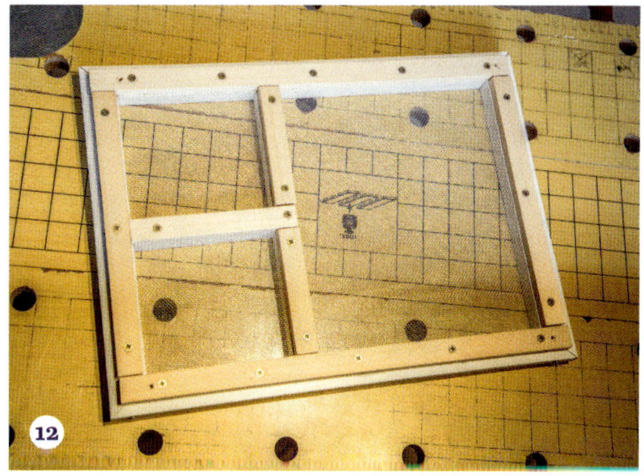

10 Die beiden Innenfächer fertige ich aus weißen Quadratleisten (20 x 20 mm) an. Die 12 und 24 cm langen Stücke werden verleimt und miteinander verschraubt sowie mit drei weiteren Schrauben (3,5 x 50 mm) **11** am Rahmen befestigt. Die Löcher habe ich vorgebohrt.

12 Auf der Unterseite befestige ich noch drei kurze Leisten (10 x 20 mm), die dafür sorgen, dass das Gitter später nicht durchhängt. Außerdem bekommt der Futtertisch durch die Unterteilung zusätzliche Stabilität. Auf Gehrungsschnitte kann ich in diesem Fall verzichten.

13 Für die vier Füße verwende ich sogenannte Winkelleisten (35 x 35 mm), die ich auf eine Länge von jeweils 15 cm säge und deren raue Schnittkanten ich mit etwas Schleifpapier glätte. **14** Die Winkelleisten schließen mit der Oberseite des Rahmens ab und werden pro Fuß durch zwei kurze Schrauben (3,5 x 20 mm) befestigt. Diese leicht versetzt zu den bereits vorhandenen Rahmenschrauben (siehe Step 6) anbringen. Auch hier wurden die Löcher wieder vorgebohrt. **15** Um die Haltbarkeit zu erhöhen, streiche ich das unbehandelte Holz noch mit etwas Leinöl ein. Nach dem Trocknen stelle ich den fertigen Futtertisch so im Garten auf, dass die Vögel freie Sicht haben und sich Katzen nicht ungesehen anschleichen können. Als Befüllung dienen Leckereien wie Fettfutter, Sonnenblumenkerne und Apfelstücke. Die Futterstelle trocknet nach Regenfällen dank des wasserdurchlässigen Gitters schnell ab und wird natürlich regelmäßig von mir gesäubert.

Das benötigen Sie

Material:

2x Rechteckleisten (20 x 30 x 400 mm)
2x Rechteckleisten (20 x 30 x 300 mm)
1x Quadratleiste (20 x 20 x 240 mm)
1x Quadratleiste (20 x 20 x 120 mm)
2x Rechteckleisten (10 x 20 x 380 mm)
2x Rechteckleisten (10 x 20 x 240 mm)
2x Rechteckleisten (10 x 20 x 110 mm)
1x Rechteckleiste (10 x 20 x 140 mm)
4x Winkelleisten (35 x 35 x 150 mm)
8x Senkkopfschrauben (3,5 x 50 mm)
30x Senkkopfschrauben (3,5 x 20 mm)
reißfestes Fliegengitter (380 x 280 mm)
wasserfester Holzleim + Leinöl
hochwertiges Vogelfutter

Werkzeug:

Säge • Gehrungsschneidlade
Akkuschrauber • Holzbohrer
Bits • Schraubendreher
Tacker • Haushaltsschere
Schleifpapier • Pinsel
Maßband • Bleistift

Blütenschmuck zu Weihnachten: Amaryllis vortreiben

Rittersterne – so der offizielle, aber wenig gebräuchliche Name dieser Zimmerpflanzen – gelten neben Weihnachtssternen als Klassiker für die winterliche Stube. Wer die Zwiebeln im November eintopft, kann sich zur Weihnachtszeit an der Blütenpracht erfreuen.

Eine Amaryllis-Zwiebel, etwas Erde und Blähton, das passende Gefäß sowie Schere und Gießkanne genügen eigentlich schon. Das übrige Material dient lediglich dazu, der Pflanzung einen hübschen Rahmen zu geben

Pünktlich zum Fest hat meine Amaryllis ihre ersten Blüten geöffnet. Fünf Wochen liegen zwischen diesen beiden Fotos. Theoretisch hätte es bis zu acht Wochen dauern können. Unten ist bereits eine zweite Knospe zu erkennen, die sich langsam nach oben schiebt. Die langen, schmalen Blätter erscheinen im Anschluss

Beim Gefäß habe ich mich für eine breite Glasvase entschieden. Eine standfeste Kombination aus klassischem Innen- und Übertopf geht natürlich auch. **1** Als Drainage fülle ich unten eine 2–3 cm hohe Schicht Blähton ein, darauf dann etwas Zimmerpflanzenerde. Ich habe eine relativ dicke Amaryllis-Zwiebel (botanisch: *Hippeastrum*) gewählt, in der Hoffnung, dass sie mehrere Blütenstiele hervorbringt. **2** Die vertrockneten Wurzelspitzen werden eingekürzt und lose Hüllblätter entfernt. Dann setze ich die Amaryllis in die Vase, füge **3** weiteres Substrat hinzu, und zwar genau so viel, dass die Zwiebel bis zur Hälfte damit bedeckt ist. **4** Beim Angießen achte ich darauf, nur die Erde und möglichst nicht die Zwiebel zu befeuchten.

Nachdem ich das Moos rund um die Amaryllis verteilt habe, schneide ich die beiden **5** Zweige der Roten Winterbeere (*Ilex verticillata*) auf die passende Länge und stecke sie seitlich in das Gefäß. Dann geht's ans Dekorieren: Weihnachtskugeln, Kiefernzapfen und etwas Tannengrün unterstreichen die festliche Stimmung, ebenso die **6** kleine Lichterkette, deren warmweiß leuchtende LED-Lämpchen dank Batterien und Timer abends automatisch anspringen. Als Abschluss ein dezentes goldfarbenes Dekoband um die Vase und noch einen **7** Geschenkanhänger an die Zweige – fertig ist mein weihnachtliches Pflanzenarrangement. Dies stelle ich an einen hellen, rund 20 °C warmen Platz. In den nächsten Wochen werde ich es sparsam gießen und regelmäßig drehen, sobald sich erste Blütenstiele zeigen – damit diese schön gerade nach oben wachsen.

Kopfweiden, hier *Salix alba* 'Britzensis', werden im Winter gestutzt. Das knorrige Exemplar steht im Garten eines Bekannten, der mir netterweise einen Teil der einjährigen Ruten überlassen hat

Neben Weidenruten zum Flechten habe ich einige gerade Haselnusszweige für die Pfosten geschnitten. Dazu kommen noch Holzhammer, Zollstock, Gartenschere, Astkneifer und Messer, mehr brauche ich nicht an Material und Werkzeug

Weideneinfassung für den Vorgarten

Der vordere Teil unseres Gartens grenzt direkt an einen öffentlichen Weg. Um beides klar, aber dezent voneinander abzugrenzen, habe ich mir überlegt, eine niedrige Einfassung aus Weiden zu flechten. Das sieht schick aus, macht Spaß und weil im Winter die meisten Arbeiten im Garten ruhen, habe ich dafür genügend Zeit.

Als Grundkonstruktion für meine Einfassung dienen kleine Pfosten, die ich mit dem Astkneifer auf eine Länge von jeweils 40 cm schneide. Theoretisch könnte ich dafür auch dickere Weidenäste nehmen. Weil die aber dazu neigen, Wurzeln zu bilden und neu auszutreiben, wenn man sie in die Erde steckt, habe ich mich bei den Pflöcken für junge, gerade gewachsene Haselnusszweige entschieden. **1** Mit einem Schnitzmesser spitze ich die Stecken unten an und schlage sie **2** im Abstand von 25 cm mit einem Holzhammer 15–20 cm tief in den Boden. Zu meinem Glück sitzt die Betonkante der Randsteine weiter unten in der Erde. Die Pfosten müssen noch nicht gleich hoch sein, weil ich sie ganz zum Schluss (Schritt 9) anpasse.

Die geschnittenen Weidenruten werden von mir im Wasserkübel in unserem Schuppen zwischengelagert, um sie frisch zu halten. Nach kurzer frostbedingter Unterbrechung (Kasten unten rechts) kann ich die Ruten verarbeiten und entferne zunächst die **3** kleinen Seitenzweige. Dann flechte ich die **4** biegsamen Weidenäste zwischen den Pflöcken hindurch. An der Ecke habe ich einen zusätzlichen Pflock eingeschlagen, damit die innen liegenden Bahnen nicht in der Luft hängen und eng zwischen den beiden Pfosten um die Kurve geleitet werden.

5 Die weichen Spitzen lassen sich sogar komplett um den Anfangs- bzw. Endpfosten wickeln. Wichtig ist, zwischen dicken und dünnen Ruten zu wechseln, um eine gleichmäßige Höhe zu bekommen. Beim Flechten führe ich eine Rute jeweils vor und hinter einem Stecken entlang und platziere die nächste versetzt darüber. Meine Weidenruten haben eine Länge von 1,50–2,50 m. Bei einer Beetlänge von 1,50 x 3 m muss ich deshalb immer wieder neu ansetzen. **6** Schmale Enden lasse ich in einer Lücke verschwinden, dickere schneide ich schräg am Pfosten ab.

7 Die einzelnen Lagen drücke ich zwischendurch immer wieder zusammen, um Lücken zwischen den Ruten zu schließen. **8** Die überstehenden Enden am Anfang und Ende der Einfassung schneide ich bündig ab. **Tipp:** Sollte einer dieser Zweige so unter Spannung stehen, dass er nicht richtig anliegt, lässt er sich mit einem kleinen Nagel am Pfosten befestigen. **9** Zum Schluss bringe ich die Stecken noch per Astkneifer auf eine einheitliche Höhe, sodass sie am Ende 2–3 cm aus dem etwa 15 cm hohen Geflecht herausragen. **10** Im Frühling hat sich unser Vorgartenbeet mit Blüten gefüllt – nun mit dem passenden Rahmen.

ÜBRIGENS …

… hatte ich mir für mein Weidenzaunprojekt die einzige Frostnacht im Dezember ausgesucht. Weil die Ruten morgens im Wasserkübel eingefroren waren, konnte ich sie nicht verarbeiten. Kurzerhand habe ich die Weidenzweige zum Auftauen in unsere Badewanne gelegt – sehr zur Freude meiner Damen – und die Arbeit einen Tag später fortgesetzt.

Kohlmeisen zählen zu den Stammgästen an meiner Futter-Etagere, ebenso Blaumeisen und Spatzen. Sogar ein Rotkehlchen landet dort gelegentlich. Amseln, Sing- und Wacholderdrosseln bedienen sich im Winter gerne an den Früchten unseres Zierapfels 'Red Sentinel'

Meine kleine Futterstation

Unser Zierapfel wird im Winter zum Vogeltreff. Nicht nur der Fruchtschmuck, auch in den Baum gehängte Meisenknödel locken zahlreiche gefiederte Gäste an. Ein idealer Platz also für mein neues Futtersystem – hergestellt aus einem Etageren-Bausatz und zwei kleinen Porzellantellern.

Das benötigen Sie

2 verschieden große Teller oder Schalen
Etageren-Bausatz aus Metall
Sicherheitsaufhänger
Akkuschrauber
Diamantbohrer
Schraubendreher
Schutzbrille
Zirkel + Filzstift
Malerkrepp + Lappen
feste Arbeitsunterlage
Wasser + Vogelfutter

ÜBRIGENS ...

... habe ich für dieses Projekt sowohl von meiner Mutter als auch von einer Mein-schöner-Garten-Leserin Schelte bekommen. Nicht wegen der Etagere, sondern wegen des ostfriesischen Teegeschirrs, das ich dafür mutwillig zerstört habe. Zu meiner Ehrenrettung muss ich sagen, dass es zu den Schälchen keine Tasse mehr gab und es sich nicht um die original „Ostfriesische Rose", sondern um eine Nachbildung aus den 1980er-Jahren handelte.

1 Zunächst klebe ich zwei kurze Streifen Malerkrepp kreuzförmig auf die Innenseite des ersten Tellers. Diese alte Untertasse (Durchmesser 12 cm) wird später die Abdeckung der Futterstelle bilden. Passend zu meiner Herkunft habe ich mich für das Porzellandekor „Ostfriesland" entschieden. **2** Mithilfe eines Zirkels bestimme ich den Mittelpunkt und markiere diesen per Filzstift. **3** Den Diamantbohrer (Durchmesser 6 mm) setze ich zunächst schräg an, etwa im 45-Grad-Winkel, und bohre nur leicht vor, sodass mittig eine kleine Vertiefung entsteht. Dank des Kreppbands kann der Bohrer auf der glatten Oberfläche nicht abrutschen. Als Kühlmittel gebe ich dann etwas Wasser auf den Teller. So kann der Bohrer trotz des harten Materials nicht überhitzen. Der Lappen dient nicht nur als rutschfeste Unterlage, er fängt auch das Wasser auf, das durch das Bohrloch entweichen wird. **4** Beim finalen Bohren beginne ich wieder leicht schräg, stelle den Akkuschrauber dabei langsam senkrecht und erhöhe auf volle Drehzahl, ohne zu viel Druck auszuüben. Das Ergebnis ist ein exaktes Loch in der Tellermitte (kleines Foto).

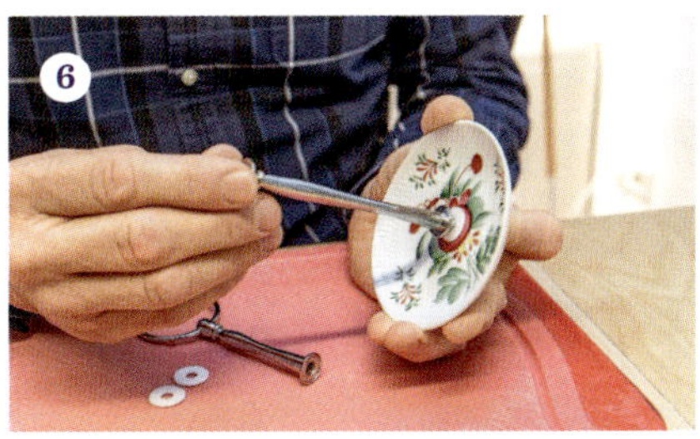

Als Unterteil meiner Futterstation wähle ich ein Konfektschälchen, das aus demselben Teeservice stammt und mit 10 cm Durchmesser etwas kleiner als die Untertasse bzw. Abdeckung ist. Nachdem ich auch in das Schälchen ein Loch gebohrt habe, verbinde ich beide Teile mithilfe eines Etageren-Bausatzes. **5** Die untere Schraube wird zu beiden Seiten mit einer Unterlegscheibe aus Kunststoff versehen. Darauf setze ich **6** die erste Stange und **7** drehe die Schraube anschließend vorsichtig an. **8** Mit der oberen Stange und zwei weiteren Unterlegscheiben wird die Abdeckung befestigt. Eine dritte, ebenfalls zum Bausatz gehörige Stange lasse ich weg. **Tipp:** Alternativ kann man für die Konstruktion auch eine Gewindestange mit passenden Muttern verwenden. **9** Die fertige Futter-Etagere hänge ich in unseren Zierapfelbaum und befülle sie mit Vogelfutter. Dank eines speziellen Aufhängers kann die Konstruktion nicht herunterfallen – auch wenn sie mal schaukelt – und lässt sich zum Reinigen leicht abnehmen.

Das benötigen Sie

1x HDF-Platte (weiß beschichtet, 50 x 20 x 0,3 cm)
2x Rechteckleisten (50 x 6 x 1 cm)
2x Rechteckleisten (18 x 6 x 1 cm)
8x Nägel • Tacker • Holzleim • Alleskleber
Farbe (weiß) • 4x Kerzen • 2x Echeverien
1x Mini-Baumheide • Zweige • Zapfen
Moos • diverses Deko-Material

Ein modernes Adventsgesteck zur Weihnachtszeit

Ich mag die besinnlichen Tage mit Kerzenschein, Keksen und Glühwein. Ein Adventskranz gehört für mich dazu. Der soll dieses Jahr etwas anders ausfallen. Deshalb habe ich mich als Deko-King an einer kreativen Variante versucht.

1

2

3

4

1 Für den Bau des flachen, schmalen Tabletts greife ich auf Restholz zurück. Danach richten sich auch die frei wählbaren Maße der Konstruktion, in meinem Fall 50 x 20 x 6 cm. Die weiß beschichtete Hartfaserplatte (Stärke 3 mm) war ursprünglich eine Schrankrückwand und wird von mir auf die Größe der Grundfläche zugesägt. **2** Die Rechteckleisten (Stärke 10 mm) messen an den beiden langen Seiten 50 cm und an den kurzen jeweils 18 cm. Nach dem Glätten der Sägekanten wird der Rahmen montiert. Zunächst trage ich etwas **3** Holzleim auf, verbinde die Bretter dann an jeder Ecke mit **4** zwei dünnen Nägeln und achte darauf, diese möglichst gerade in die schmalen Leisten zu schlagen.

5 Per Tacker (Klammerlänge 8 mm) wird die Grundplatte mit der beschichteten Seite nach oben am Holzrahmen befestigt. Weil ich kleine Topfpflanzen für mein Arrangement einplane und nicht möchte, dass seitlich später Gießwasser austritt, werden **6** die Innenkanten mit wasserfestem Holzleim versiegelt. Die dünne Naht ziehe ich anschließend mit dem Finger glatt. Alternativ lässt sich dafür auch Silikon verwenden. Sobald der Leim getrocknet ist, bekommen die Leisten **7** einen weißen Anstrich aus Kreidefarbe, die von einer meiner vorherigen Bastelaktionen stammt. Als Finish ein farbloses Möbelwachs aufgetragen – und fertig ist die Konstruktion.

Nun sind meine Deko-Künste gefragt! **8** Die Kerzen als wichtigstes Element werden zuerst positioniert. Es folgen drei kleine Zimmerpflanzen. Ich habe mich für zwei verschiedenfarbige Echeverien sowie eine Mini-Baumheide (*Erica arborea*) entschieden, die wie ein Zwergtannenbaum aussieht. Die Zwischenräume werden **9** mit Moos aus dem Garten gefüllt. **10 + 11** Bei diesem kleinen Weihnachtsbaum habe ich versucht, die Klammer mit Heißkleber an der Holzleiste zu befestigen, was aufgrund der aufgetragenen, wasserabweisenden Wachspolitur nicht funktioniert hat. Deshalb greife ich hier auf Alleskleber zurück, ebenso für weitere Elemente, die direkt am Rahmen angebracht werden.

Statt klassischer habe ich kleine Weihnachtskugeln gewählt, weil diese dezenter wirken. Verschiedene Sterne und Zapfen sowie locker platzierte Mistel-, Ilex- und Kiefernzweige unterstreichen die festliche Stimmung. Den Abschluss bildet **12** ein passendes Geschenkband, das ich um den Rahmen spanne, auf der Rückseite etwas überlappen lasse und mit einer Tackerklammer befestige. Dann heißt es: Advent, Advent, **13** ein Lichtlein brennt. Wer sich über meine harmonische Materialauswahl wundert, dem sei gesagt, dass ich dabei familieninterne weibliche Unterstützung hatte.

Süßkirschen aus eigener Anzucht

Ein Obstbaum besteht in der Regel aus zwei Teilen: aus der Unterlage, die gute Wuchseigenschaften mitbringt, und aus dem Edelreis, das für schmackhafte Früchte sorgt. Ich nutze die winterliche Ruhephase der Gehölze, um Kirschbäume zu veredeln.

Alles liegt bereit: Kirschenunterlagen, Zweige verschiedener Süßkirschen-Sorten, Gartenschere, Veredlungsband, Etiketten und Stift sowie ein scharfes Veredlungsmesser

1

2

3

1 Zunächst schneide ich von unterschiedlichen Kirschbäumen, die ich vermehren möchte, einige gesunde junge Zweige ab. Diese Sorten stellen später die Edelreiser. **2** Als Unterlage für meine Süßkirschen habe ich 'GiSelA 5' gewählt. Die schwach wachsende Züchtung sorgt für 3-4 m hohe Bäume und ist damit gut für den Hausgarten geeignet. Um die Bildung neuer Wurzeln anzuregen, kürze ich die vorhandenen etwa um die Hälfte ein. **3** Am oberen Ende schneide ich die Unterlage 15–20 cm über dem Wurzelansatz ab. In meinem Fall stammen die Jungpflanzen aus einer Obstbaumschule vor Ort. Wer diese Möglichkeit nicht hat, kann die Unterlagen auch über den Versandhandel bestellen (Adresse Seite 237). Die hier gezeigte einfache Form der Winterveredlung wird fachsprachlich auch als Kopulation bezeichnet.

4 Das Edelreis sollte etwa die gleiche Stärke wie die Unterlage aufweisen, damit die Pflanzenteile später gut zusammenpassen. **5** Ein glatter, sauberer Schnitt ist das Wichtigste bei der Veredlung. Dafür ist ein gut geschärftes Taschenmesser oder besser ein spezielles Veredlungsmesser notwendig. Für eine ziehende Schnittführung setze ich die Klinge fast parallel zum Holz an und schneide in einer fließenden Bewegung durch den Trieb, indem ich die Kraft aus der Schulter hole. Dass man dabei nicht nur auf seinen Daumen, sondern auch auf die Kleidung achtgeben muss, ist unschwer an dem Schnitt in der Arbeitsweste über meiner Hand zu erkennen! Um etwas Übung zu bekommen, lohnt es sich, die Technik vorab an jungen Weiden- oder Haselnusszweigen auszuprobieren. Hat die Ausführung nicht auf Anhieb geklappt, wird die Stelle noch einmal nachgeschnitten.

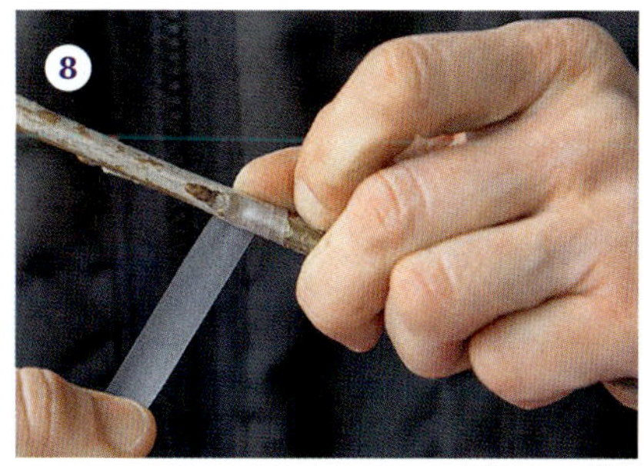

6 So sehen gelungene Veredlungsschnitte aus. Für eine passgenaue Deckung sollten die Flächen jeweils 4–5 cm lang sein und möglichst nicht mit den Fingern berührt werden. **7** Beim Edelreis die Wuchsrichtung beachten und es so auf der Unterlage platzieren, dass die Ränder exakt aufeinanderliegen. Falls die beiden Teile unterschiedlich dick sind, müssen die Randbereiche mindestens an einer Seite deckungsgleich sein. Dies ist wichtig, weil sich außen die sogenannte Kambiumschicht befindet, die für das Zusammenwachsen sorgt. Unterstützt wird der Prozess durch das Zugauge – eine Knospe, die sich auf der Rückseite der Schnittfläche befindet. **8** Mit dehnbarem Kunststoffband, das ich stramm von unten nach oben um die Veredlungsstelle wickle, fixiere ich Unterlage und Edelreis. Letzteres hat drei bis fünf Knospen, was hier einer Länge von ca. 10 cm entspricht.

9 Die fertigen Veredlungen habe ich gebündelt und beschriftet, soweit mir die Sorten bekannt sind. **10** Ausgepflanzt werden die jungen Bäume bei frostfreiem Wetter direkt ins gelockerte Gartenbeet. Ein kleiner Tunnel aus luftdurchlässigem Vlies schützt den Nachwuchs vor kaltem, austrocknendem Wind. **11** Im Sommer ist spätestens zu erkennen, bei welchen Pflanzen die Vermehrung geglückt ist. Dann wird auch das Veredlungsband entfernt, falls es sich bis dahin nicht selbstständig gelöst hat. Für den Eigenbedarf benötige ich nur ein Exemplar von jeder Süßkirschen-Sorte. Die übrigen, zusätzlich veredelten Bäumchen sind ein gern gesehenes Geschenk im Kollegen- und Freundeskreis.

Die richtige Technik beim Gehölzschnitt

Verjüngen, ableiten, auf Auge schneiden – alle diese Fachbegriffe beschreiben verschiedene Schnitttechniken für Obst- und Ziergehölze. Ich erkläre Ihnen, was sich dahinter verbirgt.

Verjüngungsschnitt

Blütensträucher, die über Jahre falsch oder gar nicht geschnitten wurden, verkahlen mit der Zeit, z. B. Deutzie (Foto), Forsythie, Weigelie und Pfeifenstrauch. Eine Verjüngungskur gibt den Pflanzen ihre Vitalität und Blühfreudigkeit zurück. Dazu entferne ich die dicken, überalterten Äste an der Basis und kürze die verbliebenen jüngeren Triebe um ein Drittel ein. Sind wie hier kaum noch Blütenzweige vorhanden, erfolgt der Schnitt im Winter, sonst besser nach dem Flor. In den Folgejahren baue ich den Strauch schrittweise wieder auf und lichte ihn regelmäßig aus.

Auf den Stock setzen

Diese Methode ist ein Verjüngungsschnitt der radikalen Art. Die Sträucher werden nicht wie im obigen Beispiel stark ausgelichtet, sondern von mir komplett eingekürzt, sprich „auf den Stock" gesetzt. Die Maßnahme eignet sich im Winter für Gehölze mit hohem Ausschlagvermögen, etwa Haselnuss und Weide (Foto), die sich sogar jährlich schneiden lassen. So habe ich immer schönes Flechtmaterial. Beim rotrindigen Sibirischen Hartriegel sorgt dieser Schnitt für einen besonders schön gefärbten Neuaustrieb.

Äste ableiten

Bei dieser Technik wird ein ungünstig wachsender Ast auf einen darunterliegenden, besser postierten Seitentrieb zurückgeschnitten. Eine Maßnahme, die häufig im Obstbau angewandt wird. In meinem Fall wächst der Leitast zu steil. Deshalb leite ich ihn auf den flacher stehenden Zweig ab. So verbessere ich die Wuchsrichtung, öffne gleichzeitig die Krone nach außen und es gelangt mehr Licht ins Innere. Anders als beim klassischen Einkürzen unterbleibt beim Ableiten ein starker Austrieb, weil der neue Ast den erhöhten Saftdruck der Pflanze besser aufnehmen kann.

Wasserschosse beseitigen

Die aufrechten Langtriebe zeigen sich vor allem nach starken Rückschnitten. Bei meinen Obstbäumen entferne ich die unerwünschten Wasserreiser, wie Wasserschosse auch genannt werden, regelmäßig. Effektiver, als sie jetzt im Winter abzuschneiden, ist es, wenn ich die schwach verholzten Konkurrenztriebe im Frühsommer ausreiße. Zu der Jahreszeit heilen die Wunden gut aus und durch das Reißen entferne ich mit der Basis gleichzeitig weitere Triebknospen.

Fruchtholz verjüngen

Die besten Früchte entwickeln Apfel- und Birnbäume an zweijährigen Blütentrieben. Daraus wächst neues Fruchtholz, das sich über die Jahre immer stärker verästelt. An solchen Trieben, die oft an ihrem herabhängenden Wuchs zu erkennen sind, bilden sich zwar weiterhin Früchte, allerdings nicht mehr in der gewünschten Qualität. Deshalb entferne ich regelmäßig das überalterte Fruchtholz und leite es auf einen jüngeren, vitalen Seitentrieb ab.

Auf Außenauge schneiden

Im Gegensatz zum Auslichten, bei dem ich ganze Äste an der Basis entferne, wird der Zweig beim klassischen Einkürzen oberhalb einer Knospe abgeschnitten – etwa um die Bildung von Seitentrieben anzuregen. Solche Knospen werden auch als Augen bezeichnet. Beim Schnitt setze ich die Schere leicht schräg wenige Millimeter darüber an. Die Knospe bzw. das Auge sollte nach außen zeigen, weil der neu entstehende Seitentrieb in diese Richtung wachsen wird und die Krone des Obstbaums oder Zierstrauchs sonst zu dicht würde. Schneide ich zu knapp, trocknet die Knospe ein, schneide ich zu hoch, stirbt das obere Stück ab und es kann zu Pilzbefall kommen. Ein Beispiel zum Schnitt auf den Astring ist auf Seite 124 zu sehen.

Schlankheitskur für große Hecken

Mit zunehmendem Alter kann der grüne Sichtschutz etwas aus der Form geraten. Ein frostfreier Wintertag ist optimal, um ausladende Laubhecken zu verschlanken. Hier demonstriere ich, worauf Sie beim beherzten Rückschnitt achten sollten.

Nach dem zweiten Sommerschnitt ist die Einfriedung wieder schön grün, schmal und blickdicht. Beim Stutzen leisten neben scharfen Hecken- und Gartenscheren ein Astkneifer, eine Richtschnur sowie eine Klappleiter samt Arbeitsplattform gute Dienste

Diese Hainbuchen-Hecke (*Carpinus betulus*) wurde zwar regelmäßig, aber zurückhaltend geschoren. Dadurch ist sie mittlerweile sehr ausladend und ragt zu weit auf den angrenzenden Fuß- und Radweg. **1** Das erste Heckenstück ist noch recht schmal, sodass die meisten Zweige dünn genug sind, um sie mit der Akku-Heckenschere einzukürzen. Eine Schutzbrille bewahrt meine Augen vor Verletzungen durch zurückschnellende Äste. **2** Stark ausgefranste Schnittstellen schneide ich mit der Gartenschere nach, damit die Wunden besser verheilen. **3** Auf beiden Seiten nehme ich die gut 1,60 m breite Hecke um etwa 40 cm zurück. Als Orientierung dient in meinem Fall die Wegkante. Bei einem noch stärkeren Rückschnitt würde ich zunächst nur die Außen- und erst im nächsten Jahr die Innenseite stutzen.

4 An den breiten Stellen muss ich tiefer ins alte Holz schneiden, sodass ein Astkneifer zum Einsatz kommt. Vorsicht: Eine solche Schnittmaßnahme vertragen längst nicht alle Heckensträucher! Neben der gezeigten Hainbuche treiben Liguster, Feld-Ahorn und Kirschlorbeer nach einem starken Rückschnitt gut wieder aus, bei Nadelgehölzen gilt dies lediglich für die Eibe. Nach dem Entfernen der dicken Äste **5** schneide ich die Seiten mit der Heckenschere nach. Ein prüfender Blick zeigt mir, ob meine Schnittführung gerade ist. Als ideale Form gilt das sogenannte Trapezprofil, bei dem die Hecke nach oben hin geringfügig schmaler wird. So können sich die Pflanzen nicht selbst beschatten und zeigen im unteren Bereich weniger Lücken. **6** Manchmal muss man improvisieren! Weil sich die Stangen nicht direkt am Weg in den Boden treiben lassen, greife ich beim Spannen der Richtschnur auf zwei Sonnenschirmständer zurück. Die neue Höhe ist natürlich frei wählbar und richtet sich nach der gewünschten Sichtschutzfunktion. Hier wird die Hecke um gut 30 cm auf ca. 1,75 m abgesetzt.

Mit einer Wasserwaage lässt sich prüfen, ob die Schnur waagerecht gespannt ist. Wie beim Schnitt der Seiten entferne ich zunächst per Astkneifer die dicken Triebe und anschließend mit der Heckenschere die verbliebenen dünneren Zweige. **7** Dabei steige ich immer wieder von der Leiter, um mich zu vergewissern, dass die Heckenkrone exakt entlang der Richtschnur verläuft. **8** An Schnittgut kommt einiges zusammen. Einen Teil hatte ich sogar schon vor dem Einkürzen der Krone zusammengefegt, um mit der Leiter besser arbeiten zu können.

9 Die Hecke ist jetzt mit ca. 80 cm nur noch halb so breit wie vor dem Stutzen. Eine Düngung mit Hornspänen sorgt dafür, dass die Sträucher **10** im Frühjahr wieder gut durchtreiben, auch wenn es etwas länger dauert als gewohnt. **Wichtig:** Ein radikaler Verjüngungsschnitt ist bei Hecken im Spätherbst und Winter durchzuführen. In der Zeit vom 1. März bis 30. September sind laut Bundesnaturschutzgesetz lediglich schonende Form- und Pflegeschnitte erlaubt, und nur, solange brütende Vögel dabei nicht beeinträchtigt werden. Weil zum klassischen Schnitttermin Ende Juni vereinzelt noch Heckenbrüter aktiv sind, werden solche Bereiche zunächst ausgespart und erst beim zweiten Pflegeschnitt im August geschoren.

Zimmerpflanzen vermehren

Sobald die Tage ausgangs des Winters wieder länger werden, freut sich nicht nur der Gärtner, auch die Zimmerpflanzen starten bei zunehmendem Lichtangebot wieder mit dem Wachstum. Deshalb ist dann ein guter Zeitpunkt für die Pflanzenvermehrung. Es gibt verschiedene Methoden, von denen ich hier einige vorstellen möchte.

Am Fenster bekommt der Pflanzennachwuchs in der Anwachsphase ausreichend Licht. Steigt die Intensität, wird das Einblatt an einen weniger sonnigen Platz gestellt. Yucca und Geldbaum dürfen später im Sommer sogar auf die Terrasse

Aus Einblatt mach „Zweiblatt"

1 Das Einblatt (*Spathiphyllum*) lässt sich leicht durch Teilung vermehren, da es ähnlich wie eine Staude kurze Rhizome macht, aus denen sich neue Triebe bilden. **2** Dieses junge Exemplar kann ich einfach mit den Händen auseinanderziehen. Bei älteren Pflanzen mit stark durchwurzeltem Topfballen nimmt man besser ein Messer zu Hilfe. **3** Die Einzelpflanzen setze ich in frische Zimmerpflanzenerde. Beim Eintopfen achte ich darauf, dass sich die Teilstücke auf gleicher Höhe im Substrat befinden wie zuvor die Mutterpflanze. Zum Schluss wird angegossen und der Nachwuchs auf die Fensterbank gestellt. Spätestens im Sommer bekommen die neuen Einblätter einen Platz ohne direkte Sonneneinstrahlung, z.B. im Badezimmer.

Neue Yuccas per Stammsteckling und Blattschopf

1 Für die Yucca habe ich zwei Vermehrungsarten vorgesehen und benötige dazu das abgebildete Zubehör. Das notwendige Pflanzenmaterial stammt übrigens von unserer Büro-Yucca, die ich kräftig zurückgeschnitten habe, weil ihre Triebe mit den Jahren immer länger und kahler wurden. Bei der ersten Methode zerteile ich **2** den Stamm mit einer kleinen Säge – alternativ mit einem scharfen Brotmesser – in 15–20 cm lange Stücke. **3** Das obere Ende schneide ich per Messer rundherum glatt, weil der Rand durch das Sägen etwas ausgefranst ist. So kann ich auch gleich die Wuchsrichtung erkennen und diese später beim Eintopfen nicht verwechseln.

4 Den Stammsteckling setze ich ungefähr zu einem Drittel in Grünpflanzenerde und drücke diese leicht an, sodass die Yucca stabil im Topf steht. Die obere Schnittfläche streiche ich mit einem Wundverschlussmittel ein, damit das Stammstück nicht zu weit eintrocknet. Aus diesem Grund habe ich auch die Schnittstellen an der Mutterpflanze mit dem Mittel versiegelt. **5** Eine alte Plastikflasche, von der ich zuvor den Boden entfernt habe, dient mir als Anzuchthaube, indem ich sie über den fertigen Steckling stülpe. Praktisch: Zum Lüften muss ich einfach nur den Deckel abschrauben. Gegossen wird gerade so viel, dass die Erde nicht austrocknet. **6** Für die zweite Vermehrungsmethode lassen sich die grünen Blattschöpfe nutzen, die seitlich am alten Yuccastamm sitzen. Diese Austriebe werden von mir mit einer Gartenschere direkt am Ansatz abgeschnitten.

7 Die unteren Blätter entferne ich und stelle dann **8** den fertigen Ableger in ein stabiles Wasserglas. Palmlilien, wie Yuccas auch genannt werden, mögen es warm und hell und freuen sich deshalb über einen Fensterplatz. Beim Stammsteckling beschränkt sich die Pflege auf gelegentliches Wässern und Lüften, beim Blattschopf muss ich alle paar Tage das Wasser wechseln. Während Letzterer schon nach wenigen Wochen **9** Wurzeln bildet, kann sich der Steckling schon mal Zeit lassen. Etwa drei Monate liegen zwischen den Fotos und es wird höchste Zeit, den bewurzelten Blattschopf einzutopfen. Drachenbäume (*Dracaena*) lassen sich auf gleiche Weise vermehren.

Bogenhanf aus Blattstecklingen ziehen

1 Bogenhanf (*Sansevieria*) lässt sich durch Teilung vermehren, eine weitaus höhere Ausbeute bekommt aber, wer auf Blattstecklinge zurückgreift. Dazu schneide ich eines der schwertförmigen Blätter ab und zerteile es mit einer Haushaltsschere. Um die Steck- und damit die Wuchsrichtung nicht zu verwechseln, setze ich den oberen Schnitt bei den 4–5 cm großen Segmenten leicht schräg an und lasse diese ein bis zwei Tage an der Luft trocknen. **2** Die Blattstecklinge anschließend mit der geraden Unterseite in Kakteenerde stecken und mittels Wassersprüher feucht halten. **3** Nun ist Geduld gefragt, denn bis neben den Stecklingen neue Austriebe aus der Erde kommen – wie bei der rechten Schale –, kann durchaus ein halbes Jahr vergehen.

Kinderstube für den Geldbaum

1 Auch der klassische Geldbaum (*Crassula*) lässt sich wie Bogenhanf und andere Sukkulenten über Blattstecklinge vermehren. Dazu wird einfach eine Handvoll frischgrüner Blätter direkt am Trieb abgebrochen – möglichst an verschiedenen Stellen, um größere Kahlstellen an der Mutterpflanze zu vermeiden. Die Blätter anschließend ebenfalls ein, zwei Tage an der Luft lagern, damit die Bruchstellen gut abtrocknen können. Dann bis etwa zur Hälfte **2** in Kakteen- oder Sukkulentenerde stecken, und zwar mit der spitzen Seite nach unten. **3** Per Wassersprüher halte ich die Schale in den nächsten Wochen mäßig feucht, stelle sie an einen hellen warmen Platz und freue mich auf die vielen Jungpflanzen, die ich bald im Freundeskreis verschenken kann.

4 Für ungeduldige Gärtner ist die klassische Stecklingsmethode besser geeignet, um Geldbäume zu vermehren. Mit der Schere schneide ich einen nach außen zeigenden ca. 10 cm langen Trieb ab. Auch hier lasse ich die Schnittstelle an der Luft trocknen, bevor ich den Steckling **5** in ein Wasserglas stelle. Haben sich ausreichend Wurzeln gebildet, wird die Jungpflanze eingetopft.

ZUM VIDEO

Im Video kann ich Ihnen zwar nicht zeigen, wie Sie Ihr Geld, dafür aber wie Sie Ihren Geldbaum vermehren können.

Moderne Hocker fürs Zimmergrün

Durch Zufall bin ich an eine Baumscheibe und auf die Idee gekommen, einen Pflanzenhocker daraus zu bauen. Passend dazu habe ich noch ein weiteres, etwas schlichteres Modell angefertigt und besitze jetzt zwei hübsche Podeste für unsere stattlichen Zimmerpflanzen.

Das benötigen Sie

Baumscheibe (hier ca. 40 x 60 x 3 cm) • Massivholzplatte (40 x 40 x 1,8 cm) • 3x Tischbeine (Höhe 35 cm, inkl. Montagezubehör) • 3x Filzgleiter • 4x Hairpin-Beine (Höhe 45 cm, inkl. Bodenschoner) • 12x kleine Holzschrauben • Schnürsenkel (hier 150 cm) • Kreidefarben • Möbelwachs • Klarlack • Exzenter- oder Schwingschleifer • Schleifpapier • Tischkreissäge • Schraubzwingen • Akkuschrauber • Holzbohrer (6 mm) • Schraubendreher • kurzes Drahtstück • Zollstock • Blei- & Filzstift • Pinsel • Farbroller • sauberer Lappen • Werkbank • 2x große Zimmerpflanzen

Dank der beiden Hocker kommen die panaschierte Birkenfeige (*Ficus benjamina*, links) und unser selbst gezogener Regenschirmbaum (*Schefflera actinophyl la*) viel besser zur Geltung, als wenn sie auf dem Boden stehen

Version 1: Runder Pflanzenhocker aus einer Baumscheibe

1 Die Thuja-Platte (etwa 40 x 60 x 3 cm) hat durch das Zuschneiden mit der Kettensäge eine raue Oberfläche. Deshalb bearbeite ich beide Seiten per Exzenterschleifer und einer groben Schleifscheibe (Körnung 120). Anschließend wechsle ich auf 180er- und damit auf eine mittlere Körnung, um die Flächen zu glätten. **2** Mit einem Klarlack streiche ich die geglättete, entstaubte Holzscheibe ein. Ich verwende einen Boots- und Yachtlack, der für außen und innen geeignet ist.Die Versiegelung sieht nicht nur gut aus, sie verhindert auch Wasserflecken, falls später beim Gießen mal etwas danebengeht.

3 Der lange Riss ist durch den Trocknungsprozess entstanden, als die Baumscheibe bei uns im Wohnzimmer stand und zur Weihnachtszeit ihren herrlichen Nadelholzduft verbreitet hat. Solche Risse werden gerne mit Epoxidharz verschlossen. Ich habe mich für einen Lückenschluss per Schnürsenkel entschieden – nicht aus Stabilitätsgründen, sondern weil es witzig aussieht. Dazu mache ich beidseits des Risses im Abstand von ca. 2 cm kleine Markierungen und **4** bohre dort mit einem 6-mm-Bohrer die Löcher. **5** Um den Schnürsenkel besser durch die Bohrlöcher fädeln zu können, habe ich am vorderen Ende ein dünnes Stück Draht befestigt. **6** Auf der Unterseite der Platte werden Anfang und Ende der Kordel jeweils mit einem Knoten versehen, damit die Schnürung nicht durch die Löcher rutschen kann. **7** Der obere Teil des Pflanzenhockers ist nun fertig.

8 Das Untergestell bilden drei runde, 35 cm lange Tischbeine aus Buchenholz. Weil die Holzoptik der Tischplatte im Vordergrund stehen soll, streiche ich die Beine mit Kreidefarbe an, und zwar im Farbton Khakigrün. Möbelwachs, das ich nach dem Trocknen mit einem sauberen Lappen auftrage, sorgt für einen wasserabweisenden Effekt. **9** Die Filzgleiter an den Füßen sollen Schäden an unserem Parkettboden verhindern. **10** An den Tischbeinen wird zuerst eine Montageplatte angebracht, die ich dann wiederum mit vier kleinen Schrauben an der Unterseite der Platte befestige. **11** Fertig ist der erste Pflanzenhocker. Dieser hat von mir deshalb nur drei statt der sonst üblichen vier Beine bekommen, damit die Konstruktion später nicht wackelt, sollte sich die Baumscheibe doch noch leicht verziehen.

Version 2: Eckiger Pflanzenhocker im Vintage-Look

Das zweite Tischchen wird quadratisch (40 x 40 x 1,8 cm). Dafür nehme ich eine klassische Massivholzplatte aus Fichte. **1** Nach dem Abmessen und Anzeichnen schneide ich das Brett **2** mit einer Handkreissäge auf das passende Maß. Damit der Schnitt gerade wird, nutze ich als Führung eine Wasserwaage, die ich mit Schraubzwingen an der Platte befestige. Die rauen Sägekanten werden wie immer mit Schleifpapier (Körnung 120) geglättet und dann erfolgt auch schon **3** der Anstrich. Per Farbroller lässt sich die Kreidefarbe – diesmal in Lorbeergrün – schön gleichmäßig auftragen. Weil die Platte so neu wirkt, verpasse ich ihr nach dem Trocknen einige Gebrauchsspuren. Dafür kommt noch einmal das Schleifpapier zum Einsatz, mit dem ich in Richtung der Holzmaserung die Farbschicht stellenweise wieder abtrage. **4** Als Versiegelung dient einmal mehr farbloses Möbelwachs. **Tipp**: Die Vintage-Optik kommt besser zur Geltung, wenn unter dem hellen zunächst ein dunkler Farbanstrich aufgebracht wird. **5** Vier Tischbeine im Hairpin-Design (Höhe 45 cm) bekommt dieser Hocker von mir. Für die Montage rücke ich die Metallbeine etwa 2 cm von der Außenkante ein und befestige sie dann mit je drei Schrauben auf der Unterseite der Holzplatte. Nur noch die Bodenschoner aus Kunststoff aufstecken, dann ist auch **6** mein zweiter Pflanzenhocker einsatzbereit. Mit Endhöhen von knapp 40 und 50 cm stehen die Podeste und somit auch die Birkenfeige und der Regenschirmbaum hübsch versetzt zueinander. Solche Hocker lohnen sich auch bei Steinböden und Fußbodenheizungen, damit die Topfpflanzen weder kalte noch zu warme Füße bekommen.

ÜBRIGENS ...

... ist meine Frau beim Pflanzenkauf in einer benachbarten Gärtnerei zufällig auf die Baumscheibe aufmerksam geworden. Offenbar fand es ein Mitarbeiter zu schade, den Stamm eines alten gefällten Lebensbaums (*Thuja*) einfach zu Brennholz zu verarbeiten, und hat stattdessen mit der Motorsäge schöne dünne Scheiben daraus geschnitten. Diese standen dann als Deko- und Duftobjekte im Verkaufsraum und aus einer wurde unser hübsches Tischchen.

Gezielter Schnitt für mehr Blühfreude

Bei vielen sommerblühenden Sträuchern lohnt es sich, im Spätwinter die Schere anzusetzen. Hier zeige ich, dass schon ein leichter Pflegeschnitt genügt, um einem alten Garten-Hibiskus die nötige Vitalität zurückzugeben und die Blütenbildung anzuregen.

Die alten Fruchtkapseln lassen erkennen, dass sich die Blüte bisher im oberen, relativ dichten Kronenbereich abgespielt hat und die unteren Partien eher kahl waren. Trotz Rückschnitts zeigt der Garten-Hibiskus (*Hibiscus syriacus*) seinen bunten Flor noch im selben Jahr, weil er seine Blütenknospen an den neuen Trieben bildet – in unserem Beispiel die Sorte 'Blue Bird', die auch als 'Oiseau Bleu' im Handel ist.

1 Zunächst nehme ich starke, zu eng stehende Äste an der Basis heraus. So wird das Grundgerüst etwas luftiger und es können junge vitale Triebe von unten nachwachsen. Bei solchen Schnittarbeiten verwende ich eine Astschere mit geringem Öffnungswinkel, weil ich damit gut in das Strauchinnere gelange und das Werkzeug direkt an der Ansatzstelle platzieren kann. **2** Nach innen wachsende Zweige schneide ich ebenfalls komplett ab, um zusätzlich Licht in die Krone zu bringen. **3** Bei Konkurrenztrieben setze ich die Schere an der v-förmigen Astgabelung an und entferne einen der beiden Zweige. Diese würden sich sonst in ihrer Entwicklung gegenseitig behindern.

4 Der vordere Zweig ist zwar schön nach außen gewachsen, aber leider eingetrocknet, sodass ich ihn entfernen muss. Vorher habe ich mit der Schere die Rinde etwas abgekratzt, um sicherzugehen, dass kein lebendes Gewebe mehr vorhanden ist. **5** Lange dünne Blütenzweige schneide ich bis ins alte Holz zurück, ebenso stark verästelte Enden mit vielen kurzen Jahrestrieben. Wichtig ist, dass sich unterhalb der Schnittstellen ein junger Ast befindet, auf den ich ableiten kann, oder so wie hier ein nach außen gerichtetes Auge. **6** Insgesamt nehme ich den Hibiskus etwa um ein Drittel zurück. Dabei versuche ich, seine natürliche Kronenform zu erhalten, indem ich die Äste im Zentrum weniger stark einkürze als die Triebe im äußeren Bereich.

Diekes Gartentipp

Wie der Garten-Hibiskus legen auch andere sommerblühende Gehölze ihre Blüten am neuen Holz an, etwa Sommerflieder und Rispen-Hortensie (Seite 225). Diese werden im Spätwinter stärker zurückgeschnitten, und zwar auf ein Grundgerüst mit kurzen Zapfen. Bei Halbsträuchern wie Lavendel (Foto), Blauraute und Bartblume lassen sich die Triebe gut mit der Heckenschere einkürzen. Vorsicht bei alten, lange nicht geschnittenen Exemplaren! Diese nehmen ein radikales Einkürzen ins alte Holz oftmals übel.

7 Nach dem Schnitt wirkt der Strauch zwar etwas kahl, treibt im Frühjahr aber wieder gut durch, um sich ab Juli **8** in voller Blüte zu präsentieren. Bis Ende September öffnet der Hibiskus kontinuierlich neue Knospen. Im nächsten Jahr ist wieder ein leichter Auslichtungsschnitt angesagt, damit die Krone durch die neu entstandenen Triebe nicht zu dicht wird und das Gehölz blühfreudig bleibt.

Per QR-Code geht's direkt in meinen Garten, und zwar zum Video mit dem hier gezeigten Auslichtungsschnitt beim Strauch-Eibisch.

ZUM VIDEO

Neue Sträucher durch Steckhölzer

Der Winter ist perfekt, um eine Vielzahl an Blütensträuchern zu vermehren, und zwar völlig unkompliziert per Steckholz. Am Beispiel eines Pfeifenstrauchs, auch Duft- oder Gartenjasmin genannt, zeige ich, wie's geht.

Einjährige Zweige, die kräftig und möglichst gerade gewachsen sind, dienen als Ausgangsmaterial. Gut zu erkennen sind die jungen Triebe an den fehlenden Verzweigungen und so wie hier beim Pfeifenstrauch an der anderen Rindenfärbung. Die weißen Blüten (siehe oben) erscheinen je nach Sorte von Mai bis Juli

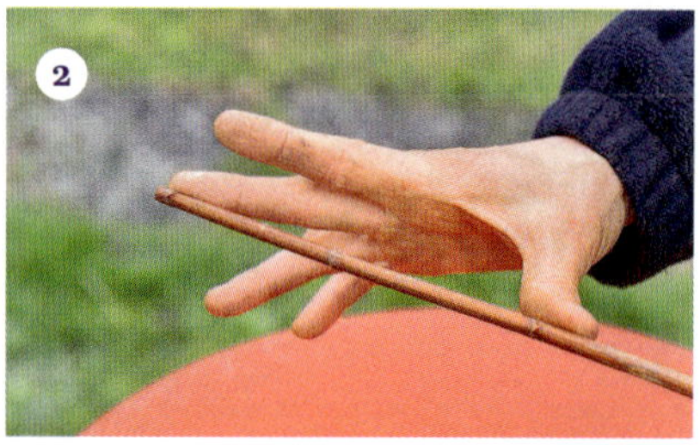

1 Aus den langen Trieben lassen sich gleich mehrere Teilstücke gewinnen. Zunächst setze ich einen geraden Schnitt über einem Knospenpaar an, welches das obere Ende des Steckholzes bildet. **2** Als Länge messe ich etwa 20 cm ab, was ungefähr der Größe einer Gartenschere oder in meinem Fall einer Handspanne entspricht. **3** Der zweite Schnitt erfolgt direkt unterhalb eines Knospenpaares. Dabei schneide ich leicht schräg. So kann ich oben und unten besser unterscheiden und die korrekte Steckrichtung sofort erkennen. **4** Die fertigen Steckhölzer sind nichts anderes als unbelaubte, verholzte Stecklinge. Diese sollten etwa Bleistiftstärke haben, um sie gut in die Erde zu bekommen.

5 Gesteckt wird senkrecht und mit dem schrägen Ende nach unten. Dazu habe ich einen halbschattigen, leicht geschützten Platz gewählt und das Beet vorher gründlich gelockert. **6** Das obere Knospenpaar guckt am Ende nur wenige Zentimeter – ungefähr ein bis zwei Fingerbreit – aus der Erde. Der Abstand zwischen den Steckhölzern beträgt etwa 10–15 cm. **7** Im nächsten Frühjahr kürze ich die frischen Austriebe etwa um die Hälfte ein, damit sich die Sträucher gut verzweigen. Umgesetzt werden die bewurzelten Jungpflanzen dann im Herbst.

Diekes Gartentipp

Neben dem Pfeifenstrauch (*Philadelphus*) lassen sich auch Gewürzstrauch (*Calycanthus*), Sibirischer Hartriegel (*Cornus alba* 'Sibirica') und Weigelie (*Weigela*, von links) gut per Steckholz vermehren. Weitere schnell wachsende Sträucher, von denen sich auf diese Art problemlos Jungpflanzen ziehen lassen, sind beispielsweise Forsythie, Deutzie, Sommerflieder, Kolkwitzie, Spierstrauch, Holunder und Johannisbeere. Letztere ist übrigens wechselständig, sodass ihre Steckhölzer oben und unten nicht mit einem Knospenpaar, sondern mit einer einzelnen Knospe abschließen. Ist der Boden gefroren, werden die Steckhölzer in einer Kiste mit feuchtem Sand eingeschlagen und erst gesteckt, sobald wieder offenes Wetter ist.

Risslinge wachsen besonders gut an

1 Als Rissling bezeichnet man einen Seitentrieb, der vom Hauptast abgerissen wird. Dadurch bleibt unten am Steckholz ein Astring mit teilungsfähigem Gewebe erhalten, das besonders gut Wurzeln bildet. **2** Die Rindenzunge kürze ich mit der Gartenschere etwas ein, um mir das spätere Stecken zu erleichtern. Das obere Ende der ca. 20 cm langen Steckhölzer schließt auch in diesem Fall mit einem Knospenpaar ab. **3** Die Ausbeute ist bei dieser Methode nicht so hoch wie bei der klassischen Steckholzvermehrung. Für schlecht wurzelnde Kandidaten, hier ein Gewürzstrauch, lohnt es sich dennoch, weil die Ausfälle geringer sind.

Wenn Sie sehen möchten, wie ich die im Gartentipp genannten Johannisbeeren per Steckholz vermehre, einfach das Video angucken.

ZUM VIDEO

In die Jahre gekommen sind diese beiden Schmetterlings-Orchideen (*Phalaenopsis*). Die Wurzeln wachsen bereits aus den Gefäßen, sodass es Zeit fürs Umtopfen wird. Alles, was man dazu benötigt, ist eine Schere und frische Orchideen-Erde sowie einen Wassersprüher oder feuchten Lappen zum Reinigen der Blätter. Ein guter Termin für diese Maßnahme ist nach der Blüte

Frischekur für Orchideen

Wenn es im Garten ruhiger wird, trumpfen viele Zimmerpflanzen groß auf. Als erstaunlich genügsam und wenig heikel präsentieren sich die beliebten Schmetterlings-Orchideen. Ich führe Sie durch das Pflegeprogramm, damit auch Ihre Pflanzen vital und blühfreudig bleiben.

1 Beim ersten Arbeitsschritt ist gleich Fingerspitzengefühl gefragt. Zum Austopfen knete und drücke ich den Innentopf von allen Seiten, bevor ich den Ballen vorsichtig herausziehe. Die Pflanze habe ich am Vortag gegossen, damit die Wurzeln geschmeidig sind und sich besser lösen. Säße der Ballen zu fest, müsste ich den Topf aufschneiden. **2** Das alte Substrat wird mit den Fingern aus dem Wurzelwerk entfernt. **3** Die vertrockneten Wurzeln sind an der gelblich-braunen Färbung zu erkennen und werden von mir **4** mit der Schere gekappt, ebenso faules Material. Frische silbriggrüne Wurzeln bleiben möglichst unberührt. Nur was allzu lang und bereits abgeknickt ist, kürze ich etwas ein.

Ein kurzer Check zeigt, dass die Pflanze in den alten Topf passt. Diesen habe ich zuvor gründlich mit heißem Wasser gereinigt. **5** Als Substrat dient spezielle Orchideen-Erde, die überwiegend aus Pinienrinde besteht. Sie sorgt für eine luftige Struktur und dafür, dass die empfindlichen Wurzeln nicht faulen. Nachdem der Topfboden mit einer dünnen Schicht Spezialerde bedeckt ist, drehe ich die Pflanze vorsichtig mit den Wurzeln ins Gefäß und fülle von oben Substrat nach – bis zum unteren Blattansatz. Für eine gute Verteilung rüttle ich etwas an der Pflanze und stoße den Topf mehrfach auf die Tischplatte. **6** Anschließend prüfe ich, dass sich keine größeren Hohlräume mehr zwischen den Wurzeln befinden. **7** Alte Blütenstiele schneide ich über dem dritten Auge ab. Mit etwas Glück bildet sich dort ein neuer blühender Seitentrieb. Orchideenclips geben alten und neuen Blütenstängeln Halt, damit diese schön gerade in die Höhe wachsen. **8** Zum Schluss befreie ich die Blätter mit einem feuchten Lappen von Staub und Verschmutzungen. Mit dem Gießen der frisch getopften Pflanze warte ich noch einige Tage, mit dem Düngen (siehe links) sogar zwei Wochen.

Diekes Gartentipp

Frische Spezialerde sollte man seinen Orchideen ca. alle drei Jahre gönnen. Gegossen wird einmal pro Woche, im Winter alle 14 Tage. Bei kalkhaltigem Leitungswasser möglichst zimmerwarmes Regenwasser nehmen. Die Pflanzen am besten bis zum oberen Topfrand in ein Tauchbad setzen. Von März bis Oktober lässt sich dies mit einer Düngung im zweiwöchentlichen Rhythmus kombinieren. Dazu einen **1** flüssigen Orchideendünger nach Dosierungsanleitung ins Gießwasser geben und **2** die Töpfe für etwa 10 Minuten in die Lösung stellen. Gut abtropfen lassen, bevor die Pflanzen zurück in die Übertöpfe kommen. **3** Regelmäßiges Abduschen, hier gelbe *Oncidium* und weiße *Phalaenopsis*, sorgt für saubere Blätter, was den Stoffwechsel und somit das Wachstum der Orchideen verbessert.

9 Den alten Übertopf habe ich gegen ein spezielles Orchideengefäß getauscht. Es ist nach unten verjüngt, sodass der Innentopf etwas erhöht und nicht mit den Wurzeln im überschüssigen Gießwasser steht. **10** Das Umtopfen hat mir die Schmetterlings-Orchidee ein halbes Jahr später mit neuen Blüten gedankt und über mehrere Wochen meinen Schreibtisch verschönert.

Das Pflegeprogramm, tatsächlich mit meiner weiß blühenden Büro-Phalaenopsis, gibt's auch hier als Video.

ZUM VIDEO

Ein Frühbeetkasten zum Saisonstart

Im Spätwinter kribbelt es in den Fingern, denn bald soll das erste Gemüse ausgesät oder gesetzt werden. Im Garten ist es dafür noch zu kühl. Wer kein Gewächshaus hat, kann sich einen Frühbeetkasten bauen und darin seine Pflanzen vorziehen.

Dank neuem Frühbeet kann ich das Gemüse nicht nur eher anbauen, sondern auch länger ernten. Zudem lässt sich die Konstruktion einfach umsetzen

1 Mit dem Zusägen der einzelnen Bretter starte ich mein Projekt „Frühbeetkasten". Die Unterkonstruktion soll am Ende 2 m lang und 1 m breit sein. Für die Rückwand mit einer Höhe von 36 cm kann ich drei gleiche Bretter (2 x 12 x 200 cm) verwenden. Die Front wird 26 cm hoch und besteht aus zwei verschiedenen Brettern (2 x 11,5 bzw. 14,5 x 200 cm). **2** Bei den Seitenteilen säge ich das obere der drei Bretter (2 x 12 x 100 cm) so ab, dass es nach vorne spitz zuläuft und dort nur 2 cm misst. Ein langes Brett, das ich per Schraubzwingen fixiert habe, dient als Anschlag für eine exakte Schnittführung mit der Handkreissäge. **3** Die obere Kante der Vorderwand schräge ich leicht an, damit die Abdeckung später glatt aufliegt.

4 Auch die vier Eckpfosten (2,5 x 5 x 26 bzw. 36 cm) werden oben leicht angeschrägt. Sie sind ebenso aus Douglasien-Holz wie die Bretter, die ich für die Unterkonstruktion verwende. Dieses Material ist von Natur aus widerstandsfähig und wird deshalb gerne für den Außenbereich genutzt. **5** Die Vorder- und Rückwand verstärke ich innen jeweils mit einem Flacheisen. Erstens, um die Stabilität des Kastens zu erhöhen, und zweitens, damit sich das Holz in der Mitte nicht verzieht. Nachdem ich die kurzen Querseiten montiert habe, **6** befestige ich daran die langen Bretter.

Das benötigen Sie

1x Hohlkammerplatte transparent (1,05 x 2 m, 10 mm stark) • 8x U-Profile (1,05 m, 10 mm) • 1x Kantenverschlussband (10 mm) • 2x Automatische Frühbeetkasten-Öffner • 3x Bretter (2 x 12 x 200 cm) für Längsseite hinten 2x Bretter (2 x 11,5 bzw. 14,5 x 200 cm) für Längsseite vorn • 6x Bretter (2 x 12 x 100 cm) für Querseiten • 4x Kanthölzer (2,5 x 5 x 26 bzw. 36 cm) für Eckpfosten 4x Kanthölzer (3 x 3 x 100 cm) für Abdeckung Längsseiten • 4x Kanthölzer (3 x 3 x 104 cm) für Abdeckung Querseiten • 2x Kanthölzer (3 x 3 x 10 cm) für Frühbeetkasten-Öffner • 2x Flacheisen (80 x 240 mm) • 8x Eckwinkel (100 x 100 x 15 mm) • 4x Scharniere • (60 x 34 mm) 2x Handgriffe (200 x 20 mm) • 2x Drahtüberfalle (25 x 80 mm) • 2x Federstecker • diverse Schrauben, Malerklebeband + Holzleim

7 Zwei seitliche Handgriffe sind schnell angebracht und erleichtern später den Transport des Frühbeetkastens. **8** Die Abdeckung soll aus zwei Elementen bestehen. Als Einfassung für die Hohlkammerplatten (Gutta, Seite 237) fertige ich aus Kanthölzern (3 x 3 cm) zwei gleich große Rahmenteile mit den Außenmaßen 100 x 104 cm an. Mit einer Eisensäge lassen sich die U-Profile für die Platten einkürzen. Die Längen richten sich nach dem Innenmaß des Rahmens (hier 94 x 98 cm). In meinem Fall sind vier Metallschienen 98 cm und die anderen vier 90 cm lang. **Tipp:** Wer seinen Rechenkünsten nicht traut, kann die unmontierten Rahmenteile auf dem Boden auslegen und die richtigen Längen dann einfach ausmessen. **9** Jedes U-Profil befestige ich anschließend mit vier kleinen Schrauben (Vorbohren!) bündig an den Innenseiten der Kanthölzer. **10** Die Hohlkammerplatte (1,05 x 2 m, 10 mm stark) aus transparentem Polycarbonat wird jetzt von mir auf das passende Maß zugeschnitten. An der Schnittkante bringe ich Malerklebeband an, weil die Markierung darauf besser zu sehen ist. Die Schutzfolie lasse ich solange noch auf der Platte, um unschöne Kratzer zu vermeiden.

11 Die Handkreissäge habe ich mit einem neuen Sägeblatt ausgestattet, das eine besonders feine Zahnung besitzt und für Kunststoff geeignet ist. Mit Schraubzwingen und einer Holzleiste fixiere ich die Platte auf der Werkbank und habe so einen stabilen Anschlag. Beim Sägen eine Schutzbrille tragen! Nachdem ich die Schnittkanten mit feinem Schleifpapier geglättet habe, klebe ich **12** die offenen Seiten mit einem speziellen Kantenverschlussband ab. Dieses verhindert, dass Feuchtigkeit und Verschmutzungen in die Hohlkammern eindringen. **13** Die beiden Rahmen werden nun montiert, indem ich die vorgefertigten Holzteile mit den U-Profilen auf die zugeschnittenen Platten stecke. Letztere sind in diesem Beispiel 93 x 97 cm groß und fallen damit 1 cm kleiner als das Rahmen-Innenmaß aus. So habe ich etwas Spielraum und die Teile passen auf jeden Fall zusammen. Die Ecken habe ich aus optischen Gründen auf Gehrung gesägt. Deshalb werden sie mit jeweils vier Eckwinkeln (100 x 100 x 15 mm) befestigt. Zuvor trage ich an den Stellen etwas wasserfesten Holzleim auf. **14** Die erste Abdeckung ist jetzt fertig und ich habe die Schutzfolie

komplett entfernt. Wichtig: Sollten Ihre Kanthölzer einen anderen Querschnitt haben, ändern sich die Maße für den Innenrahmen und damit auch für die Profile und Platten. Die Werte dann entsprechend anpassen und lieber einmal öfter nachmessen.

15

16

17

15 Die fertigen Abdeckungen werden mit insgesamt vier Scharnieren (60 x 34 mm) an der Rückseite des Frühbeetkastens befestigt. **16** Für eine optimale Belüftung sorgen automatische Fensteröffner (Hunecke, Seite 237), die ich vorn an der Kasteninnenseite montiere. Weil ich nicht in die Hohlkammerplatte bohren möchte, schraube ich den oberen Flansch des Öffners an ein kurzes Kantholz (3 x 3 x 10 cm), das ich dann an der Unterseite der Abdeckung angebracht habe. **17** Als Sturmsicherung dient eine sogenannte Drahtüberfalle (25 x 80 mm). Diese befindet sich außen an der Vorderseite, damit ich den Kasten an stürmischen Tagen per Federstecker verschließen und so vor Schäden durch Wind schützen kann.

18

19

20

18 Der alte kleine Frühbeetkasten hat ausgedient und wird jetzt durch **19** das neue größere Modell ersetzt. Mein Kollege Folkert packt mit an und hilft mir, den Kasten genau über die bereits gekeimten Gemüsepflanzen zu setzen. **20** Den zusätzlichen Platz fülle ich sogleich mit weiteren Jungpflanzen, u. a. Kohlrabi und Salat. Am oberen Bildrand ist gut zu erkennen, dass sich die speziellen Frühbeetkasten-Öffner – im Gegensatz zu klassischen Gewächshaus-Ausführungen – unten aushaken lassen, um bequem arbeiten zu können. Die Öffner funktionieren übrigens ohne Strom. Eine Dehnflüssigkeit im Zylinder reagiert auf die Umgebungstemperatur, sodass sich die Abdeckung je nach Wetterlage anhebt oder absenkt.

21

21 Das Ergebnis kann sich durchaus sehen lassen. Mein neuer Frühbeetkasten funktioniert wie ein kleines mobiles Gewächshaus. Die Konstruktion ist zur Sonne ausgerichtet und hinten höher als vorne, um die Lichtausbeute zu erhöhen. Dadurch liegt die Abdeckung schräg auf und ist oben an den Querseiten mit 104 cm etwas länger als die eigentliche Grundfläche mit 100 cm (Zeichnung).

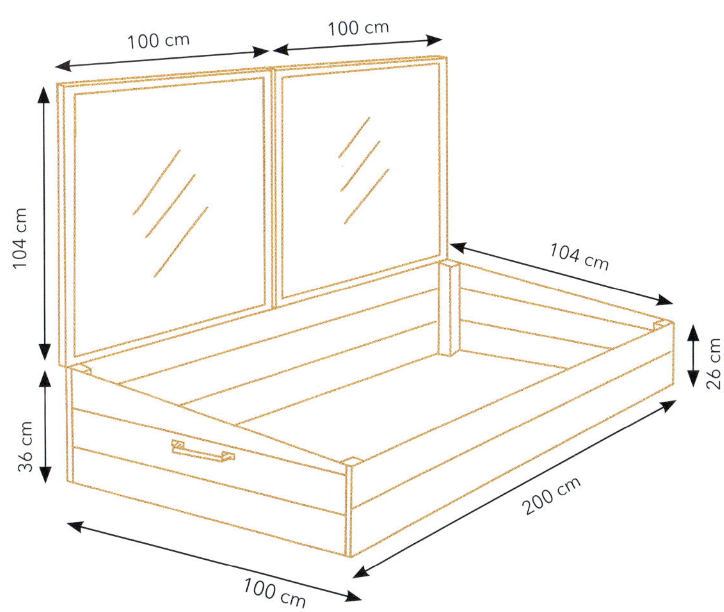

Jetzt geht's an die Aussaat

Während der Garten draußen noch weitestgehend ruht, nutze ich den Februar und März, um einen Teil meiner Sommerblumen und Gemüsepflanzen vorzuziehen. Wenn Sie wissen möchten, wie's geht, schauen Sie mir dabei einfach über die Schulter.

In den Wintermonaten ist die Auswahl an Sommerblumen- und Gemüsesaatgut am größten. Ende Februar, Anfang März beginne ich damit, die ersten Sorten auszusäen. So habe ich zum Saisonstart im Mai kräftige Pflanzen, die frühzeitig blühen bzw. Früchte tragen. Nach dem Befüllen der Schale mit nährstoffarmer Anzuchterde **1** verteile ich die Samen auf der Fläche. Zwischen den Zinnien (Foto), Kosmeen und Kirschtomaten lasse ich einen kleinen Streifen frei und markiere die Bereiche jeweils mit einem Etikett. **2** Mit gesiebter Anzuchterde decke ich die Saatkörner anschließend in ein- bis zweifacher Samenstärke (Tütenangaben beachten!) ab. **3** Leichtes Andrücken mit einem flachen selbst gebauten Holzstempel gibt den Samen den nötigen Bodenkontakt. Zum schonenden Angießen nehme ich einen **4** Wassersprüher und verschließe die Schale mit einer durchsichtigen Haube. Zum Schluss stelle ich das Mini-Gewächshaus auf eine **5** helle Fensterbank ohne Heizung, da Raumtemperatur für die Keimung ausreichend ist und die Erde sonst zu schnell austrocknen würde.

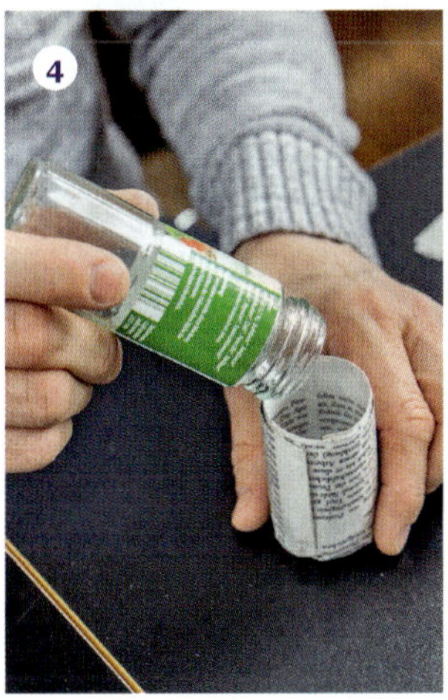

Aussaattöpfe selbst herstellen

Sonnenblumen lassen sich ab April zwar direkt ins Beet säen, die jungen Keimlinge dienen jedoch häufig als Schneckenfutter. Vorgezogene größere Pflanzen sind von den gefräßigen Gesellen nicht so leicht kleinzukriegen. Die Anzuchtgefäße bastle ich mir aus einer alten **1** Zeitungsseite, die ich in der Mitte teile. Die verbliebene Hälfte falte ich so, dass ein doppellagiger, ca. 30 x 12 cm langer Papierstreifen übrig bleibt. Darin wickle ich einen **2** leeren Salzstreuer ein, und zwar mit der offenen Seite nach oben. Nun knicke ich das **3** überstehende Ende in die Öffnung des Salzstreuers, ziehe diesen heraus, und fertig ist der **4** Aussaattopf. Meine Papiergefäße messen etwa 6 cm in der Höhe und 4 cm im Durchmesser, wobei sich die Maße nach dem formgebenden Behälter richten und es nicht auf einen Zentimeter ankommt. Die kleinen Töpfe fülle ich mit **5** Anzuchterde und stelle sie in ein Mini-Gewächshaus. Bei Sonnenblumen genügt ein Samenkorn pro Topf. Mittels **6** Pikierstab drücke ich jedes Korn 1 cm tief in die Erde und gieße alles an. Nach der Keimung lüfte ich das Anzuchthäuschen und stelle es etwas kühler, aber weiterhin hell, damit die Sämlinge nicht zu lang werden.

Im Video zeige ich, wie die Anzuchttöpfe aus Zeitungspapier hergestellt werden – dort allerdings für Auberginen und nicht für Sonnenblumen.

ZUM VIDEO

Anzucht in Quelltöpfen

1 Hartschalige Samen, z. B. von Edelwicken (Fotos) und Lupinen, keimen besser, wenn man sie vorquellen lässt. Deshalb lege ich diese über Nacht in ein Wasserbad. Sieb und Küchenkrepp sorgen dafür, dass **2** beim Abgießen keines der Körnchen verloren geht. Sogenannte **3** Quelltöpfe, beispielsweise aus Kokosfasern, werden später samt der Keimlinge in die Beete oder Kübel gepflanzt. Mit Wasser übergossen, quillt das gepresste Material innerhalb weniger Minuten auf.

4 Die Samenkörner lege ich in die mittlere Vertiefung und drücke sie 1–2 cm tief in die kleinen Pflanzballen. Bei den Jungpflanzen – auf dem linken Foto etwa acht Wochen alte Edelwicken – knipse ich die Spitzen aus. So werden sie schön kräftig und können sich gut verzweigen.

Diekes Gartentipp

Große Vielfalt: Ausgesät wird meist in Schalen, in Gefäße aus Zellulose und Kunststoff oder direkt in Quelltöpfe. Anzuchthilfen aus recycelten Eierkartons, halbierten Toilettenpapierrollen oder Zeitungen sind kostengünstige Alternativen.

Jungpflanzen rechtzeitig pikieren

Sommerblumen und Gemüsepflanzen wird es in ihren Anzuchtschalen und -kisten schnell zu eng. Sobald sich oberhalb der Keimblätter die ersten typischen Laubblätter zeigen (unten Tomaten), pikiere ich die Sämlinge, wie das Vereinzeln im Fachjargon heißt. Dazu hole ich die kräftigsten Jungpflanzen mit einem Pikierstab, Spatel oder Löffelstiel vorsichtig aus der Erde. Sehr lange Wurzeln kürze ich mit den Fingern leicht ein, bevor ich die Keimlinge etwas tiefer in größere Gefäße umpflanze. Sind die Setzlinge angewachsen, stelle ich sie bei milder Witterung stundenweise ins Freie, um sie langsam abzuhärten. Ab Mitte Mai dürfen die vorgezogenen Pflanzen dann ins Gartenbeet umziehen. Die Aussaatschalen vor dem Pikieren leicht anfeuchten, dann lösen sich die Keimlinge besser aus der Erde.

Die Sorte 'Annabelle' wird vor dem Austrieb stark gestutzt. Mit ihren weißen Blütenbällen ist sie die bekannteste Vertreterin unter den Schneeball-Hortensien

Hortensien richtig schneiden

Damit die beliebten Sträucher alljährlich üppig blühen, ist ein fachgerechter Schnitt notwendig. Doch Hortensie ist nicht gleich Hortensie! Deshalb zeige ich Ihnen, wie Sie die Pflanzen im Spätwinter korrekt zurückschneiden. Keine Sorge, es ist gar nicht so kompliziert, wie Sie denken.

1

2

3

Schneeball-Hortensien

1 Die markanten Blütenstände sind ein attraktiver Hingucker im Winter. Schon deshalb schneide ich die Schneeball-Hortensien (*Hydrangea arborescens*) erst Ende Februar, Anfang März, jedoch vor dem Neuaustrieb zurück. **2** Es gibt zwei Möglichkeiten: Ich kürze die Pflanze um die Hälfte ein, entferne tote und überalterte Zweige, dann sind die Stängel später standfester und die Blüten kleiner. Meine bevorzugte Methode ist ein **3** starker Rückschnitt auf zwei bis drei Knospenpaare bzw. auf 10–15 cm über dem Boden. Das geht erstens schneller und zweitens werden die Blütenbälle im Sommer größer und noch beeindruckender. Damit die Pflanze nicht auseinanderfällt, bringe ich rechtzeitig im Frühjahr eine Staudenstütze an. Weil sie die Blüten am neuen Holz bilden, werden Schneeball-Hortensien wie die Rispen-Hortensien (Seite 225) zur Schnittgruppe 2 gezählt.

1

2

Bauern- und Teller-Hortensien

1 Bauern-Hortensien (*Hydrangea macrophylla*) sind die Klassiker im Gartenbeet. Neben Sorten mit kugeligen gibt es auch solche mit flachen Blütenständen, die sogenannten Teller- oder Lacecap-Hortensien. Egal, in welcher Form sie von Juni bis September blühen, die Knospen dafür haben solche Hortensien bereits im Vorjahr angelegt und werden deshalb zur Schnittgruppe 1 gerechnet.

2 Weil überalterte Äste mit den Jahren immer blühfauler werden, entferne ich diese zuerst, und zwar direkt am Ansatz. Abgestorbene und sehr dünne Zweige schneide ich ebenfalls ab. Auf diese Weise kommt wieder Licht und Luft ins Innere, neue vitale Triebe wachsen von unten nach und die Bauern-Hortensie kann sich verjüngen.

3

4

5

6

7

3 Die übrigen Zweige werden weniger radikal gestutzt. Die Fruchtstände sind nicht nur dekorativ, sondern schützen im Winter auch die darunterliegenden Blütenknospen. Darum schneide ich diese Hortensien erst, wenn die stärksten Fröste vorüber sind, also etwa Mitte März. **4** Die Schere setze ich unterhalb des alten Blütenstands direkt über dem ersten gut entwickelten Knospenpaar an. **5** Junge Endknospen, vorne und rechts im Bild, bleiben ungeschnitten, weil sich daraus ebenfalls neue Blüten entwickeln. Auch Eichenblatt- und Samt-Hortensien (*Hydrangea quercifolia* und *H. aspera* ssp. *sargentiana*) gehören zur Schnittgruppe 1, ebenso Kletter-Hortensien (*H. anomala* ssp. *petiolaris*), wobei Letztere in der Regel keinen Schnitt benötigen. **6** Bei **remontierenden Hortensien** handelt es sich um moderne Züchtungen, die sowohl an den alten als auch an den neuen Trieben blühen, etwa die Sorten der 'Endless Summer'-, 'Forever&Ever'- und 'Everbloom'-Serien. Sie vereinen die Eigenschaften aus Schnittgruppe 1 und 2 und blühen im Gegensatz zu klassischen Bauern-Hortensien sogar, wenn sie stark zurückgeschnitten werden – dann allerdings weniger üppig und deutlich später. Die Zweige, bei denen ich wie in Schritt 4 lediglich die braunen Fruchtstände entferne, zeigen ihre neuen Blüten früher als diejenigen, die ich kräftiger zurücknehme (Foto). Indem ich beide Schnitttechniken anwende, lässt sich die Blütezeit geschickt verlängern. **7** Erfrorene Endknospen sind bräunlich verfärbt und fühlen sich weich an. Solche Triebe werden von mir ebenfalls bis zum nächsten vitalen Knospenpaar abgeschnitten.

Rispen-Hortensien

1 Bei Rispen-Hortensien (*Hydrangea paniculata*) greife ich bereits in der zweiten Februarhälfte zur Schere. Die Sträucher lassen sich auch später schneiden, beispielsweise in kalten Regionen, dann verschiebt sich die Blütezeit jedoch nach hinten. Die Rispen-Hortensie, hier die Sorte 'Limelight', entwickelt ihre Blüten wie die Schneeball-Hortensie an den neuen Zweigen, gehört daher ebenfalls in die Schnittgruppe 2 und wird jährlich auf ein verholztes Gerüst zurückgeschnitten. **2** Zum Auslichten der Pflanzenbasis nehme ich gerne einen Astkneifer zu Hilfe. Einzelne dicke Äste, die kaum noch Blüten hervorbringen und insbesondere bei älteren Exemplaren zu finden sind, werden von mir direkt am Ansatz entfernt.

3 Die letztjährigen Blütentriebe kürze ich mit der Gartenschere über dem zweiten oder dritten Knospenpaar ein. So bleibt ein Zapfen mit einer kleinen Reserve stehen, falls die oberen Augen nicht austreiben. **4** Schwache Zweige schneide ich ebenso komplett ab wie Konkurrenztriebe, damit das Gehölz seine ganze Kraft in die Hauptäste stecken kann und im Inneren nicht zu dicht wird. **5** Die jungen Knospen sind zwar weniger ausgeprägt als bei den Bauern-Hortensien, aber gut an den verdickten Rindenstellen erkennbar. In der Mitte der oberen Astgabel ist übrigens die Schnittstelle aus dem Vorjahr zu sehen. Weil jedes Jahr neue kurze Astpartien hinzukommen, wird das Pflanzengerüst mit der Zeit immer etwas höher.

Geschafft! Das Grundgerüst steht und die Rispen-Hortensie wird diesen Sommer sicherlich wieder genauso viele Blütenzweige hervorbringen. Sommerflieder lässt sich übrigens auf die gleiche Weise zurückschneiden.

Was beim Schnitt der verschiedenen Hortensien und Schnittgruppen zu beachten ist, erkläre ich auch in diesem ausführlichen Praxisvideo.

ZUM VIDEO

Optimaler Schnitt für Beerenobst

Den ganzen Sommer aromatische Früchte naschen, noch dazu aus dem eigenen Garten – was gibt es Besseres? Zumal Pflege und Platzbedarf der Sträucher überschaubar sind. Geht der Winter zu Ende, greife ich zur Schere, um die Obstgehölze vital und ertragreich zu halten.

Bei Himbeeren wird zwischen Sommer- und Herbstsorten (Foto) unterschieden. Die Züchtung 'Twotimer Sugana' trägt sogar zweimal im Jahr Beeren und ist neben der roten auch als gelbfrüchtige Form erhältlich

1 Der Schnitt von **Herbsthimbeeren** ist denkbar einfach. Weil Sorten wie 'Autumn Bliss' und 'Himbo-Top' ihre Früchte an den neuen Trieben bilden, schneide ich die alten Ruten im späten Herbst oder Winter bodennah ab. **2** Mit einer dünnen Laubschicht schütze ich das flache Wurzelwerk anschließend vor Frost und Austrocknung. **3** Die Abdeckung aus Komposterde sorgt dafür, dass die Blätter nicht fortwehen, und liefert gleichzeitig Nährstoffe für die kommende Saison. Im Gegensatz zur hier gezeigten Herbstsorte werden die abgetragenen Ruten bei **Sommerhimbeeren,** z. B. 'Sanibelle' und 'Willamette', bereits direkt nach der Ernte komplett entfernt. Von den jungen Trieben lässt man dann acht bis zehn Stück pro Meter stehen und befestigt diese am Drahtgerüst.

Die **Blaubeersorten** in unseren Gärten gehen meist auf die Amerikanische Heidelbeere (*Vaccinium corymbosum*) zurück. Diese wird nicht nur höher als die heimische Art (*V. myrtillus*), sie bringt auch größere Früchte hervor. Damit der Strauch vital bleibt, **1** entferne ich bei diesem noch jungen Exemplar Ende Februar, Anfang März einen alten Gerüstast komplett. So rege ich die Bildung neuer Bodentriebe an. **2** Von den abgeernteten Zweigen leite ich einen Teil auf jüngere Seitentriebe um, **3** andere kürze ich lediglich etwas ein, damit sich zusätzliches Fruchtholz entwickelt. Neben saurem Boden, z. B. durch die Einarbeitung von Rhododendron-Erde, sorgt eine weitere Heidelbeersorte in der Nähe für eine bessere Ernte.

1 Rote und Weiße Johannisbeeren bringen an kurzen Seitentrieben ihrer zwei- bis dreijährigen Äste den höchsten Ertrag. Beim Erhaltungsschnitt im zeitigen Frühjahr kappe ich bodennah die überalterten Haupttriebe. **2** Junge Leitäste, die zu lang und instabil sind, lassen sich auf tiefer liegende Verzweigungen absetzen. **3** Die neuen Seitentriebe bilden das Fruchtholz und bleiben ungeschnitten. Ist der Abstand zwischen diesen Trieben jedoch geringer als 10 cm, wie in meinem Beispiel, schneide ich jeden zweiten auf einen kurzen Zapfen. Letztere fruchten erst im nächsten Jahr, dafür entwickeln sich diesen Sommer die Beeren der übrigen Triebe besser. Nach dem Schnitt hat der Strauch wieder Platz für nachwachsende vitale Bodentriebe. Schwarze Johannisbeeren sind wüchsiger und werden stärker ausgelichtet, allerdings ohne die fruchtbildenden einjährigen Langtriebe einzukürzen.

1 Ein jährlicher Auslichtungsschnitt sorgt bei **Brombeeren** für viele große Früchte. Alle Ruten, die bereits Beeren getragen haben, entferne ich direkt über dem Boden. Zu erkennen sind die alten Triebe an ihrer rotbraunen Rindenfärbung und den eingetrockneten Fruchtständen. Vier bis fünf junge kräftige Tragruten lasse ich stehen, da sich die Beeren am vorjährigen Holz entwickeln. **2** Dünne Seitenzweige werden von mir auf zwei bis drei Knospen eingekürzt. **3** Die langen Ranken leite ich fächerartig am Spalier nach oben und befestige sie mit gummiertem Bindedraht. An den unteren Spanndrähten werden später die neuen Ruten fixiert, die aus der Basis nachwachsen. Bei stachellosen Sorten wie 'Loch Ness' und 'Navaho' lassen sich die Schnittarbeiten sogar ohne Handschuhe erledigen. Ein guter Termin ist ausgangs des Winters, wenn die stärksten Fröste überstanden sind.

Wie Schwarze Johannisbeeren geschnitten werden, ist hier zwar nicht, dafür aber im Video zu sehen, ebenso der Rückschnitt von Herbsthimbeeren.

ZUM VIDEO

Gelungener Umzug für große Sträucher

Ob aus optischen oder aus Platzgründen – bevor laubabwerfende Gehölze wieder austreiben, lassen sie sich gut umpflanzen. Hier zeige ich Ihnen, wie Bäume und Sträucher den Standortwechsel gut überstehen.

Leichter Raureif ist bei Pflanzarbeiten kein Problem. Der Boden und die Äste dürfen jedoch nicht gefroren sein. Letztere können sonst leicht brechen. Damit sich der große Strauch besser ausstechen lässt, **1** binde ich die ausladenden Zweige des Geflügelten Pfaffenhütchens (*Euonymus alatus*) zusammen. Dafür verwende ich ein breites, nicht einschneidendes Gewebeband aus Kunststoff, das ich unten an den Stamm knote, spiralförmig um die Pflanze führe und oben befestige. **2** Mit einem Spaten trage ich die oberste Erdschicht ab. Dann forme ich mit schrägen Stichen die Außenkante des Ballens. Sind ringsum alle Wurzeln durchtrennt, **3** unterstече ich den Erdballen, um den Strauch vollständig zu lösen. Das Wichtigste bei all diesen Arbeitsschritten: ein scharfer Spaten! **4** Ein Balliertuch, das ich mir in einer Gartenbaumschule besorgt habe, wird direkt neben der Pflanze ausgebreitet. Anschließend hebe ich den Strauch aus dem Loch und platziere ihn mittig auf dem Tuch. Diese schwere Arbeit lässt sich am besten zu zweit bewerkstelligen. Die gegenüberliegenden Ecken des Jutegewebes werden über Kreuz miteinander verknotet. Dabei **5** ziehe ich kräftig an den jeweiligen Enden, damit sich das Tuch stramm um den Wurzelballen legt. Nun ist das Pfaffenhütchen fertig für den Transport. Achtung: Den Ballendurchmesser nicht zu klein wählen und darauf achten, dass der Ballen beim Ausstechen und Herausheben nicht auseinanderfällt! So bleibt ein hoher Anteil an Feinwurzeln erhalten, die später das Anwachsen erleichtern.

Am neuen Platz hebe ich zunächst ein großzügig bemessenes **6** Pflanzloch aus und lockere den Untergrund. Den Aushub lagere ich auf einer Plane, damit sich die überschüssige Erde später gut aus dem Beet entfernen lässt. Bei schlechten Böden wird der Aushub mit etwas reifem Kompost oder Pflanzerde gemischt. Dann **7** setze ich das Pfaffenhütchen in die vorbereitete Grube und richte es so aus, dass es gerade steht und seine schöne Seite nach vorne zeigt. Vor dem Einsetzen habe ich geprüft, dass ich das Loch weder zu flach noch zu tief ausgehoben habe. Der Wurzelballen wird auf das gleiche Erdniveau gesetzt, wie er zuvor gestanden hat. Damit der Strauch an der Basis nicht eingeschnürt und im Wachstum behindert wird, muss ich den **8** Knoten des Ballentuchs aufschneiden.

Als Nächstes **9** entferne ich das Bindematerial. Jetzt kann ich die Ausrichtung des Pfaffenhütchens noch einmal etwas korrigieren. **10** Das offene Ballentuch klappe ich nur ein wenig zur Seite. Weil es aus Jute besteht und sich mit den Jahren zersetzen wird, kann es im Boden bleiben. Jetzt fülle ich den Aushub ins Pflanzloch, trete die Erde mit dem Fuß an und forme einen Gießrand. In windigen Lagen lohnt es sich, den Strauch mit einem schräg in die Krone ragenden Baumpfahl zu stabilisieren. Ist durch das Aufbinden oder den Transport doch ein **11** Ast abgebrochen, wird dieser an der Ansatzstelle oder nächsten Verzweigung abgeschnitten. Zum Schluss **12** gieße ich die Pflanzung kräftig an. Das langsam einsickernde Wasser sorgt dafür, dass sich die Erde gut um den Wurzelballen legt und das Pfaffenhütchen optimale Startbedingungen fürs Frühjahr hat.

Das Video zu dieser Pflanzaktion ist zwar schon etwas älter, dennoch informativ und durch die Outtakes sehr lustig. Unbedingt bis zum Ende angucken!

ZUM VIDEO

Spaten neu einstielen

Bei meinem geliebten Bremer Spaten aus alten Baumschulzeiten ist der Stiel gebrochen – nach fast 30 treuen Dienstjahren. Wegschmeißen kommt nicht infrage! Erstens ist das Blatt noch tadellos, zweitens fällt eine Reparatur wesentlich günstiger aus als ein Neukauf. Nur wenige Handgriffe – und das gute Stück ist wieder einsatzbereit.

Bevor ich wieder kraftvoll zustechen und den Acker umgraben kann, muss ich den Spaten reparieren. Ein Ersatzstiel inklusive neuem Niet und dem benötigten Werkzeug liegen auf der Werkbank bereit

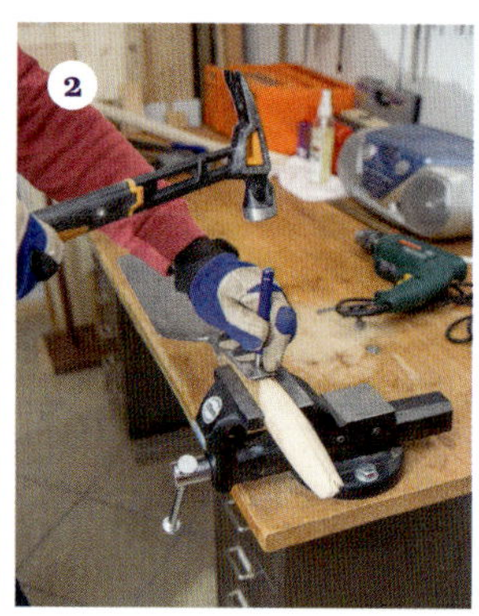

1 Mit einem Flachmeißel und gezielten Hammerschlägen entferne ich zunächst den alten Nietkopf. Dazu habe ich den unteren Spatenstiel in einen Schraubstock gespannt. Alternativ lässt sich die Verbindung ausbohren oder der Metallkopf vorsichtig mit einem Winkelschleifer abtrennen. Letzteres ist nur bedingt zu empfehlen, weil die Spatenfeder dabei keinesfalls beschädigt werden darf. **2** Den verbliebenen Bolzen schlage ich mithilfe eines sogenannten Austreibers nach unten durch und **3** ziehe den alten Niet auf der Rückseite per Zange aus dem Stiel. Zum Lösen des Spatenblatts wird das zerbrochene Stielende nochmals eingespannt, sodass ich das Metallstück mit dem Hammer vom Holz schlagen kann.

4 Der neue Stiel wird von oben fest zwischen die Spatenfedern gesteckt und so ausgerichtet, dass Griff und Blatt parallel stehen. Ich habe mich für Eschenholz entschieden, das ebenso wie Hickory besonders stabil und langlebig ist. Damit die beiden Stahlfedern eng anliegen, werden sie mit einer Schraubzwinge fixiert. Eine Markierung hilft mir, **5** den Holzbohrer (hier 5,5 mm) gerade zu führen, sodass dieser genau am gegenüberliegenden Loch wieder austritt. Durch die Öffnung treibe ich dann **6** einen neuen Metallniet, den ich mit dem Ersatzstiel bestellt habe (Adresse Seite 237). Der verdickte Kopf zeigt dabei nach oben. **Tipp:** Seitlich eingeklemmte Holzstücke verhindern unschöne Abdrücke durch den Schraubstock. **7** Zum Vernieten lege ich den Spaten mit dem Bolzenkopf nach unten auf einen Amboss und bearbeite das überstehende Ende auf der Rückseite mit dem Hammer. Hierzu schlage ich aus verschiedenen Winkeln kräftig auf den Niet, bis dieser ganz flach ist, keine scharfen, überstehenden Kanten mehr zeigt und stramm sitzt. Wichtig: Die Schraubzwinge bleibt dabei zunächst dran und wird erst für die finalen Schläge (Bild 7) entfernt. Nun sind Spatenblatt und Stiel fest miteinander verbunden und die Reparaturarbeiten abgeschlossen. Ich nutze die Gelegenheit, um die Innenseite **8** mit einer Flachfeile nachzuschärfen und die Rückseite anschließend zu entgraten. **9** Etwas Stahlwolle hilft gegen kleine Roststellen.

10 Zur Pflege gehört auch das Einölen, um das Metall vor Korrosion und das Holz vor Verschmutzung zu schützen. Dafür verwende ich gerne lebensmittelechte Produkte, etwa Ballistol oder wie hier Kamelienöl. Dieses sprühe ich sowohl auf das Spatenblatt als auch auf **11** den unlackierten Eschenstiel und verteile es mit einem sauberen Lappen. Nun ist der Spaten wieder einsatzbereit.

ÜBRIGENS …

… täglich geht die Sonne auf, täglich weicht die Nacht dem Licht. Alles siehst du immer wieder, nur verliehenes Werkzeug nicht! Oder du bekommst es in zwei Teilen zurück, so wie ich. Anfangs ärgerlich, am Ende spannend, weil ich gleich ein neues Projekt hatte. Dass ein Spaten kein Brecheisen, sondern ein hochwertiges Werkzeug ist, erfahren Sie im lesenswerten Interview auf den Folgeseiten.

„Ein guter Spaten hält ein ganzes Gärtnerleben“

Sven Baack stellt in der familieneigenen Schmiede in Hohenlockstedt (Schleswig-Holstein) hochwertige Spaten her, und das schon in fünfter Generation. Ich habe Sven auf der Internationalen Pflanzenmesse in Essen getroffen und war nicht nur von seinem Händedruck, sondern auch von der Leidenschaft für seine Produkte sehr beeindruckt.

Was macht einen guten Spaten aus?
Da gibt es zwei sehr wichtige Punkte: erstens die Art der Herstellung und zweitens die Formgebung. Ein handgeschmiedetes Produkt ist immer noch das Beste, was du kriegen kannst. Früher wurden alle Spaten geschmiedet, und zwar aus einem Stück Stahl. Im Zuge der Industrialisierung ist man dazu übergegangen, die Werkzeuge aus Stahlblechen herzustellen. So lassen sich große Mengen günstig produzieren, dafür hat man gute Eigenschaften wie die Formgebung und Verdichtung des Stahls aufgegeben. Diese positiven Strukturen werden aber erst durch den Schmiedeprozess in das Material gebracht wie bei unseren Spatenblättern. Solche Werkzeuge sind wesentlich robuster, verbiegen nicht so leicht und brechen nicht.

Mit so einem Spaten kannst du locker 30 Jahre arbeiten. Ein echter Pluspunkt – gerade in der heutigen Zeit, in der viel von Nachhaltigkeit gesprochen wird.

Auf den ersten Blick sehen die meisten Spaten recht ähnlich aus. Was meinst du genau mit Formgebung?

Formgebung bedeutet, dass du dem Spatenblatt beim Schmieden eine konische Form gibst. Unsere Spaten sind oben an der Trittkante etwa drei Millimeter dick und so geschmiedet, dass sie sich nach unten hin verjüngen, also dünner werden. Unten an der Schneide misst das Spatenblatt gerade mal 1,5 Millimeter und ist damit nur noch halb so dick wie oben. Vorteil: Ein solches Blatt dringt besser in die Erde ein, durchtrennt die Pflanzenwurzeln besser und schärft sich durch seine zulaufende Form sogar selbst. Das musst du dir wie bei einem guten Küchenmesser vorstellen, das auch konisch geschliffen ist. Wäre es nicht so, müsstest du dein Messer zum Schärfen jedes Mal zu einem Spezialisten bringen, weil du es mit einem Wetzstahl selbst nicht hinbekommst. Aus diesem Grund sind die konischen Formen bei schneidenden Werkzeugen, zu denen auch der Spaten zählt, sehr vorteilhaft.

Und diese Form haben die günstigen Spaten aus dem Baumarkt nicht?

Bei einfachen Modellen wird das Spatenblatt aus einem Stück Stahlblech geschnitten und verpresst. In seltenen Fällen werden maschinell hergestellte Blätter noch gewalzt, um die konische Form zu bekommen. Meistens entfällt dies jedoch aus Kostengründen, sodass das Spatenblatt oben und unten gleich dick ist. Bei der Herstellung wird die Schneide kurz angeschliffen und sobald diese Schärfe weg ist, hast du ein Werkzeug, mit dem dir das Graben und Ausstechen deutlich schwerer fällt. Wie gesagt, die konische Form ist entscheidend, damit die Arbeit leicht und kräfteschonend von der Hand geht. Deshalb sind unsere Spaten bei den Profis so beliebt. Ein weiterer Nachteil bei Standardprodukten aus Stahlblech ist, dass die hintere Zwinge der Tülle, in die später der Stiel gesteckt wird, nachträglich angeschweißt wird. Solche Bereiche sind sehr fest und starr, wodurch ganz andere, viel stärkere Kräfte auf den Spatenstiel einwirken. Im Gegensatz dazu haben unsere aus einem Stück geschmiedeten Blätter keine Schweißnähte und eine bessere Kraftübertragung. Die Zwingen sind flexibler, sozusagen elastischer. Sie können den Druck auf das Holz besser abfedern und sorgen dafür, dass die Stiele nicht so leicht brechen.

Spielt die Holzart nicht auch eine wichtige Rolle, damit der Spatenstiel nicht abbricht?

Klar! Wir verwenden am liebsten Eschenholz für die Stiele. Dieses Holz ist relativ leicht und gleichzeitig elastisch. Es nimmt die entstehenden Kräfte im Zusammenspiel mit dem Blatt und den Zwingen sehr gut auf. Außerdem brechen Eschenstiele nicht glatt durch wie viele andere Hölzer, sondern reißen eher entlang der Faser. Sollte man mit dem Werkzeug sehr grob umgehen und der Stiel tatsächlich brechen, fällt man dabei nicht gleich vornüber auf die Nase. Ein weiterer Vorteil ist oder besser gesagt war die gute Verfügbarkeit von Eschenholz. Die Stiele werden bei uns in der Nähe produziert und das Eschenholz stammt aus dem norddeutschen Raum. Diese Regionalität finde ich richtig cool! Leider macht dem heimischen Gehölz seit ein paar Jahren das sogenannte Eschentriebsterben schwer zu schaffen, verursacht durch das „Falsche Weiße Stängelbecherchen". Niedlicher Name, aber der Pilz sorgt dafür, dass befallene Bäume schon in jungen Jahren absterben und deshalb früh geschlagen werden müssen. Dadurch wird Eschenholz zukünftig schwieriger zu bekommen sein, sodass wir uns langfristig nach Alternativen umsehen müssen.

Welche Holzarten kommen für euch infrage?
Für Werkzeugstiele wird auch häufig Hickory-Holz verwendet. Wegen seiner Stabilität eignet sich dieses Holz beispielsweise gut für unsere Rodespaten. Weil Hickory nicht so stark nachfedert und man beim Schlagen direkt alle Kraft vorne auf den Stiel geben kann, wird es gerne für Äxte und Beile eingesetzt. Roteiche ist ebenfalls eine Option. Allerdings reicht dieses Holz von der Qualität nicht ganz an Hickory heran. Außerdem möchten die Kunden lieber Esche und Hickory, vielleicht weil diese bekannter sind. Auf jeden Fall widerstrebt es mir als Schmied, mit Glasfaser- oder Kunststoffstielen zu arbeiten. Nicht nur wegen der Haptik, sondern die passen nicht zu unserer Philosophie. Die bereits angesprochene Müll- und Wegwerfproblematik spielt dabei ebenfalls eine Rolle. Unsere Stiele sind alle naturbelassen, also unlackiert. Sollten sie tatsächlich einmal brechen, kann man die Hölzer sogar kompostieren oder bedenkenlos für den Kamin oder die Feuerschale nutzen.

Apropos naturbelassen: Über welche Pflege freut sich mein Spaten nach getaner Arbeit?
Ein ganz wichtiger Punkt! Erde am Spatenblatt einfach mit der Hand oder einer Bürste und Wasser entfernen. Auch dem Stiel gerne etwas Wasser zugutekommen lassen, damit die Holzfasern die Feuchtigkeit aufnehmen und ihre Flexibilität behalten können. Sonst wird das Material mit der Zeit brüchig und spröde. Das ist oft der Fall, wenn der Spaten den ganzen Winter über im Schuppen gestanden hat, eingetrocknet ist und die Leute im Frühjahr so richtig loslegen wollen. Dann ist es besonders wichtig, dass das Holz ausreichend Feuchtigkeit hat. Aber nicht in ein Wasserfass stellen! Sondern einfach von allen Seiten etwas Wasser über den Stiel laufen lassen und den Spaten anschließend umgekehrt – also mit der Schneide nach oben – aufstellen, damit kein Wasser unten im Schaft stehen bleibt.

Rostet ein nasses Spatenblatt nicht?
Nein, es entsteht höchstens leichter Flugrost. Der ist beim nächsten Arbeiten in der Erde direkt wieder verschwunden. Was man keinesfalls machen sollte, ist, den Spaten über längere Zeit draußen im Acker stecken zu lassen – auch wenn's vielleicht schick aussieht. Dann leiden sowohl der Stiel als auch das Blatt. Wenn man weiß, dass man seinen Spaten über einen längeren Zeitraum nicht benutzen wird, z. B. vor der Winterpause, lohnt es sich, nach dem Säubern Ballistol oder ein anderes Pflegeöl aufzutragen. Ich hatte mal einen Kunden mit einem fantastisch gepflegten Spatenstiel. Auf meine Nachfrage hat er mir erzählt, er würde das Holz regelmäßig mit Ringelblumensalbe einreiben. Solche Leute sind natürlich die Ausnahme. Die lieben und pflegen ihr Werkzeug wie andere ein teures Auto.

Du sagtest vorhin, die Baack-Spaten wären selbstschärfend. Heißt das, ich muss eure Spatenblätter nie nachschärfen?
Doch, gelegentliches Nachschärfen ist trotzdem sinnvoll. Es kommt immer darauf an, wie viel du damit arbeitest. Die Profis in der Baumschule schärfen ihre Spaten während der Saison täglich. Diese Blätter sind dann rasiermesserscharf! Für die Gärtner ist es wichtig, dass ihre Spaten leicht in die Erde gehen, wenn sie den ganzen Tag Pflanzen ausstechen müssen. Mit einem scharfen Spaten fällt das natürlich leichter. Für Hobbygärtner genügt es in der Regel, dem Baack-Spaten einmal im Frühjahr und einmal im Herbst einen zusätzlichen Schliff zu verpassen. Was den selbstschärfenden Effekt betrifft: Den verdanken unsere geschmiedeten Blätter ihrer konischen Form, die ich vorhin erklärt habe. Beim Arbeiten in der Erde wird regelmäßig etwas Material von der Schneide abgetragen. Dieser kontinuierliche Abrieb sorgt dafür, dass die dünne Form und eine Grundschärfe des Stahlblattes erhalten bleiben.

Und wie schärfe ich meinen Spaten am besten?
Das kann man bei unseren Spaten ganz leicht selbst erledigen, z. B. mit einer herkömmlichen Flachfeile. Diese setzt man leicht schräg an der Blattinnenseite an und führt sie dann quer zur Schneide. Anschließend wird der auf der Rückseite entstandene Grat mit wenigen Strichen in Längsrichtung abgezogen. Fertig! Bei einem nicht konisch geformten Standardspaten ist es dagegen nicht ganz so einfach. Wer eine drei Millimeter starke stumpfe Schnittkante mit der Feile schärfen möchte, hat ordentlich zu tun. Deshalb greifen die Leute gerne zum elektrischen Winkelschleifer, der sogenannten Flex. Dafür sollte man aber etwas Übung haben! Erstens, weil mit solchen Geräten meistens zu viel Material abgetragen wird und zweitens, weil der Stahl oft überhitzt, weich wird und seine stabile Struktur dauerhaft verliert.

Was hältst du von Edelstahlspaten?
Grundsätzlich spricht nichts dagegen, aber alle Edelstahlspaten, die mir bekannt sind, werden aus einem Edelstahlblech gepresst und nicht gehärtet. Wie bei anderen maschinell hergestellten Spaten aus Stahl haben auch die Edelstahlblätter eine einheitliche Stärke und keine konische Form. Sie besitzen zudem eine viel geringere Härte und verlieren schneller an Schärfe, also an Standzeit gegenüber Modellen aus geschmiedetem Stahl. Es sind ohnehin nur wenige Edelstahlsorten wirklich zum Härten geeignet und selbst bei denen erzielt man nicht die Härte wie bei geschmiedetem Carbonstahl. Das heißt, Edelstahlspaten glänzen zwar schön, verbiegen aber schneller und halten deshalb in der Regel nicht so lange durch.

Wie finde ich den passenden Spaten für mich?
Ein handlicher klassischer Gärtnerspaten ohne viel Schnickschnack ist immer noch die beste Wahl für den passionierten Hobbygärtner. In unserem Sortiment ist es der „Holsteiner Rüffel", der so ziemlich alle Einsatzmöglichkeiten im Garten abdeckt. Unser zweiter Allrounder ist der „Bremer Spaten". Weil dessen Blatt geringfügig kleiner und damit leichter ausfällt, wird dieses Modell bei uns als Damenspaten geführt. Aber ehrlich gesagt, ist der „Bremer Spaten" aufgrund seines geringen Gewichts und seiner Handlichkeit auch bei kräftigen Gärtnern sehr beliebt, wie du aus deiner eigenen Baumschulzeit weißt. Was die Griffform angeht, arbeiten die Profis lieber mit einem sogenannten D-Griff. Dieser schützt die Handwurzel besser beim Arbeiten und ist kaum teurer als eine Ausführung mit dem klassischen T-Griff. Noch kurz zur Stiellänge: Wenn ich den Spaten vor mir auf den Boden stelle und die Hand auf das Griffstück lege, sollte mein Unterarm im rechten Winkel zum Oberarm stehen. Dann weiß ich, dass ich den passenden Spaten für meine Körpergröße gefunden habe.

Zum Schluss: Was sind die häufigsten Fehler bei der Arbeit mit dem Spaten?
Grundsätzlich gilt: mehr Stechen als Brechen! Wenn ich einen Strauch umpflanzen möchte und merke, dass er noch zu fest in der Erde sitzt, dann bitte noch mal nachstechen, um weitere Wurzeln zu lösen. Die Pflanze auf keinen Fall mit aller Gewalt aus dem Boden hebeln. Genau bei solchen Hauruck-Aktionen kann der Stiel wegbrechen. Wichtig ist auch, aus den Knien und nicht nur aus dem Rücken zu arbeiten. Und natürlich: Keine Billigspaten beim Discounter kaufen. Einfach, weil die oft schwer sind und schneller kaputtgehen, wodurch wiederum das Verletzungsrisiko steigt. Zu guter Letzt die richtige Pflege: Man muss es nicht übertreiben, sondern das Werkzeug nach dem Gebrauch säubern, gelegentlich einölen und nachschärfen. Dann macht nicht nur das Arbeiten mehr Spaß, der Spaten hält auch ein Leben lang und man kann ihn sogar noch an seine Kinder vererben.

Auf der Website der Firma Baack Spaten gibt es interessante Videos zur Herstellung und zur Belastbarkeit der geschmiedeten Spaten.

ZUM VIDEO

Register

A

Ableiten 201, 211
Abmoosen 116
Acker-Schachtelhalm 57
Adventivwurzeln 22
Adventsgesteck 196
Amaryllis, vortreiben 190
Ameisen 29, 109, 110
Ameisenlöwen 29
Amsel 28, 187, 194
Angießen 19, 23, 41, 43, 51, 63, 86, 135, 137, 148, 164, 170, 176, 191, 220
Anhäufeln 22, 161
Anwachsphase 23, 134, 137, 205
Anzuchtschalen 20, 51, 223
Apfel 48, 49, 127, 133, 141, 143 ff, 201
Apfelbaum, Sommer- und Winterveredlung 80
Apfelwickler 48
Auf den Stock setzen 128, 200
Auslichtungsschnitt 211, 227
Aussaat 17, 26, 31, 45, 93, 133, 220 f

B

Balkonblumen 62
Baumscheibe 141, 174 f, 207
Baumstumpf 149
Beerenobst 70, 226
Beetplanung 17
Beetrosen 25
Bewässerung 45, 70, 74 ff
Bienen 16, 17, 49, 62 f, 64, ff
Biotop-Hecke 115, 186
Blattläuse 30, 57, 78 f, 138, 183
Blattschopf 205
Blattstecklinge 206
Blaubeeren 227
Blindschleichen 29, 115
'Bloombux', Zwerg-Rhododendron 42 f
Blumenwiese 16, 44 f, 65 ff, 84
Blumenzwiebeln 133, 150 f
Blütenhecke 166 f
Bodenaktivator 18, 167
Bodenverbesserer 89, 92
Bogenhanf 206
Brombeeren 227
Brutmöglichkeiten 32
Brutröhren 28 f
Buchsbaum 42 f
Buchsbaum, Triebsterben 42
Buchsbaum-Alternativen 43

C

Clematis 136 ff
Clematis, pflanzen 136
Clematiswelke 137

D

Dachwurz-Arten 18, 104 f
Dauerblüher 24

E

Echter Dost 78
Edelreis 80 f, 198 f
Edelrosen 59, 100
Efeu 28, 51, 66 f, 133, 135
Eidechsen 19, 29
Einblatt 204
Englische Rosen 25
Erhaltungsschnitt 128, 227

F

Feuerstelle 119, 165
Fledermaus 112
Fledermausquartier 112 ff
Florfliege 138
Florfliegenkasten 138 ff
Formschnitthecke 42
Forsythie 24, 200, 213
Freilandkultur 26
Frostwächter 177
Fruchtholz verjüngen 201
Frühbeetkasten 216 ff
Frühjahrsblüher 127, 150
Frühjahrsschnitt 25
Futterstation 98, 194
Futtertisch 187 ff

G

Gartenabfälle 87, 132
Gartenvögel, Rastplatz 96
Gehölze, wurzelnackt 147, 169
Gehölzschnitt 126 ff, 200
Geldbaum 206
Gemüsebeet 31, 40, 92 f
Gemüsegarten 26
Geranien 171 ff
Geranien, überwintern 172, 173
Gießrand 23, 72 f, 137, 146, 148, 229
Granulosevirus 49
Grasnarbe 36, 84, 95, 133, 142, 151
Gründünger 92
Gummibaum 116 ff

H

Hainbuchen-Hecke 202
Häufelpflüge 22
Hausbaum 162, 174
Heckenpflanzen 168 f
Herbstblüher 23
Herbstschmuck 135
Hibiskus 179, 210 f, 227
Himbeeren, -Herbst 226
Himbeeren, -Sommer 226
Himbeer-Spalier 52 ff
Hippeastrum 190
Hochbeet 46 ff,
Hochbeet, Bewässerung 74 ff
Holzkomposter 87 ff
Hortensien 83, 127, 223 ff
Hummeln 62 f, 65 ff
Humus 43, 87, 92, 167

I/ J

Igel 115, 132, 152 f, 187
Igelhaus 152 ff
Insektenhotel 16, 66, 186
Johannisbeeren 70, 227

K

Kartoffeln 16, 20 ff, 41, 47
Keimung 27, 93, 221
Kleinstrauchrosen 24, 59
Kletterrosen 24 f
Komposter 87 ff
Komposterde 22, 40, 89, 162, 227
Kräuter, mediterran 179
Kräuterbeet 42
Kräutergarten 42
Kübelpflanzen 132, 177

L

Langzeitdünger 37
Laubhecken 202

M

Marderschutz 33, 34
Mehltaupilze 58
Meisenknödel 194
Mini-Beet 106
Mini-Teich 90 ff
Mini-Zimmerpflanzen 158 ff
Mulchschicht 43, 55, 93, 101, 142, 181

N

Nacktschnecke 41
Natursteinmauer 17, 19, 166
Nisthilfen 28, 30, 66
Nistkasten 16, 32 ff, 113, 132, 153
Nutzgarten 92, 93, 103

O

Obstbäume 16, 80, 123, 132, 141, 155, 157
Obstbaumspalier 155
Obstgehölze 67, 127, 186, 226
Obststiegen 143
Ohrwürmer 30
Okulation 80, 83
Okuliermesser 81, 100
Oleander 178
Ollas 102 f
Orchideen 214
Oregano 78 f
Oregano-Sud 78

P

Pflanzenhocker 207 ff
Pflanzenschutz 48, 127, 183
Pflanzenstärkung 56
Pflanzholz 31
Pflanzkartoffeln 20
Pflanzliste 18
Pflanzplan 19, 85, 175
Pflanzzeit 132, 146, 168
Pflegeschnitt 128, 203, 210
Phacelia 92 f
Pheromonfalle 48 f

R

Radieschen 26 f
Ramblerrose 160 f
Rankgerüst 24, 28, 138, 160
Rasen 16, 36 f, 70, 94, 133, 141, 146, 151, 166, 174 f
Rasen, Beikräuter 36
Rasen, Frühjahrsdüngung 36
Rasen, Kahlstellen 36
Rasen, Schnitthöhe 36 f
Rasendünger 37, 134
Rasenkante 94
Rasenkante, Cortenstahl 95
Rasenkante, englische 95
Rasenpflege 141
Rasenreparatur-Mischung 37
Rasenschäden 36
Rasentrimmer 94
Regel-Saatgut-Mischung 37
Reifemerkmale 22
Ritterstern 190
Rollrasen 120, 133 f, 166
Rosen, historische Sorten 18, 25
Rosen, veredeln 99 f
Rosen, vermehren 59
Rosenbeet 59
Rosenschnitt 24
Rückzugsorte 28, 186

S
Sandhügel 29
Sauzahn 26, 92
Schachtelhalmbrühe 56, 58
Schneckenzaun 38 ff
Schnittgut 115, 186
Schwarze Bohnenlaus 79
Schwebfliegen 18, 62
Schwedenfeuer 165
Seerose 90 f
Sommerblüher 16, 62, 127, 129
Sonnenstauden 17
Sonnenstauden, robuste 84
Stammsteckling 205
Stängelstecklinge 51
Star 32 ff
Staudenbeet 84, 86, 181, 182
Steckhölzer 61, 212 f
Stecklingsmesser 50
Stecklingszeit 50
Steinburg 29
Steinkante 43, 94
Sträucher umpflanzen 228
Strauchrosen 25
Sukkulente 19, 104, 206
Süßkirsche 160, 198
Süßkirsche, Sommerschnitt 123 ff

T
Terrassenbelag 108 ff
Totholzzaun 115
Triebstecklinge 51
Tropfbewässerung 74
Tulpen 16, 150, 151

U/V
Unterlage 80, 81, 101, 147, 198 f
Veredeln 99, 100, 198
Veredlungsschnitte 199
Veredlungsstelle 161
Verjüngungsschnitt 25, 200, 203
Vertikutierer 37
Vögel, Sandbad 98
Vögel, Wasserbad 98
Vorgarten 162, 192

W
Waldrebe 136 f
Wandschmuck, grüner 104
Wassergarten 90
Wasserschosse 201
Wasserspeicher 63, 102 f
Wasserversorgung 23, 70, 134
Wegeinfassung 24
Weideneinfassung 192
Weihnachtsstern 190
Wildblumen 44 f, 62, 67
Wildunterlage 99
Winterschutz 157, 177, 187
Wurzelstumpf 149
Wurzelunkräuter 18, 44, 84, 133, 144, 175, 181

Y/Z
Yucca 204 f
Zaun 120
Zierapfel 67, 127, 162 ff, 194
Ziergräser 17, 18, 182, 186
Zimmerpflanzen 116, 158, 159, 197, 204, 207, 214
Zimmerpflanzen vermehren 204 ff
Zuckererbsen 31
Zuckerschoten 31
Zwerg-Rhododendron 'Bloombux' 42 f
Zwiebelblumen 133, 150

Bezugsquellen

Starenkasten (S. 32), Fledermauskasten (S. 112), Igelkiste (S. 152)

Broschüre „Wohnen nach Maß"

NABU Shop
www.nabu-shop.de

Ökologische Holzlasur
Auro
www.auro-online.de

Bienen willkommen! (S. 17) Buntes Staudenbeet für heiße Zeiten (S. 84) Einen Hausbaum erfolgreich unterpflanzen (S. 174)

Gute Auswahl an Stauden
Mein schöner Garten Shop
shop.mein-schoener-garten.de

Stauden Ring
Händlersuche unter:
www.staudenring.com

Staudengärtnerei Gaißmayer
www.gaissmayer.de

Stauden Stade
www.stauden-stade.de

Bodenaktivator
Oscorna
www.oscorna.de

Pflanzholz
Krumpholz
www.krumpholz-garten-werkzeug.de

Tolle Knolle (S. 20) Pflanzkartoffeln 'Belana' & 'Blaue St. Galler'

Kiepenkerl
www.kiepenkerl.de

So klappt's mit dem Rosenschnitt (S. 24)

Gute Auswahl an Rosensorten
RosenPark Dräger
www.rosenpark-draeger.de

Rosenhof Schultheis
www.rosenhof-schultheis.de

Frisches Gemüse dank Schneckenzaun (S. 38)

Schneckenzaun
HBW Handel
www.hbw-handel.de

Neue Einfassung für den Kräutergarten (S. 42) Zwerg-Rhododendron 'Bloombux'

Händlersuche unter
www.bloombux.de/kaufen
und in gut sortierten Gartencentern

So farbenfroh blüht der Sommer (S. 44)

Saatgutmischungen für Blumenwiesen
Rieger-Hofmann
www.rieger-hofmann.de

Syringa
www.syringa-pflanzen.de

Saatgutmischungen für Blumenwiesen & Vermiculite
Dürr Samen
shop.duerr-samen.de

Apfelwickler biologisch bekämpfen (S. 48)

Neudomon Apfelmaden-Falle & Biospritzmittel „Madex Apfelwicklerfrei"
GrünTeam Garten-Shop
www.gruenteam-versand.de

Jetzt ist Stecklingszeit (S. 50) Rispen-Hortensien vermehren (S. 83)

Neudofix WurzelAktivator
Neudorff
www.neudorff.de

Stabiles Himbeer-Spalier bauen (S. 52)

Herbsthimbeere 'Autumn Bliss'
shop.mein-schoener-garten.de

Gesunde Pflanzen durch natürliche Stärkungsmittel (S. 56)

Hand- und Drucksprühgeräte
Gloria
www.gloriagarten.de

Smarte Bewässerung für das frisch bepflanzte Hochbeet (S. 74)

Tropfbewässerung Set Hochbeet, smart Water Control Set & smart Sensor
Gardena
www.gardena.de

Sommerveredlung eines Apfelbaums (S. 80)
Alles eine Frage der Technik: Rosen selbst veredeln (S. 99)
Süßkirschen aus eigener Anzucht (S. 198)

Okulations-Schnellverschlüsse & Veredlungsband Medifilm sowie Obst- und Rosenunterlagen
Eggert Baumschulen
www.eggert-baumschulen.de

Veredlungsmesser
Otter-Messer
www.otter-messer.de

Neue Komposter für den Garten (S.87)

Holz Komposter Konni M
Mygardenhome
www.mygardenhome.de

Eine alte Zinkwanne als Mini-Teich (S. 90)

Zwerg-Seerosen & Wasserpflanzen
Jörg Petrowsky
Wasserpflanzengärtnerei
www.seerosensorten.de

Wasserpflanzen & Zuschlagstoff Seerosenerde
(Lotos-im-Sandmischung)
Nymphaion
www.nymphaion.de

Gründünger fürs Gemüsebeet (S. 92)

Bodenprobe
IVARIO Bodenanalyse Komplett 2-in-1
Mein schöner Garten Shop
shop.mein-schoener-garten.de

Phacelia u.a. Gründünger
Sperli
www.sperlishop.de

Gepflegtes Äußeres: Die Rasenkante (S. 94)

Rasenkanten aus Cortenstahl
Bellissa Haas
www.bellissa.de

Grüner Wandschmuck für die Terrasse (S. 104)

Moosplatten
Moos-Design
www.moos-design.de

Ein neuer Zaun für den Reihenhausgarten (S. 120)

Staketenzaun aus europäischer Lärche + Zubehör
Holzhandel
Alwin Höhne
www.holzimgarten.com

Sommerschnitt bei der Süßkirsche (S. 123)
Die richtige Technik beim Gehölzschnitt (S. 200)
Schlankheitskur für große Hecken (S. 202)
Gezielter Sachnitt für mehr Blühfreude (S. 210)
Hortensien richtig schneiden (S. 223)
Optimaler Schnitt für Beerenobst (S. 226)

Garten- & Astscheren, Astsägen, Schneidgiraffen, Akku-Heckenscheren
Felco
www.felco.com

Berger
www.berger-toolshop.com

Fiskars
www.fiskars.com

Gardena
www.gardena.de

Neuer Rasen – frisch von der Rolle (S. 133)

Rollrasen
Schwab Rollrasen
www.schwab-rollrasen.de

Clematis pflanzen: Kletterstar am Sitzplatz (S. 136)

Clematis 'Apollonia'
Clematis Westphal
www.clematis-westphal.de

Praktische Obststiegen (S. 143)
Herbstzeit ist Pflanzzeit (S. 146)
Ein Hausbaum mit Fruchtschmuck (S. 162)
Bunte Blütenhecke für die Gartengrenze (S. 166)
Eine wintergrüne Hecke als künftiger Sichtschutz (S. 168)

Gute Auswahl an Obst- und Ziergehölzen
Mein schöner Garten Shop
shop.mein-schoener-garten.de

Gartenbaumschulen vor Ort
www.gartenbaumschulen.com

Baumschule Horstmann
www.baumschule-horstmann.de

Eggert Baumschulen
www.eggert-baumschulen.de

Einen Baumstumpf dauerhaft entfernen (S. 149)
Stimmungsvolles Schwedenfeuer (S. 165)

Motorsägen & Schutzausrüstung
Stihl
www.stihl.de

Radivit Kompost-Beschleuniger
Neudorff
www.neudorff.de

Jetzt den Frühling pflanzen (S. 150)

Gute Auswahl an Zwiebelblumen

Mein schöner Garten Shop
shop.mein-schoener-garten.de

Kiepenkerl
www.kiepenkerl.de

Blumenzwiebelversand
Bernd Schober
www.der-blumenzwiebelversand.de

Zwei Bäume – ein Spalier (S. 155)

Pfähle und Querriegel aus Edelkastanie
TEL-Gründenhof
www.kastanienzaun.info

Baumanstrich
Neudorff
www.neudorff.de

Passender Rahmen für die Minis (S. 158)
Ein modernes Adventsgesteck zur Weihnachtszeit (S. 196)
Moderne Hocker fürs Zimmergrün (S. 207)

Kreidefarben & Möbelwachs
Rust-Oleum
www.rustoleumdiy.de

Alter Kirschbaum im Rosenkleid (S. 160)

Ramblerrose 'Paul's Himalayan Musk Rambler' & Bodenanker-Set
Rosenhof Schultheis
www.rosenhof-schultheis.de

Nun wird's Zeit für den Winterschutz (S. 177)

Winterschutzmaterial
Videx
www.winterschutz.de

Blütenschmuck zu Weihnachten: Amaryllis vortreiben (S. 190)

Amaryllis-Zwiebeln
Mein schöner Garten Shop
shop.mein-schoener-garten.de

Weideneinfassung für den Vorgarten (S. 192)

Weidenruten
Flechtweiden Hegel
www.flechtweiden.de

Meine kleine Futterstation (S. 194)

Metall-Etageren Bausatz
Rayher
www.rayher.com

Sicherheits-Aufhänger
Ward
www.gartenbedarf-versand.de

Frischekur für Orchideen (S. 214)

Orchideen-Töpfe
Scheurich
www.scheurich-shop.de

Ein Frühbeetkasten zum Saisonstart (S. 216)

Hohlkammerplatten, U-Profile & Kantenverschlussband
Gutta Werke
www.gutta.de

Frühbeetkasten-Öffner
Hunecke
www.hunecke-zubehoer.de

Jetzt geht's an die Aussaat (S. 220)

Anzuchthäuser & Kokos-Quelltöpfe
Romberg
www.romberg.de

Spaten neu einstielen (S. 230)

Bremer Spaten, Ersatzstiele und Spaten-Nieten
Baack-Spaten über Meyer
www.meyer-shop.com

Flachfeile, Ballistol, Kamelienöl
Dictum
www.dictum.com

Allgemeiner Hinweis
Material, Werkzeuge und Zubehör so weit nicht extra aufgeführt in gut sortierten Baumärkten erhältlich

Über den Autor

Dieke van Dieken hat Anfang der 1990er Jahre eine Ausbildung zum Staudengärtner in der Gärtnerei von Ernst Pagels in Leer/Ostfriesland gemacht. Im Anschluss war er einige Jahre in verschiedenen Gartenbaubetrieben in Norddeutschland sowie in Frankreich und den USA tätig. Nach dem Studium der Landschaftsarchitektur an der Fachhochschule Osnabrück hat Dieke ein Redaktionsvolontariat bei der Zeitschrift „Mein schöner Garten" absolviert und danach als Kundenberater in der Staudengärtnerei Schachtschneider in Neerstedt/Oldenburg gearbeitet. Seit 2007 gehört er wieder zum Mein schöner Garten-Team. Dort ist er für Pflanzen- und praktische Gartenthemen zuständig sowie in zahlreichen Praxisvideos und auf den Social-Media-Kanälen zu sehen. Außerdem hat der gebürtige Ostfriese mit „Diekes Gartenpost" einen eigenen Newsletter, in dem er einmal im Monat auf sehr unterhaltsame Art über aktuelle Gartenthemen informiert.

Hier geht's zu Diekes Gartenpost! ZUM VIDEO

Dieke sagt vielen Dank ...

... allen Kollegen, Freunden und Nachbarn, in deren Gärten ich mich für meine Projekte austoben durfte. Ein weiterer Dank gebührt den Gärtnern und Herstellern, die mich mit Rat und Tat sowie diversem Material unterstützt haben. Dem NABU danke ich, dass ich die Bauanleitungen für die Nisthilfen und Quartiere nutzen durfte. Ebenfalls ein Dankeschön an unsere Fotografen Silke, Frank und Folkert, die immer bereit standen, sowie an meine Chefs Sarah und Wolfgang, die mir freie Hand gelassen haben, wenn ich mal wieder eine Idee hatte. Meinen Interview-Partnern sei herzlich dafür gedankt, dass sie spontan bereit waren, sich meinen Fragen zu stellen. Da die meisten Aktionen bei uns zu Hause stattgefunden haben und meine Damen sehr geduldig mit mir waren, geht das größte Dankeschön an meine Familie. Ihr seid die Besten!

Bildnachweis

Alle Fotos Mein schöner Garten/Andreas Binder (2), Silke Blumenstein von Loesch (133), Karina Dinser-Nennstiel (2), Reinhold Harwath (3), Christian Lang (2), Beate Leufen-Bohlsen (31), Heidrun Moser (1), Ulrike Pfeifer (3), Bettina Rehm-Wolters (1), Claudia Schick (1), Manuela Schubert (1), Frank Schuberth (729), Jana Siebrecht (10), Folkert Siemens (156), Martin Staffler (2), Dieke van Dieken (27) außer:

Adobe Stock/Jay Jay: 093-6, **/K.-U. Häßler:** 35-7, **/RK1919:** 002-003, **/Werner Fellner:** 221-7, **/wolfelarry:** 212-1; **Alamy Stock Photos/Nigel Cattlin:** 048-3; **/GKSFlorapics:** 222-7; **/Oleksandr Kostiuchenko:** 224-3; **/Zoonar GmbH:** 210-2; **Baack, Inger:** 232; **Christoffers, Folkert:** 013-1, 013-2; **Clematiskulturen F. M. Westphal:** 136-2; **Flora Press/Quéant, Virginie:** 012-2; **GAP Photos/Carole Drake/Liz Eaton/Littlebredy Walled Gardens:** 160-2; **Getty Images/akiinsta212:** 068-069; **/imagenavi:** 130-131; **/Nataba:** 184-185; **Haas, Hansjörg:** 125-5; **Image Professionals/Friedrich Strauss:** 010; **/Friedrich Strauss/Thomas Grundner:** 011-1; **ImageBROKER.com/ Dieter Mahlke:** 112-2; **Küpper, Tom:** 017-1; **Naturschutzbund Deutschland:** 033-3, 113-1, 138-4, 154-7; **Plainpicture/Quinn, Anna:** 014-015; **Schachtschneider, Maike:** 180; **Shutterstock/Hhelene:** 138-2, **/Giedre Vaitekune:** 223-5, **/Oleksandr Kostiuchenko:** 225-3, **/Oleksandr Lytvynenko:** 152-1; **van Dieken, Hajo:** 046-2, 046-3, 047-1, 047-2, 047-3, 047-5; **van Dieken, Merle:** 047-6; **Zwick, Mario:** 192-1

GU

LIEBE LESERIN, LIEBER LESER,

wie wunderbar, dass du dich für ein Buch von GU entschieden hast! In unserem Verlag dreht sich alles darum, dir mit gutem Rat dein Leben schöner, erfüllter und einfacher zu machen. Unsere Autorinnen und Autoren sind echte Expertinnen und Experten auf ihren Gebieten, die ihr Wissen mit viel Leidenschaft mit dir teilen. Und unsere erfahrenen Redakteurinnen und Redakteure stecken viel Liebe und Sorgfalt in jedes Buch, um dir ein Leseerlebnis zu bieten, das wirklich besonders ist. Qualität steht bei uns schon seit jeher an erster Stelle – jedes Buch ist von Büchermenschen für Buchbegeisterte gemacht, mit dem Ziel, dein neues Lieblingsbuch zu werden.

Deine Meinung ist uns wichtig, und wir freuen uns sehr über dein Feedback und deine Empfehlungen – sei es im Freundeskreis oder online.

Viel Spaß beim Lesen und Entdecken!

P.S. Hier noch mehr GU-Bücher entdecken: www.gu.de

DIE BÜCHERMENSCHEN HINTER DIESEM PROJEKT

Verlagsleitung: Nadja Harzdorf-van Wickeren
Projektleitung: Fabian Barthel
Lektorat: Christine Weidenweber
Korrektorat: Christian Wolf
Bildredaktion: Natascha Klebl (Cover), Esther Herr
Cover: ki36 Editorial Design, München, Sabine Krohberger
Layout: ki36 Editorial Design, München, Bettina Stickel
Satz: Anton Walter, Gundelfingen
Herstellung: Markus Plötz
Reproduktion: Ludwig:Media, Zell am See
Druck: Firmengruppe APPL, aprinta druck, Wemding
Bindung: Conzella, Pfarrkirchen

Grillparzerstraße 12, 81675 München

www.gu.de/kontakt | hallo@gu.de

GU ist eine eingetragene Marke der GRÄFE UND UNZER VERLAG GmbH

1. Auflage 2026,
ISBN: 978-3-8338-9981-2

WERDE TEIL DER GU-COMMUNITY!

Du und deine Familie, dein Haustier, dein Garten oder einfach richtig gutes Essen. Egal, wo du im Leben stehst: Als Teil unserer Community entdeckst du die neuesten GU-Bücher als Erstes, du genießt exklusive Leseproben und wirst mit wertvollen Impulsen und kreativen Ideen bereichert.

Worauf wartest du? Sei dabei!

www.gu.de/gu-community

FÜR DIE UMWELT

Dieses Buch wurde auf PEFC-zertifiziertem Papier aus nachhaltiger Waldwirtschaft gedruckt. Aus Liebe zur Natur verwenden wir leichtes Papier.

WICHTIGER HINWEIS

Die Gedanken, Methoden und Tipps in diesem Buch basieren auf den Erfahrungen unserer Autorinnen und Autoren. Sie wurden nach bestem Wissen erstellt und mit größtmöglicher Sorgfalt geprüft. Weder die Autoren noch der Verlag können jedoch für eventuelle Nachteile oder Schäden, die aus den im Buch gegebenen praktischen Hinweisen resultieren, eine Haftung übernehmen.

© Kay Blaschke

WARUM UNS DAS BUCH BEGEISTERT

Rund ums Jahr alles im Garten auf einen Blick, das gelingt mit den Anleitungen und Tipps vom Experten vom Gartenmagazin „Mein schöner Garten", Dieke van Dieken.

Nadja Harzdorf-van Wickeren, Verlagsleitung